高齢者のための
ユーザインタフェースデザイン
──ユニバーサルデザインを目指して

Designing User Interfaces for an Aging Population
— Towards Universal Design

Jeff Johnson/Kate Finn［著］

榊原直樹［訳］

近代科学社

◆ 読者の皆さまへ◆

平素より，小社の出版物をご愛読くださいまして，まことに有り難うございます．

(株)近代科学社は 1959 年の創立以来，微力ながら出版の立場から科学・工学の発展に寄与すべく尽力してきております．それも，ひとえに皆さまの温かいご支援があってのものと存じ，ここに衷心より御礼申し上げます．

なお，小社では，全出版物に対して HCD（人間中心設計）のコンセプトに基づき，そのユーザビリティを追求しております．本書を通じまして何かお気づきの事柄がございましたら，ぜひ以下の「お問合せ先」までご一報くださいますよう，お願いいたします．

お問合せ先：reader@kindaikagaku.co.jp

なお，本書の制作には，以下が各プロセスに関与いたしました：

・企画：小山　透
・編集：小山　透，高山哲司
・組版：藤原印刷 (LaTeX)
・印刷・製本・資材管理：藤原印刷
・カバー・表紙デザイン：藤原印刷
・広報宣伝・営業：山口幸治，東條風太

DESIGNING USER INTERFACES FOR AN AGING POPULATION (ISBN:978-0-12-804467-4)
by Jeff Johnson, Kate Finn
Copyright ©2017 by Elsevier Inc. All rights reserved.

This edition of *Designing User Interfaces for an Aging Population, 1e*
by **Jeff Johnson, Kate Finn**
is published by arrangement with Elsevier Inc.
c/o John Scott & Co. through The English Agency (Japan) Ltd.

Jeff Johnson と **Kate Finn** による著書
Designing User Interfaces for an Aging Population(1e) の
日本語版たる本書は，　The English Agency (Japan) Ltd. を通じて
Elsevier Inc. c/o John Scott & Co. との取り決めにより出版しました．

● 本書に記載されている会社名・製品名等は，一般に各社の登録商標または商標です．本文中の©，®，™ 等の表示は省略しています．

・本書の複製権・翻訳権・譲渡権は株式会社近代科学社が保有します．
・ JCOPY 《(社)出版者著作権管理機構 委託出版物》
　本書の無断複写は著作権法上での例外を除き禁じられています．
　複写される場合は，そのつど事前に(社)出版者著作権管理機構
　(https://www.jcopy.or.jp，e-mail: info@jcopy.or.jp) の許諾を得てください．

本翻訳の責任は株式会社近代科学社が単独で負います．医師および研究・調査に従事する者は，本翻訳書記載のいかなる資料，手法，調合，実験を評価し使用する際も，常に自身の経験と知識に基づいてこれを行わなければなりません．特に，急速に発展する医学のもと，診断および薬物投与（量）については独立した検証を行う必要があります．法の許容する最大限の範囲において，Elsevier 社，原著者，原著の編集者もしくは寄稿者は，本翻訳に関して，または，製造物責任，過失問題，もしくは本翻訳書記載の手法，製品，指示，アイデアの使用ないし操作により生じる人や財産に対するいかなる傷害および／または損害に関して，一切の責任を負いません．

序　文

　私の父は今年も自分の税金を納めました．このこと自体は当り前のことだと思うでしょうが，父は先月 100 歳になったばかりです．父はいつも自分の言葉で「やぶにらみの楽天家[1]」だったと言っていますが，いまでも折り目正しくコミュニティと家族との生活を過ごしています．

　彼は電子メールとオンラインバンキングのためにコンピュータを使用し，情報を探し，音楽を聴いています．そして Skype も欠かせません．父は近しい家族や友人と Skype を使ってコミュニケーションをとることが大好きです．最近，彼は生き生きとした老いのためのイメージキャラクターとして *Live Well* 誌の表紙にも掲載されました．父は Jules Renard が言った「どれだけ歳をとったかが大切なのではなく，どのように歳をとったのかが大切である」という格言の良い例でしょう．父は 100 歳にもかかわらず，「古くさくない」人の素晴らしい例です．

　父は若い頃にコンピュータを使っていなかったので，使いこなすのに少しばかり苦労しています．実際，父が初めてコンピュータを手にしたのは，私が父の 80 歳の誕生日にプレゼントしたコンピュータでした．それから父はこれまでに 5 台のコンピュータを使ってきましたが，父の優れた才気にもかかわらず（そして彼が Mac を使っていても），技術サポート役である私がタイムゾーンの違う別の州に暮らしているので，コンピュータの使い方を学ん

[1] http://lyrics.bridgat.com/ja/lyrics/a-cock-eyed-optimist.html

でいるときに何か不満があっても彼を助けてくれる人がいません．

　もしこの本が，父がコンピュータを使い始める前にあったなら，コンピュータは父や彼のような人々にとってより使いやすいようにデザインされていたはずです．

　実際に，テクノロジーの利用が非常に困難になるような「ちいさな」もの（独善的で誰の助けにもなっていないちいさなもの）はたくさんあります．それらはあなたの体が老化して，見たり聞いたりすることが難しくなってきたときに，より「ちいさな」なものになるでしょう．手の震えや，目と手の協調動作を妨害する手の震えがあります．記憶力はそれほど素晴らしいものではありません．注意が時々それるので，もっと気が散ってしまいます．視覚的に乱雑な画面上で最も重要なことが何であるかを把握するのが難しいことが分かります．関節炎でタイピングが難しくなります．そしてこれらすべては同時に起こるのです．私は，たとえばプルダウンメニューを開いて見るのが難しくマウスを操作するのに問題がある場合は，適切な選択肢を選ぶのが難しいことを見てきました．そして時にはそれが問題になることも理解しています．

　私の父のような高齢者にとって，これらすべての小さな「侮辱」の繰り返しが，自分たちを愚かで無能だと感じさせることがあります．多くの高齢者にとって，これは彼らが「コンピュータを使いません――それは子ども向けで

す」と主張して完全に遠ざける原因となります．これは本当のことです．父の周りの高齢者達が実際にこうしたことを言っていたのですから．

世界の多くの地域で高齢者が，中心となる大きなコミュニティから分離されています．コンピュータは高齢者たちがコミュニティに関与し，情報を得て楽しむことに役立ち，そして遠く離れた家族や友人とも親交を続けることができるでしょう．そうなっていないのがとても残念です．

しかし，これからはそうなることはありません．デバイス，インタフェース，インタラクションを，高齢者や，その他のすべての人にもっと使いやすくデザインする方法はたくさんあります．カーブカット[2]は，もともと車椅子の人が歩道にアクセスできるようにするために作られたということを覚えていますか？　荷物を運んだり，道路から歩道にカートを押し込んだりするときにも役立ちませんか？　多くの「配慮」は高齢者だけでなく，実際に私たちのためにも都合よく働いてくれます．

そして私たちもすべて老化していることを忘れてはいけません．運が良ければ，すべての人が高齢者になれるでしょう．加齢に伴う問題はいずれ私たちの体に起こりますが，私たちのテクノロジーツールが使いにくいために，人生から私たちを切り離す必要はありません．私たちが孫達とのコミュニケーションに使うのに必要なアプリをデザインした人は，誰もが彼らのような20代ではなく，すべての体が時間とともに変わるということを知らなかった人でした．

私の父，Doris Lessing がこう言っていたのを思い出します．「すべての高齢者が共有する重大な秘密は，自分が70年や80年程度ではまったく変わらない」ということです．体は変化しますが，あなたの内面はまったく変化しません．

この素晴らしい本の読者である皆さんへ．本書は誰もがテクノロジーを最大限に活用するために，年齢を問わず，すべての高齢者の人たち（現在でも30年後であろうとも）を助けることができます．そのためには，この本をしっかり読んでよく学び，それから何人かの高齢者たちと知り合いになりましょう．これは長い道のりのように見えますが，彼らのためにデザインするのがずっと簡単になります．それから高齢者を対象にデザインとテストを行いましょう．その後にはぜひ会社のエンジニアやマネージャーのような人にこの本をもう1冊購入するか貸し出して，高齢者のためのデザインが単に「素敵な」だけのものではないことを理解する助けをしてください．それはよりよいセールス，より多くの顧客ロイヤリティ，そしてよりよい評判を得ること

[2]
歩道の縁石にある段差の一部を，勾配にしてなくしたもの．

を通じて，収益を増やすことに貢献できます．また，彼らもまた老化していることを忘れないでください．高齢者のためのデザインは，いつか遠く離れた将来に，自分自身の生活を楽にしてくれるかもしれないのですから．

Susan Dray
2016 年 8 月

謝　辞

　高齢者を含むすべての人たちのためのデジタルユーザエクスペリエンスの向上をテーマにしたこの本は，著者である私たち二人の長年の情熱の産物です．本書がどのようにして誕生してきたかを振り返ると，そこには実に多くの人々が重要な役割を果たしてきました．

　執筆の開始時期から出版までこの本を導いてくれた Elsevier の熱心なスタッフ，特に Lindsay Lawrence と Punitha Govindaradjane に感謝いたします．また，レビューをしてくれた Dan Hawthorn, Stephen Lindsay, Linda Lior, Alan Newell, Frank Vetere, Chris Wilkinson にも感謝します．彼らは原稿をフォローアップするために，タイムリーに新しい情報や，その詳細を快くフィードバックしてくれました．ケーススタディの著者 (Stefan Carmien, Ana Correia de Barros, Paula Alexandra da Silva, Teresa Gilbertson, Sean Hazaray, Samuli Heinonen, Francisco Nunes, Ana Vasconcelos) も，デジタルテクノロジーをすべての年齢の人のものにするという目的のために，多くの時間と労力をかけて献身的に彼らの作品についての原稿を書いてくれました．表や画像など，出版物の一部について転載を許可してくれた著者の皆さんにも感謝します．最後に，序文を寄稿してくれた Susan Dray に感謝します．

　過去 10 年以上にわたって，学生や友人，そして偶然に知り合った人たちなど，多くの人々が私たちのエピソードのストックを増やしてくれました．

　ペルソナやその他の画像に使う写真の利用について，私たちに許可してくれた人々はとても優しく寛大でした．さらに，インタビューを受けくれた方や，デジタル体験，健康，教育，職歴に関するアンケートに協力してくれた多くの高齢者に感謝します．これらはすべてペルソナの経歴の作成に利用させて頂きました．

　Jeff の妻，Karen Ande (karenande.com)，そして Max Keet (Seattle University) が，私たちのペルソナに使用されている写真を提供してくれました．Max はまた彼のグラフィックの専門知識を使って本の中で使われているオリジナルの画像のほとんどを作成してくれました．

　Kate の娘，Fiona Finn Tiene (Seattle University) は，参考文献をまと

めるというテクニカルな支援をしてくれました.

それぞれの著者からの謝辞

私の両親である Jack と Marj Finn は,年配の大人が日常の物や装置を使うことがどれほど難しいか,そしてそのようなやりとりがいかにイライラするか,卑劣になるか,そして排水するかについて私に最初の洞察を与えました.私の話を聞いてきた私の家族や友人たちは,この話題について何年も続けていますが,彼らのサポートに感謝します.そして,その本は決して始められなかったでしょう.Jeff Johnson の勤勉さと勤労倫理のためではなくとも,彼の膨大な知識と経験を兼ね備えていました.

Kate Finn

私の共著者で Wiser Usability の共同創設者である Dr. Kate Finn は,素晴らしい作家であり協力的な精神であり,この本を幅広い技術デザイナーや開発者にとって魅力的で有用なものにするという目標に私たちを集中させてくれました.私の妻である Karen Ande にも,この長年にわたるプロジェクトの間の彼女の愛,忍耐,そして支援に対して感謝します.

Jeff Johnson

目　次

序文 iii

第1章　はじめに 1

「高齢化する世界」の意味とは？ 2

世界の人口問題はデザイナーにどのような影響があるのか？ .. 4

私たちはサブグループのためのデザインガイドラインを本当に
必要としていますか？ 6

前進しましょう 12

本書の構成 13

注：左から右に記述される言語 15

第2章　高齢者に会う 17

私たちは誰について話していますか？ 17

命名は難しい 18

年齢はただの数字になることがある 20

高齢者の特長 22

本書のためのペルソナ 29

第3章　視覚 33

高齢者の視覚の特徴 34

　　視力の低下 34

　　老眼 35

　　周辺視野の狭窄 36

　　中心視野の損失 39

　　光覚の減少 40

　　コントラスト感度の低下 41

　　色を区別する能力の低下 42

　　グレア（まぶしさ）感度の向上 44

　　明るさの変化に対する適応速度の低下 46

　　微妙な視覚的な標識を識別する能力の低下 46

　　眼精疲労の増加 47

視覚処理が遅くなり，視覚的な集中力が低下します 47

視覚的な走査速度の低下 49

もっと早く読める！ 51

高齢者（そして他の人たち）を助けるデザインガイドライン . 52

3.1 必須テキストの読みやすさを最大化する 52

3.2 単純化：不要な視覚要素を削除する 55

3.3 ビジュアル言語：効果的なグラフィカル言語を作成し，
それを一貫して使用する 57

3.4 慎重に色を使う 59

3.5 ユーザーが見つけやすい場所に重要なコンテンツを
配置する 62

3.6 関連するコンテンツを視覚的にグループ化する 63

3.7 スクロールをするときの注意点 63

3.8 非テキストコンテンツの代替テキストを提供する 64

第 4 章 運動コントロール 67

高齢者の運動コントロール 68

手先の器用さの低下（ファインモーター制御） 68

手と目の協調能力の低下 68

動作速度の低下 72

動きのばらつきが大きくなる 73

腕力とスタミナの低減 76

高齢者（そして他の人たちも）を助けるデザインガイドライン 77

4.1a ユーザーがターゲットをクリックできることを確認する
（デスクトップおよびラップトップコンピュータ） 78

4.1b ユーザーがターゲットをタップできることを確認する
（タッチスクリーンデバイス） 79

4.2a 入力ジェスチャーをシンプルに保つ（デスクトップおよび
ラップトップコンピュータ） 83

4.2b 入力ジェスチャーをシンプルに保つ（タッチスクリーンと
タッチパッド） 85

4.3 ターゲットが選択されたことがハッキリと分かるようにする 85

4.4 キーボードの使用を最小限に抑える 86

4.5 タッチスクリーンデバイスの場合，可能であれば，アプリ
内でジェスチャーについてのトレーニングを提供する 87

4.6 ユーザーが操作を完了するのに十分な時間を与える 87

4.7 身体的な負荷を避ける 87

目　次　**xi**

第5章　聴覚と発話 **89**

年齢による聴覚の変化 89

　低音量の音を聞く能力の低下 92

　高周波音に対する感度の低下 92

　音源の定位能力の低下 95

　バックグラウンドノイズを除去する能力の低下 95

　速い会話を理解する能力の低下 97

　聴力の低下＋他の能力の低下＝二重のトラブル！ 97

年齢による発話の変化 97

　ゆっくりと，ちゅうちょしながらの発話 97

　高いピッチの声 97

　構音障害 98

高齢者（そして他の人たちも）を助けるデザインガイドライン 98

　5.1　オーディオ出力が可聴であることを確認する 98

　5.2　バックグラウンドノイズを最小限に抑える 99

　5.3　重要な情報を複数の方法で伝達する 99

　5.4　ユーザーが機器の音量を調整できるようにする 100

　5.5　可能な限り自然な音声出力にする 101

　5.6　主な入力方法を利用できない人のために，代わりのデータ
　　　 入力方法を提供する 101

第6章　認知 **103**

高齢者の認知 103

　短期記憶の減少 104

　能力が下がる長期記憶と想起（たとえば学習など）.......... 107

　異なる状況での一般化能力（スキルの転移）の減少 110

　気が散るものを無視して集中する能力の衰え 110

　マルチタスク能力の低下 112

　空間記憶の減少と注意力のコントロールがナビゲーション能力に
　影響を与える 113

　認知的"失明"の増加 116

　遅くなる反応：遅くなる処理速度 118

　認知的相互作用 119

高齢者（そして他の人たちも）を助けるデザインガイドライン 120

　6.1　デザインを単純化する 121

　6.2　ユーザーが集中できるようにする 122

xii　目　次

6.3　ナビゲーション構造の単純化 122

6.4　作業の進捗と状況を明確に示す 124

6.5　ユーザーが既知の「安全な」開始地点に容易に戻れる
　　　ようにする 125

6.6　ユーザーがどこにいるかを一目で分かるようにする 127

6.7　複数のウィンドウの利用を最小限に抑える 127

6.8　ユーザーの記憶に負担をかけないようにする 128

6.9　ユーザーへのエラーの影響を最小限に抑える 129

6.10　用語を統一して使用し，あいまいな用語を避ける 130

6.11　強い意味を持つ言葉を使ってページ要素にラベルを
　　　 付ける 131

6.12　簡潔で分かりやすく直接的な文体を使う 132

6.13　ユーザーを急がせないで，十分な時間をおいて
　　　 ください 133

6.14　ページや画面間でレイアウト，ナビゲーション，
　　　 インタラクティブな要素を一致させる 134

6.15　学習と記憶をサポートするデザイン 135

6.16　ユーザーの入力を助ける 137

6.17　画面上のヘルプを提供する 138

6.18　重要度の高い順に情報を整理する 140

第7章　知識 145

高齢者のデジタルテクノロジーに関する知識のギャップ 147
　デジタルテクノロジーの用語や頭字語に慣れていない 147
デジタルテクノロジーのアイコンに慣れていない 149
　コントロールジェスチャーを知らない 150
　時代遅れの知識… 152
　…しかし，広範な知識領域 154
高齢者（そして他の人たちも）を助けるデザインガイドライン 156

7.1　ユーザーの知識と理解に合わせてコンテンツを整理する . 156

7.2　利用者によく知られている語彙を使用する 158

7.3　ユーザーがデバイス，アプリ，またはウェブサイトの
　　　正しいメンタルモデルを持っていると仮定しない 158

7.4　ユーザーがボタンの動作やリンク先を予測できる
　　　ようにする 160

7.5　説明を分かりやすくする 161

7.6　新しいバージョンにしたときのユーザーへの悪影響を

目　次　**xiii**

　　　最小限に抑える 162
　7.7　インタラクティブ要素に明確なラベルを付ける 163

第8章　検索 **167**

キーワード検索における年齢別の差異 167
　　遅い検索クエリの入力 167
　　なんども繰り返される検索 167
　　あまり成功していない検索 168
　　多くの知識で補うことができます 168

高齢者（そして他の人たちも）を助けるデザインガイドライン 169
　8.1　ユーザーが検索ボックスを見つけられるようにする 169
　8.2　検索結果をユーザーに配慮したデザインにする 171

第9章　態度 **175**

高齢者のテクノロジー利用への態度 175
　　リスク回避の傾向 175
　　頻繁に不満を感じると，あきらめる 177
　　責任の順番（自分，アプリ，デザイナー） 178
　　自分自身が「高齢」であると見なさず，「高齢者」向けにデザイ
　　ンされた製品を避ける傾向がある 179

高齢者（そして他の人たちも）を助けるデザインガイドライン 181
　9.1　ユーザーがデータを入力，保存，表示する方法に
　　　　柔軟性を持たせる 181
　9.2　ユーザーの信頼を得る 183
　9.3　高齢者を含むすべてのユーザーにデザインをアピール
　　　　する 186
　9.4　ユーザーがすぐに問い合わせできるように準備する 188

第10章　高齢者との共同調査 **191**

デザインと評価の参加者としての高齢者 192
　　高齢者は，ユーザビリティ調査や参加型デザインに慣れていない
　　可能性がある 193
　　高齢の参加者を募集する 193
　　高齢者から調査者への自己紹介 193
　　デザインまたはユーザビリティテストセッション中の高齢者の
　　行動 194

高齢者とのデータ収集と評価 194
高齢者と共同調査するための指針 195
10.1 母集団に適した研究デザインまたはプロトコルを選択する 195
10.2 潜在的なデザインまたはユーザビリティ調査の参加者を
特定する 202
10.3 参加者の募集とスケジュール調整 203
10.4 高齢者を中心に，細かな注意を払って計画する 208
10.5 高齢の参加者と一緒に活動するときに特に注意が
必要なこと 212
10.6 高齢の参加者のために倫理的な「出口」を持つ 214

第11章　ケーススタディ **219**

概要 219
eCAALYX テレビユーザインタフェース 222
Smart Companion と GoLivePhone 227
ASSISTANT，公共交通機関を使用している
高齢者のための支援ツール 234
ASSISTANT，公共交通機関を使用している高齢者のための
支援ツール 234
SUBARU 自動車インフォメーションシステム 241
ウェブアクセシビリティのためのバーチャル高齢者
シミュレーター 255

第12章　まとめと結論 **265**

加齢の影響の相互作用 266
おわりに 269

付録：デザインガイド **271**

参考文献 **279**

参考文献（日本語書籍） **290**

訳者あとがき **293**

索引 **295**

第1章

はじめに

コミュニケーションの頻度は増え，即座に互いにやり取りできるようになり，ニュースは誰かの手を経ず，直接私たちに届くようになりました．テクノロジーは以前よりも確実に世界の距離を縮めています．そんな世界で，もしもインターネットにアクセスできないとしたら，本当に不便なことでしょう．別の言い方をすれば，デジタル機器と，オンライン上にあるさまざまな情報を簡単に利用することができなければ，とても不便な状況になるということです．デザイナーや開発者，そしてすべてのデジタルテクノロジーに携わる人たちは，誰もがインターネットを便利で使いやすくするために最善を尽くすべきで，いずれは誰も取り残されないようにするべきでしょう．

私たちは年を取っても，精神的，社会的，そして身体的に活動的であることのメリットを知っています．そして，デジタルテクノロジーはそれを助けることができます．それならばデザインが不適切なデジタル機器や，ユーザインタフェースの悪影響を高齢者が特に受けやすいということは，矛盾しているようにみえます．

この本のメッセージを要約すると，以下の4つの点にまとめることができます．

1. ユーザビリティが低いと，あらゆる人のユーザエクスペリエンス (UX) を低下させます．

2. 高齢者にとって低いユーザビリティは，若者に対してよりも，*頻繁に重大な影響を与える傾向*があります（**この章のイタリック体の使用については囲み記事を参照**）．

3. 高齢者の他に，IT リテラシーの低い人たち，第二言語の学習者，情報スキルの低い人たち，視力の低下などをはじめその他の障害のある人たちは，ユーザビリティの問題について直面するでしょう．

4. これらの個別のユーザビリティの問題を念頭に置いたデジタルユーザインタフェースを設計することにより，多くの人々のユーザエクスペリ

エンスを向上させることができます.

> ### この章でのイタリック体の使用について
>
> 　この章では，その説明が絶対的なものでなく，そうした傾向や法則があるものに対しては，あなたにそのこと思い出してもらうために，イタリック体で表記しています．この本を通して，私たちは年齢とともに個人の間の頻度と程度が増すことを強調します.
>
> 　私たちは，技術的専門知識，健康，認知能力，適応能力，およびその他の相対的な属性が例外的に低いか，もしくは例外的に高い人々を知っています．この章で私たちが議論しているすべての傾向について，常に例外があることを考慮して本書をお読みください.

対象とする読者

　この本は，主にウェブサイト，　ウェブアプリ，デスクトップアプリ，モバイルアプリ，デジタル家電のデザイナーや開発者にとって価値があるはずです．高齢者に優しいユーザインタフェースに興味のあるユーザビリティ，UI，UX の専門家も同様です．そして大学などでは，本書をコースの教科書として，あるいは研究の参考文献として扱うことができます.

「高齢化する世界」の意味とは？

　これまでに世界が高齢化していることについて聞いたことがあるでしょう．それはどういったことを意味するのでしょうか？

　公衆衛生や保健医療，住居，教育などの改善により，平均余命は 1900 年代初頭から伸びています．世界保健機関 (WHO) は，2000 年から 2015 年にかけて平均余命が 5 年も増加したと報告しています．2015 年の世界の平均余命は，女性の場合は 73.8 歳，男性の場合は 69.1 歳です [WHO, 2016]．その結果，高齢者の数と割合が各国の人口に対して増加しています．そして，その数は今も増加し続けているのです.

　まずは現在 50 歳以上の人の数を考えてみましょう．図 1.1 は，2015 年時点で 50 歳以上の人が多い国の上位 10 ヶ国を表示しています．中国，インド，米国の上位 3 カ国は，総人口で比べても他国より多いですね.

　そして，なんと中国だけで 50 歳以上の人口は約 4 億人でした[1]！

---

1)
日本の 50 歳以上の人口は 2018 年 10 月 1 日時点の推計では約 5,900 万人です（総務省統計局資料より）.

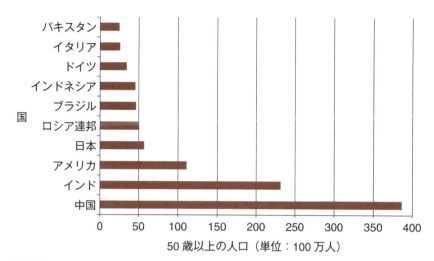

図 1.1
50 歳以上の人口が最も多い国 [UNDESA, 2015a]

別の視点から，今度は 50 歳以上の人々の割合を考えてみましょう．世界的には，50 歳以上の人口は 2035 年に人口の 28.9％を占めると予測されています．しかし，多くの国では，50 歳以上の人々がその他の年代の人口よりもさらに大きな割合を占めるようになります．先進国の人口の 45％近くが 50 歳以上になるでしょう（図 1.2 参照）．私たちの関わるデジタル業界でも，人

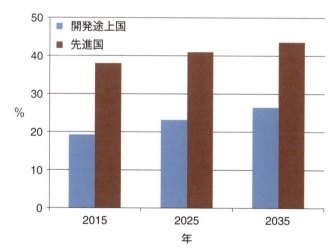

図 1.2
地域別の 50 歳以上の人口割合　2015-35 [UNDESA, 2015a]

4　第1章　はじめに

2)
日本では，50歳以上の人
の総人口に対する割合は
2018年の時点で46.8%で
す．少子高齢化が進み，50
歳以上の人が人口の半分を
超えるのが2024年だと予
想されています（総務省統
計局資料より）．

口の45%を占める50歳以上の人たちを無視することはできなくなるでしょう[2]．

　寿命の延伸．　高齢者の増加．　人口の多い国．　高齢者の人口と，その割合が増えている国．これらのデータは，急速に高齢化している人口のニーズと要望に対処することの重要性を示しています．

世界の人口問題はデザイナーにどのような影響があるのか？

　私はユーザビリティの専門家として，デジタル機器やウェブサイト，もしくはアプリケーションに関する問題について，友人や親戚，そしてさまざまな知り合いから頻繁に聞かされます．これらの問題は，私たちのような50歳以上の人たちに関わるものですが，*中にはずっと若い人たちからも聞きます*．なにか特別に複雑なことをしようしたわけでもないのに，しばしば混乱し，不満をもたらすのです．この本の目的は，そのようなフラストレーションと混乱を緩和する手段を提供することで，高齢者やもっと若い人たちのユーザエクスペリエンスを向上させることです．

　ユーザビリティ調査では，年齢の高い参加者と若い参加者とのパフォーマンスの違いを調べることがあります．若い参加者と比較して，高齢の参加者には次のような*傾向*があります．

- 新しいアプリケーションやデバイスを習得するのに時間がかかる．
- タスクを完了するのに時間がかかる．
- キーワードの選定など，検索の方針が異なる．
- 記憶に依存するタスクの成績が悪くなる．
- より注意が散漫になる．
- エラーに対処するのに時間がかかる．
- ポインタの操作で不安定で突発的な動きをする．
- 入力エラーが増える．
- 画面上の操作対象を選択することがより困難になる．

　プラスの面では，高齢の参加者は過去の経験に基づき，現実的な知識と経験からよい結果を引き出すことができます．また，高齢者は慎重な傾向にあり，*よりリスクを回避したがる*ようで，タスクを完了するためにマウスのクリック数が少なくなることがあります．

　信じられないかもしれませんが，いまでもまだネットを利用していない人がいます！　2015年時点の米国では，18歳以上の人口のうち，15%がネット

に接続していません [Perrin and Duggan, 2015][3]．その比率は若年人口に比べ，高齢者の方がずっと高いのです（19-42%対 4-7%）[Perrin and Duggan, 2015][4]．インターネットを利用していない人の32%が，その理由として「ネットに接続する方法が分からない．もしくは，身体的な理由で困難である」という使いにくさの問題を挙げています．[Zickuhr, 2013] 他の理由としては，機器や接続料などのコストが高いこと，ITを使うメリットが分からない，また接続するためのインフラの欠如などが挙げられます．

しかし，50歳以上の多くの人々は，何十年かに渡って，デジタルテクノロジーを何らかの形である程度は使ってきました．それにはコンピュータ，タブレット，スマートフォン，電子書籍リーダー，活動量計などが含まれます．高齢者の中には，電子メールや，ネットショッピング，ビデオ鑑賞など，ライトなユーザー層もいれば，非常に高い技術的専門知識を持っている人もいます．それなのになぜ高齢者はテクノロジーに苦労するのでしょうか？

たぶん彼らの視力が若い頃のようによく見えないこと．手がタッチスクリーンや小さなターゲットではうまく操作できないこと．彼らにとっては新しいことを学び，適応することに時間がかかるようになったこと．おそらく高齢者が SNS の動向や，最新の技術用語を理解することは難しいでしょう．結局のところ，誰も今日の IT 技術の熱狂的な進展を予想できなかったのです！
しかし 高齢になっても，私たちは他の人たちと同じように自立し，十分な情報を得て，そして現在と関わりをもっていたいと考えています．

友人や同僚とコミュニケーションをとったり，買い物をしたり，旅行の予約を手配したり，給付を申請したり，金融取引をしたり，情報にアクセスしたり，電子書籍を読んだりと，私たちはますますオンラインで人生にまつわるさまざまなできごとをおこなうようになりました．

一般的な先進国の高齢化と，ほとんどの人がいつもネットに接続している状態であることを考えると，高齢者にとって優しいエイジフレンドリーなデジタルデバイスや ユーザインタフェースのデザインをすることは，確かに理にかなったことでしょう．エイジフレンドリーなデザインは，できるだけ多くの人に使ってもらうという観点だけでなく，倫理的な責務もあります．デジタルテクノロジーの世界は，豊富な情報，エンパワーメント，そして可能性を提供します．私たちは，この莫大な資産を，社会のどのような場所でも，利用できるようにしなければなりません．

---

[3]) 2017年の統計データによると，日本では6歳以上の人口のうち，約20%の人がまだネットを利用していません（総務省 通信利用動向調査 平成30年調査より）．

[4]) 2017年のデータによると，日本でも若年層に比べ，高齢者層の利用率が低い状態です．

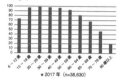

（総務省 通信利用動向調査 平成30年調査より）

6　　第 1 章　　はじめに

私たちはサブグループのためのデザインガイドラインを本当に必要としていますか？
名高い遺産：ユーザビリティガイドライン

　もちろん，デジタル ユーザインタフェースの デザイナーには，さまざまな ガイドラインが用意されています．おそらく最もよく知られているガイドラインは Nielsen の「ユーザビリティに関する 10 のヒューリスティクス[5]」(問題解決に役立つ知見) でしょう [Nielsen, 1995]．Nielsen 自身が言うように「幅広い経験則」ですが，20 年以上経過してもその妥当性は認められており，1995 年以降に開発されたガイドラインのほとんどすべてにその影響が見られます．

　また他には，高齢者のためのウェブサイトの設計に関するガイドラインもあります．2004 年から 2006 年にかけて，AARP (アメリカ最大のシニア・グループ) は高齢者のためのウェブサイトの設計に関する研究を後押しし，何冊かの報告書を出しています [Chisnell and Redish, 2004; Chisnell and Redish, 2005; Chisnell 2006]．彼らは，文献調査や，ウェブサイトの専門家による レビュー，そしてペルソナ手法[6]の評価を実施して，「高齢者をウェブユーザーとして理解するためのヒューリスティックス的手法」を開発しました．

　2006 年に Dan Hawthorn は関連文献を詳細に分析し，身体的および認知的加齢を考慮したデザインの関連事項，高齢者がコンピュータを使い始めるためのいくつかの指導プログラムを含んだ「Designing Effective Interfaces for Older Users」という論文を発表しました [Hawthorn, 2006]．Hawthorn は，ガイドラインの利用者に対して，高齢者の近くで彼らと協力しながらチェックリストを用いることを推奨しています．しかし，それが難しい場合でも彼の論文は有益な情報を得ることができるでしょう．

　2009 年に，加齢と技術発展についての研究教育センター (CREATE) は，「高齢者のためのデザイン―人にやさしいモノづくりと環境設計へのガイドライン」[Fisk *et al.*, 2009] の第 2 版を出版しました．この本は，高齢者の特徴とデザインの方法論の両方をカバーしています．著者らは，入出力デバイスのためのデザインガイドラインや，教育プログラム等を提案しています．また，ユーザインタフェース設計に関する別の章も含まれており，いくつかのよくまとめられたガイドラインが掲載されています．

　2013 年に，Nielsen Norman Group は，「Senior Citizens (Ages 65 and older)」第 2 版のレポートを公開しています [Pernice *et al.*, 2013]．有償で入

[5)]
ヒューリスティクスとは，専門家が蓄えた知見をもとに作成したチェック項目を使って，ユーザビリティ上の問題を発見する手法です．

[6)]
ペルソナ手法とは，調査をもとに創作した架空の人物 (これをペルソナと呼びます) を対象に，サービスやインタフェースをデザインする方法です．

手可能なレポートは，ウェブサイトの特定のタスクやコンポーネントのデザインガイドラインに重点を置いています．

これらの報告書は，高齢者が直面するユーザビリティ上の問題を克服するために，どのような戦略を用いるか．そして高齢者がデジタル機器を使う際の目標と，その価値は何かについて調査し，数え切れないほどの努力の結果，私たちが高齢者をデジタル製品やオンラインサービスのユーザーとして理解することに貢献しました．ほとんどの報告書では ウェブサイトに焦点を当て，ユーザビリティ調査の結果や，既存のウェブサイトの評価や，基本的なコンピュータ技術を教えるための教育・研修の評価に基づいています．

アクセシビリティのガイドラインとは

私たちは高齢者のためのデザインが，障害のある人々へのデザインと異なる点について，しばしば質問されます．

結局のところ，この本の多くは，感覚，運動，認知能力が年齢とともにどのように低下するかについて述べています．若者や成人に比べて，多くの高齢者が障害を持っています．アクセシビリティの専門家の中には，障害のない人々を「temporarily able-bodied（一時的健常者）」と呼んでいる人もいます [Rae, 1989]．技術者やデザイナーは，アクセシビリティのガイドラインに従うだけで十分とは言えないのでしょうか？

おそらく，World Wide Web Consortium (W3C)[W3C-WCAG2.0, 2008] の Web Accessibility Initiative (WAI) が 2008 年に発表した WCAG 2.0 (Web Content Accessibility Guidelines 2.0) について聞いたことがあることでしょう．あまり知られていないことですが，WCAG 2.0 は米国[7] やその他いくつかの地域では遵守や法的に施行されているものではないですが，それは本当に大規模で骨の折れるような民主的な取り組みの成果です．しかし，WCAG 2.0[8] は古くなったり，柔軟性がなくなったり，あまりにも複雑になって批判されることもあります．

2010 年に完了した The Ageing Education and Harmonisation Project (WAI-AGE) は，WCAG 2.0 が 高齢者のウェブアクセシビリティを確保するのに十分であると報告しています [W3C-WAI-AGE, 2010; W3C-WAI-older-users, 2010]．WCAG 2.0 には，A，AA，AAA という 3 段階の達成基準レベルがあり，AAA が最高レベルです．残念ながら，私たちが高齢者に必要と考えるいくつかのガイドラインは，Gilbertson[2015] のコメントにみられるように，レベル AAA でしか見つかりません．

7)
米国ではリハビリテーション法 508 条によって，IT 機器に関する政府調達の要件としてアクセシビリティを義務づけています．508 条には技術基準が設けられており，ウェブに関しては独自の基準が設けられていましたので，本文では「法的に施行されているものではない」とされていました．しかし，2017 年に技術基準が改定され新たに WCAG 2.0 が採用されることになりました．これにより米国では政府調達に関しては，WCAG 2.0 について法的な効力があります．

8)
2018 年 6 月 5 日に WCAG 2.1 が勧告されました．これによって WCAG 2.0 が使えなくなるということはありません．

AAA ランキングにある「リンクの目的」と「読解レベル」は，デザイナーが制約と感じる可能性があるのは，ガイドラインの構造的な性質によるものと思われます…AAA レベルに配置されるとデザイナーや開発者，プロジェクトマネージャの目に入りません—[p. 342, Gilbertson, 2015].

　デザイナーが加齢の影響を考慮したデザインができるように導くのに WCAG 2.0 が十分ではないというさらなる証拠が，高齢化とアクセシビリティに対する業界の態度に関する Gilbertson の調査によって示されました [Gilbertson, 2015]. 報告書によれば，英国のウェブデベロッパー企業の回答者のうち，約 50% が高齢化をアクセシビリティの問題と回答していました．そして，WCAG 2.0 が高齢者に対してどのように適用されたかを知っていたデベロッパーは 20% 未満でした．現場の専門家の反応に対して，プロジェクトマネージャの反応を比較すると，結果はさらに悪化しました．

　アクセシビリティガイドラインに追加すべきいくつかの観点：

1. 多くの高齢者は，デジタルテクノロジーを使用する能力に影響するいくつかの加齢による変化を経験しています．複数の加齢による影響は相互に作用し，それらを克服することをさらに困難にします．複数の加齢による影響は，まとめて対処するのが最善です（インタラクションに関する加齢の影響は，本書の他の章，特に最後の章に記載されています）.

2. 高齢者は，デジタルテクノロジーを活用することによるメリットが大きいため，そのようなテクノロジーを利用できるようにしたいと考えています．私たちはまた，それを魅力的で，シンプルで，生産的で，楽しいものにしたいと考えています．

3. 高齢者は，新しいデジタルテクノロジーに関する知識と態度において若年成人とは異なるかもしれません（「第 7 章：知識」と「第 9 章：態度」を参照）. アクセシビリティガイドラインがそのような違いに対処することはめったにありません．それは能力に関係なく，若者がテクノロジーに関して非常に似通った知識や態度を持っているためです．

4. 高齢者は，若年成人よりもタスクの内容に関する知識を豊富にもっていることが多い．「ノウハウ」に関しては，若年成人の方が不利な状況な場合があります．適切な場合，高齢者にタスクに関する知識を使用する方法を与えることで，この違いを利用することができます．

　このように，アクセシビリティのガイドラインについては注意する必要が

ありますが，合わせて高齢者に積極的なユーザエクスペリエンスを提供するには不十分なことにも注意してください．

この本のガイドラインは何が違うのですか？

　私たちの誰も，異なる年齢層のためにまったく異なるバージョンのデバイス，アプリ，オンラインサービスを設計したいとは考えていません．しかし，私達はまた，ある年齢のグループにのみテクノロジーをデザインし，他のすべての年齢層を孤立させるリスクを抱かないようにしたいと考えています．そのためにデザイナーは何をすればよいのでしょうか？

　私たちが提示するガイドラインの多くは，高齢のユーザーに限定されるものではありません．実際には，あなたはそれらを見て，「シンプルで昔ながらの UI デザイン」と思うかもしれません．（もしくは単に 一般的なデザイン）．しかし，高齢者に配慮したガイドラインを遵守していないユーザインタフェースでは，高齢者はより*頻繁*に*深刻*なユーザビリティの問題が発生する傾向があることに注意してください．

　私たちの見解では，高齢者のためにデザインされたユーザインタフェースは，他の多くの人にとってもしばしば優れていることがあります．例えば，「第 3 章：視覚」のガイドラインを見てください（図 1.3）．

コントロールを明確にする
主要な要素（リンク，メニュー，ボタンなど）が目立つようにしてください．コントロール可能な要素と，それ以外のテキストやグラフィックスを区別します．クリック可能な要素を，異なる色（異なる色相だけではなく）を使用することによって，クリックできない要素と，はっきりと異なる外観にします．

図 1.3
「第 3 章：視覚」のガイドライン例

　これは合理的なことではないでしょうか？　結局のところ，どのビットがアクティブであり，どのビットが装飾的であるかを把握しようとして，画面のなかを探し回りたいと思う人がいるでしょうか？

　もう一つ別の例として，「第 4 章：運動コントロール」（図 1.4）を示します．ターゲットのサイズと，その周囲のスペースのためのガイドラインは，間違えて隣にあるターゲットではなく，意図したターゲットをタップできるようにする確率を最大にします．こうしたガイドラインは，みんなのために有

> **大きなタップターゲットを提供する**
> - カーソルよりも指の方が大きいので，タッチスクリーン上のタップターゲットは，デスクトップおよびラップトップコンピュータ上のクリックターゲットよりも大きくする必要があります．高い精度（90% 以上）で操作するには，タップターゲットが少なくとも対角線で 16.5 mm（11.7 mm 角）のサイズが必要です（図 4.10 を参照）．
> - ターゲットを小さくすると精度が低下します．例えば，対角線で 9.9 mm のタップターゲットを使用した場合，高齢者の操作精度は 67% に低下し，タスク完了時間は 50% 増加しました．

図 1.4
「第 4 章：運動コントロール」のガイドライン例

益だと思いませんか？

カーブカットと OXO のデザインから デジタルテクノロジーのガイドラインを考える

カーブカット──［写真は Jeff Johnson 提供］

　カーブカット（カーブランプまたはドロップカーブとも呼ばれる）は，段差に付けられるスロープのことです．それは一般的には縁石もしくは階段で使用されます．もともとは，車椅子を使用している人々の移動を改善するために設置されていましたが，他の移動補助装置（杖，歩行器，松葉杖，電動スクーターなど）を使用する人々にとって有益であることが証明されています．カーブカットは，ショッピングカート，ベビーカー，スーツケース，スケートボード，自転車，ローラーブレードなどのユーザーにも役立ちます．

　同じような事例として，OXO のエピソードを紹介します．米国のメーカーである OXO の創業者である Sam Farber は，手の関節炎に悩む妻の

私たちはサブグループのためのデザインガイドラインを本当に必要としていますか？ 11

> Betsey が，キッチンピーラーを苦労して使っているのを見て，使いやすいピーラーを発明することを思いつきました．ピーラーを含む 15 個のキッチンツールが最初に発売されたのは 1990 年のことでした．その後，製品のラインナップは，キッチンツールだけでなく，オフィス用品や，家庭用品などを含む 1000 種類以上に成長しました．OXO 製品は人間工学に基づいたデザインで有名で，あらゆる年齢層の人々が楽しく使えます [OXO, 2016].
>
>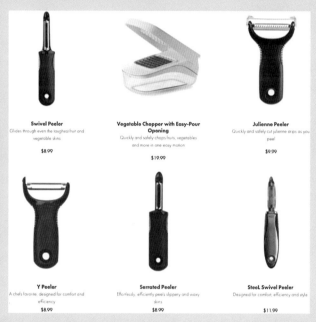
>
> OXO のピーラーと野菜刻み器の数々
>
> これらはどちらも，あるひとりのニーズの改善を目的としたデザインが，他の多くの人々にとって予期せぬメリットをもたらした事例です．

このようなガイドラインに従うことで，デジタル製品やサービスは，高齢者だけでなく，多くの人々にとってより使いやすくなります．視覚障害，難聴，低い IT リテラシー，運動能力の低下，技術的な経験の不足，記憶力の低下など，こうした状況は，年齢にかかわらず，あらゆる世代の人に起こり得ます．

さらに，状況によって起こる一時的な障害の例を考えてみましょう．病気のために，一時的に能力を発揮できない人々．睡眠不足の学生や労働者．薄暗い場所，騒々しい場所，またはガタガタと揺れる場所にいる人．自動運転

ではない車の運転手は，ハンドルから手を離すことはできません．人々はさまざまなものに気を取られる中で，集中することに苦労しています．暗い場所から明るい場所に移動したときは，誰もがまぶしさに目が慣れるまでの時間が必要で，デジタルディスプレイが十分に役立ちません．寒い場所で，湿気の多い場所で，もしくは手袋をした指では，タッチスクリーンは操作を認識しません．

前進しましょう

　デザイナーの格言である「ユーザーを知れ」は依然として有効です．しかし私たちの経験では，多くのデザイナーは，実際に高齢者と密接に過ごす機会を持っていませんでした．結果として，彼らは誤解やステレオタイプにとらわれている可能性があります．彼らは認知科学や人間の加齢に関する背景知識があまりないかもしれません．この本の各章は，読者に実用的かつ十分な（ただし圧倒的ではない）量の高齢者と彼らのユーザエクスペリエンスに関する背景情報を提供することを目的としています．しかしそれでもまだ，何人かの本当のユーザーを知るべきです！

　単にガイドラインのチェックリストに従うだけではなく，優れたユーザエクスペリエンスを実現する方法は他にもあることを私たちは素直に認めます．ガイドラインはもちろん，単なる推奨事項です．どのように適用され，どれくらい適切であるかは，ユーザー数，アプリケーションやデバイスの目的，使用環境，技術仕様など，さまざまな要因によって異なります．

　そのため，単にガイドラインを並べるのではなく，特定のガイドラインをいつ，どのように適用するかを決定する際に使用できるコンテキスト情報を提供したいと思います．高齢者の一般的な感覚，認知，知識，経験的な変化や状況を説明し，適切に対処すればより良いユーザー体験を提供することができます．私たちが提案するガイドラインは，すべて私たちが参照した出版物から派生したものです．これらの出版物の著者達は皆，年齢による変化，差異，傾向を踏まえて，高齢者のユーザエクスペリエンスを向上させることを動機に書かれています．

　いつの日か，ユーザインタフェースが非常にスマートになり，固定した障害であれ，状況による一時的な障害であれ，各ユーザーの個々のニーズや好みに合わせたものに対応できれば，それは素晴らしいことでしょう．そうなればいつかインターフェースのことを考えずに，世界中のすべてが相互につながることができるかもしれません．

また，ガイドラインのリストに基づいて高齢者に優しいデジタルデザインを作成することは可能かもしれませんが，そう簡単ではないでしょう．ガイドラインの下に書かれた解説を理解することが本当に役立ちます．

それでも，次からの章のいずれの情報についても私たちの言葉をそのまま素直に信じないでください．あなた自身が高齢者でない場合は，何人かの高齢者と知り合いになることを強く勧めます．また，あなた自身が高齢者の場合，あなたの典型的なコミュニティや業界の外にいる高齢者を知るようにしてください．あなたの視野を広げて，そして共感してください！

本書の構成

この本のほとんどは，テクノロジーを利用するときに潜在的に影響を与える可能性のある加齢に関連する感覚，認知，行動の変化や特徴などのカテゴリによって分類されています．

ガイドラインに集中してもらうために，バックグラウンドノイズは最小限に抑えました．その一方で，私たちはなぜそれが必要なのかを知らずに，ただ額面通りにガイドラインを受け入れることを期待していません．そこで各章のガイドラインの前に，年齢に関連した変化とその変化がデジタル機器の使用にどのように影響するかについての情報を示しました．

第2章　高齢者に会う

第2章では，われわれは多様な高齢者について説明します．そして彼らに関して，ネットの利用率や，デバイスの所有率，そして彼らが育ってきた世代の技術的な背景について説明します．次に，先進国の典型的なテクノロジーを使う6人の高齢者を紹介します．

第3章　視覚
第4章　運動コントロール
第5章　聴覚と発話
第6章　認知─注意，学習，記憶
第7章　知識
第8章　検索
第9章　態度

第3章から第9章では，加齢に関連した変化と特性について，豊富なデータとともに解説します．ユーザエクスペリエンスに最も影響を与える可能性の

14　第1章　はじめに

ある大きな特性に焦点をあてています．この背景情報を提供することで，ガイドラインを理解するのに役立つと考えています．現実的なシミュレーション，そして実際の良いものと悪いもののサンプル（緑色の✅または赤色の❌でマークされています）は，これらの特徴がユーザエクスペリエンスにどれだけ影響を与えるかを示し，それから章のガイドラインを提示しています．

モバイルデザインは，デスクトップ/ラップトップのデザインとは異なりますか？

モバイルテクノロジーのデザインに，デスクトップ/ラップトップテクノロジーのデザインとは異なるガイドラインが必要なのかどうかとよく尋ねられます．2つのプラットフォームのために個別のガイドラインは 必要ありませんか？

デザイナーにとって幸いなことに，これを調査した研究者は高齢者向けのデザインガイドラインを含むモバイルユーザインタフェースのガイドラインは，デスクトップユーザインタフェースのガイドラインとほとんど同じだと結論付けました．この章で説明したように，単にタッチスクリーンベースのユーザインタフェースのガイドラインと組み合わせるだけです [Strengers, 2012]．

第10章　高齢者との共同調査

第10章では，デザインやユーザビリティ調査の参加者として高齢者と共同調査をする際に出会う可能性があることについて説明しています．調査手法の選択の側面と，デザインや評価に関するセッションを実施するときの，実践的な配慮事項について説明します．

第11章　ケーススタディ

第11章では，異なる研究者による5つのプロジェクトの解説をします．いくつかのプロジェクトでは，参加型デザインプロセスの反復や，高齢者にやさしいインターフェースなどが含まれます．そのうちの1つは，デザイナーが高齢者に対する理解を育むためにデザインされた，高齢者シミュレータの開発に関する論文の概要です．

注： **15**

第 12 章　まとめと結論

　第 12 章では，この本の主な点をまとめ，この章で特定した目的について振り返りをしています．

付録：デザインガイドライン

　付録には，全章のすべてのガイドラインが 1 つにまとめられています．ガイドラインは章のタイトルごとにまとめられています．

なぜ同じガイドラインがくり返し提示されるのですか？

　私たちは，ガイドラインの内容をできるだけ正確にしようとしました．1 つのタイプ，バージョン，またはデバイスの世代だけに関連するリサーチが行われた場合，我々はその結果をより広く適用可能なガイドラインになるように一般化しました．

　いくつかのガイドラインは，複数の章にまたがるトピックに関連しているので，各章で繰り返し表示されています．その結果，章に示されているガイドラインの中にある程度の冗長性があります．

　高齢者に対応するためのデザインに関するガイドラインは，お気に入りのユーザインタフェースデザインガイドラインと一緒に使用することを前提としています．矛盾や対立は必然的に起こりますので，手元の状況を自分で判断する必要があります．

参考文献

　「参考文献」セクションには，本書全体を通して引用されているすべての情報源が含まれています．

注：

左から右に記述される言語

　説明を簡潔にするために，テキストの表示と読み上げに関する議論 は，左から右に読まれる言語を前提としています．他の方向から読み進める言語については，ガイドラインを適宜読み替えてください．

第2章
高齢者に会う

皮肉なことに，幸運であれば，誰しも等しく老いを迎えるのです．—Barbara Beskind（デザイン会社 IDEO の 90 歳の従業員）[Tsui, 2015]

私たちは誰について話していますか？

誰もが納得する普遍的な高齢者像というのはありません．"高齢者"の定義の中には，"私よりも少なくとも 10 歳以上の年齢"というユーモラスなものまであります．AARP は 2014 年の調査結果 [AARP, 2014] に基づいて，"You're Old, I'm Not." というインフォグラフィックを作成しました．何歳から「高齢者」になるかと 1800 人に尋ねたとき，彼らは 表 2.1 のように回答しました．興味深いことに，誰もが自分たちのことを「自分の年齢の割には」若いと答えたのです[1]．

米国では，65 歳が一般的に高齢者とされています．これは社会保障と多くのシニア割引の対象となる年齢だからです（1935 年に Franklin Roosevelt 大統領がサインした社会保障法による）．1940 年に 65 歳になる人の平均余命は，男性は 77.7 歳，女性は 79.7 歳でした [www.ssa.gov/history/lifeexpect.html]．しかし最近では，財政状況と平均余命の延伸によりさまざまな年齢で退職します．なかには何度も退職する人や，またはまったくリタイヤしない人もい

[1]
2014 年の調査によれば，日本では「一般的に何歳頃から高齢者だと思うか」という質問に「70 歳以上」と答えた人が 29.1%と最も高い数値で，次いで「75 歳以上」が 27.9%でした．年齢別の回答では，「70 歳以上」の人は，『60〜64 歳』が高齢者であると 40.8%が回答しています．「80 歳以上」の人は，『80〜84 歳』で 34.1%，『85 歳以上』の人では 33.3%と割合が高くなっており，「70 歳以上」は，おおむね年齢が低いほど，「80 歳以上」は，おおむね年齢が高いほど，割合が高くなっています（平成 26 年度 高齢者の日常生活に関する意識調査結果）．

表 2.1 「何歳から高齢者か？」 — （出典：AARP [2014] に基づく）	
回答者の年齢	「高齢者」だと思う年齢
40 代	63 歳
50 代	68 歳
60 代	73 歳
70 代	75 歳

18　第2章　高齢者に会う

2)
日本でも 65 歳が一般的に
高齢者とされていますが，
現在この定義に対する見直
しが検討されています．日
本老年医学会は 2017 年に
高齢者の定義を 75 歳以上
に見直す提言を発表してい
ます（高齢者に関する定義
検討ワーキンググループ報
告書）．

3)
年齢に制限されずに，自分
の持つ本当の可能性を追求
するというモットー．

4)
イギリスの俳優．『ロード・
オブ・ザ・リング』のガン
ダルフや X-Men のマグ
ニートなど．

5)
New york times のウェ
ブサイト内のブログ
https://www.nytimes.
com/column/the-new-
old-age

ます．例えば Ephraim Engleman 博士は，カリフォルニア大学サンフラン
シスコ医療センターで，104 歳で亡くなるその日まで，患者の診察や調査，執
筆を続けました [Whiting, 2015]．もはや 65 歳というのは，それほど重要で
はないようです2)．

　4000 万人の会員を抱える AARP は，以前は米国退職者協会 (American
Association for Retired Persons) として知られていました．現在は AARP
という組織に改名し，"real possibilities（本当の可能性）"3) を組織のモットー
としています．AARP は 50 歳の誕生日が近づいた人に会員の勧誘を始めま
す．AARP には 50 歳以上の方は誰でも参加できるのです．

> 老人を演じることが楽しい─"ある意味私は本当の高齢者だ" Ian McK-
> ellen4) は 76 歳のときに，93 歳の Sherlock Holmes を演じています
> (Zeitchik, 2015)．

　この本では，50 歳を「老年期」の出発点として選択しました．ほとんどの
50 歳の人は，まだ健康で活動的で，そして活力に満ちていますが，彼らはま
たいくつかの加齢に関連した変化を経験し始めている可能性があります．

- 人々は一般的に 42 歳から 44 歳の間の老眼になったことに気付き始
  めます [Bonilla-Warford, 2012]．
- 12 歳以上の 5 人に 1 人近くの人が，片側または両側の耳に難聴の症
  状が出ます．有病率は年齢ごとに増加します [Lin *et al.*, 2011]．
- 記憶力と認知能力は，40 歳になるまでは維持されますが，その後急
  に衰えていきます [Oregon State University, 2013]．

　おそらく最も重要なことは，現在 50 歳以上の人々は若い時期に現代の技術
を体験しなかったことでしょう．彼らは若者とは異なるテクノロジー世代に
属しているのです．テクノロジー世代の概念については，この章の後半およ
び「第 7 章：知識」で詳しく説明します．「現在の最新世代のテクノロジー」
と呼ばれるものは常に変化しています．

命名は難しい

　私たちは「年長の」人々をどのように呼ぶべきでしょうか．どのような用
語を用いるかについて，あまり合意は得られていません．用語を定めるべき
かどうかについては，合意さえない 状態です．

　"New Old Age Blog's"5) の名称に対する批判に応えて，著者は関連分野の
著名人をインタビューしています [Graham, 2012]．老年に対して示唆された

用語の中で，インタビューに答えた人たちは高齢者を次のように言い表しました．young-old and old-old（前期高齢者と後期高齢者），aging past youth（年を取り過ぎた若者），aging into the middle years（年を取った中年），aging toward old age（高齢者の高齢化）そして単に aging（加齢）．

これに対してブログの 300 人以上の読者が（その内の 50 人以上）コメントをしています．Mature（成熟），senior（シニア），old elders（老長老），the long-lived（長寿者），platinum（プラチナ世代），geezer and geezerette（風変わりな老人と老婆），wrinklers（シワ），boomers（ベビーブーマーを短縮），retired persons（退職者）など，多くの人が独自のアイデアを提案しました．septuagenarian and octogenarian（sep は 7 の接頭語，oct は 8 の接頭語．それぞれ 70 歳代，80 歳代を意味する），silver surfers（ネットサーフィンから高齢のネットユーザーの意味），vintage（成熟），spring bats（若者を意味する「spring chickens（春の鶏）」と「old bats（老婆）」を組み合わせたもの），elderly（年配），golden agers（黄金世代）などがあります．

読者が提案した言葉は，いろいろと真剣で，ユーモラスで，無礼で，そして創造的でした．いくつかのコメンテーターの好みの言葉は，他者の侮辱とみなされるものもありました．ブーマーは米国中心であり，1945 年から 1964 年の間に生まれた 1 世代の人々しか捉えていないため，現在または将来のすべての高齢者を含むものではありません．長老[6](elder) や年金受給者 (pensioner) など，いくつかの用語は，文化や国によっては適用できない場合もあります．このように，基本的に高齢者をどのような用語で呼ぶかについての合意はないのです．

多くの人々は，自分自身を "年配"，"高齢"，"年を取った"，または "高齢" とみなしたくないのです．それでも，私たちはこのことについて話す共通言語が必要なのです．

> これは設問自体に問題があります．誰もが長生きしたいと思っていますが，誰も年をとりたくはありません…個人的には「Older people」という言葉を使う傾向があります．誰もが他の誰かより年上です．——Harry Moody, [Graham, 2012] で引用．

このことからヒントを得て，私たちは高齢者 (older adultus) という用語を使います．これらの用語は，あらゆる人の承認を得てはいないだろうけれど，私たちは「高齢者」という表現が誰からも怒られないことを願っています[7]．

6)
日本のベビーブーマー世代に相当する言葉は作家の堺屋太一氏が命名した「団塊の世代」です．1947 年〜1949 年に生まれた 1 世代の人々を指しています．米国に比べるとブームの期間が短く，突出していることが特徴的です．

7)
日本でも同様に，さまざまな呼称がありますが，本書では「高齢者」と表現しています．

20　第2章　高齢者に会う

> ### あなたは私について話すことができません！
>
> 　私たちは高齢者を排除しないテクノロジーのデザイン方法について，プレゼンテーションをおこなうことがあります．プレゼンテーションには，高齢者がウェブサイト，モバイルアプリ，デジタル機器を苦労して使うようなデザイン上の欠陥の例が含まれています．プレゼンテーションの多くの視聴者は筆者らの年齢（60代）か，それ以上の年齢に見えます．時折，彼らの1人が近づいてきて，私たちに話しかけることがあります．"ご存じでしょうが，それは高齢者だけの問題ではありません．それは私にとっても問題です"．筆者らの反応は，ただ黙って静かにうなずくだけです．

年齢はただの数字になることがある

　私たちが今いるところまで発展してきたことに感謝します．「Ageless（年齢を超越した）」とは本当にあなたの年齢を超越することを意味します．年齢とは生まれてから今日までの月日を足しただけのものではありません．私たちはそれ以上の存在なのです．—Barbara Hannah Grufferman, author and AARP Bulletin Contributor [Bowen, 2015].

　「60歳は新しい40歳！」というようなキャッチコピーを聞いたことがあるでしょう．2016年の初め，英国の新聞記事では85歳からが「高齢」だと主張していました（例：[Sayid, 2016; Spencer, 2016] を参照）．「The Royal Voluntary Service[8]」の調査に基づく記事では，60歳以上の人のうち，約10%の人が90歳からを高齢者だと考えているということが分かりました．回答者はDame Helen Mirren[9] のようなアクティブな有名人からインスピレーションを得たのでしょう．このような傾向については，図2.1を参照してください．

　どのような年齢層にも，デジタルテクノロジーについてユーザーの能力，適正，そして態度にバリエーションがあります．個人のバリエーションは：

- 年齢に関連した変化を経験したかどうか
- 変化が始まった年齢
- 変化の程度
- それらの変化を，どのように補ったか．

　そして多くの場合，加齢の影響は重複します．一つ一つの加齢に関連する変化の影響は軽度かもしれませんが，複数の変化が累積した結果，大きな影

---

8)
イギリスの高齢者関係の団体．

9)
イギリスの女優．『クィーン』（2006年）でアカデミー主演女優賞を受賞．その他，エミー賞を4度，トニー賞を2015年に受賞．

図 2.1
Old is the new black[10] ［Judith Boyd, StyleCrone.com より許可を得て掲載；写真クレジット Daniel Nolan；AdvancedStyle.com の Ari Seth Cohen と Fannie Karst によるデザイン］

響を受けることになるのです．

　肝心なのは，スマートフォンでの文字入力やウェブサイトのナビゲートがうまくできるようになるかどうかは，年齢だけで決まるものではないということです．しかしながら，この本では年齢に非常に密接に関連しているため，「年齢に依存する」特性に焦点を当てています．

　年を重ねるにつれて，正確性の平均値が低下し，能力の幅が広がり，個人差がより顕著になります [Hawthorn, 2006]．世代の中の個人間のばらつきは，年齢とともに増加するばかりです．

　このばらつきのために，誰も本当の高齢者の姿を，ラベル付けして集計することも，グラフのデータで表現することもできません．また，年齢はおのずと個人の特徴と才能についても，ほとんど明らかにしないのです．Chisnell and Redish [2005] は，高齢者のために使用可能なウェブサイトをデザインするための細かな作業において，ユーザーを次の3つの特徴で分類することを推奨しました．

- 能力：身体的および認知的な限界または少しの改善を必要とするような制限．必要に応じて生活上のサポートを受ける程度まで．

---

10) The new black は新しいファッションシーズンごとにはやる基本色を指し，新しい流行を意味するスラングとして用いられます．

- 適性：コンピュータとウェブの専門知識（利用経験よりも関連性が高い）．
- 態度：ポジティブ（前向きな，リスクをいとわない，実験的な），ネガティブ（怯え，または内気な）などの度合い．そして他の人間からの支援に対する心理的な要求など．

高齢者の特長

　私たちの製品は，高齢者だけでなく若者にもアピールしたいと考えています．しかし私たちは高齢者について本当に何を知っているでしょうか．年齢以外，彼らは他のみんなと同じですか？　第1章ではユーザビリティの研究から，高齢者が若い人と異なるいくつかの点を挙げました．もっと一般的な高齢者像についてはどうでしょうか？

オンライン VS オフライン

　高齢者のインターネットの利用は，インターネットがますます便利ものとして認識されてきたこともあり，アクセスの増加に伴い着実に増加してきました．図2.2に示すように，インターネットに接続しているアメリカの成人

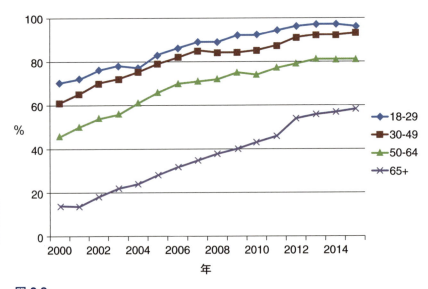

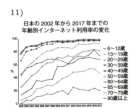

11) （総務省　通信利用動向調査より作成）日本でも65歳以上のグループの増加が目立ちます．ただし80歳以上のグループは，それほど伸びていません．

図 2.2
2000年から2015年までのインターネットを使用する米国の成人の割合 [Perrin and Duggan, 2015][11)]

の割合はすべての年齢層で 2000 年以来増加しています．特に 65 歳以上のグループは急激に増加しています．これは巨大な潜在的市場の出現を意味しています．

しかし 2013 年の時点では，米国の全成人の 15% がまだオンラインになっていませんでした．それは 50〜64 歳の 19%，65 歳以上の 42% に相当する割合です．なんと多くの人数でしょう！

インターネットを利用している人の割合に関するデータは，米国の成人のみを表していますが，同様の開発基準，識字率，教育，所得水準を持つ国の人々を代表する場合もあります．「Smartphone Ownership and Internet Usage Continues to Climb in Emerging Economies」という報告書 [Poushter, 2016] には，特に興味深い点が 2 つあります．

1. 先進国の大部分の成人はインターネットを利用しています．
2. ほとんどの国のインターネットユーザーの大部分は毎日利用しています．

高齢者について調べるという目的としては残念なことに，このレポートでは若年層（18〜34 歳）と高齢層（35 歳以上）の 2 つの年齢層に分類しています．インターネットに接続できないグループは，デジタルギャップやデジタルディバイドと呼ばれています．

デジタルデバイスの所有率

米国では 2015 年時点で成人の 92% が携帯電話を所有しており，68% がスマートフォンを所有しています．73% がデスクトップまたはラップトップコンピュータを所有しており，45% が自分のタブレット PC を所有しています．そして 19% が電子ブックリーダーを所有しています [Anderson, 2015]．

米国の高齢者たちはデジタル機器を購入し，オンラインでの存在感を高めています．図 2.3 に示すように，2015 年には 65 歳以上のほとんどが依然としてスマートフォンよりもシンプルな携帯電話（フィーチャーフォン）を好み，大多数はデスクトップやラップトップのコンピュータを所有していました．

前述のように，これらの数値は米国のデータのみを表していますが，他の先進国の代表と考えることができます．韓国，オーストラリア，イスラエルなど一部の国では，米国よりもスマートフォン所有率が高い国もあります．もちろん，世界中のさまざまな年齢の人たちの多くは，そのようなデバイスを買う余裕がなく，コンピュータを使えるわけでもありません．

人口の多い国では，デジタルテクノロジーを使用している高齢者の絶対数は，若年層と高齢者層の間にデジタルディバイドがあったとしても，大きく

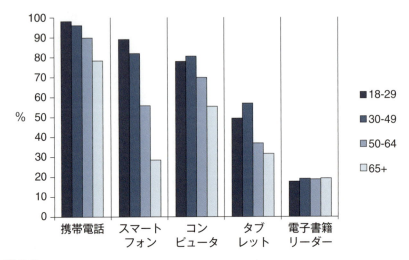

図 2.3
デジタルデバイスを所有している米国の大人の年齢とデバイスの種類別の割合 [Anderson, 2015]

なる可能性があります．たとえばインドの人口は10億人で，そのうち8億9000万人（89%）がインターネットを使用しているか，スマートフォンを所有しています．Poushtar [2015] は，35歳未満の人々と35歳以上の人々との間の明確なデジタルギャップを発見しています．そのギャップにもかかわらず，インドにはインターネットとスマートフォンを使用している50歳以上の人々が何百万人もいるのです．それらすべての人が年齢に優しいテクノロジーの潜在的な受益者です！

世代間のギャップとその他の要素

私たちは，年齢だけでは技術的な熟達度の指標にならないという主張をしましたが，このセクションでは少し違う視点で出生世代の時代的背景から，高齢者のデジタルテクノロジーを使いこなす能力を予測できるかについて考えてみます．

出生世代

米国では，第二次世界大戦の終結により，復員兵の帰還や経済の好景気のおかげで，およそ20年もの間に，前例のないほど多くの子どもが産まれました．1945年から1964年の間に生まれた子どもたちは，ベビーブーム世代，ベビーブーマーズ，または略してブーマーズとして知られるようになりました．

ブーマーズの社会的影響とは別に，この現象は世代を括って名前をつける流行をうみだしました．戦前の世代は，サイレントジェネレーション，GI ジェネレーション，またはグレイテスト・ジェネレーションのような，さまざまな名前が付けられていました[12]．ブーマーズ世代のその後の世代は，若干想像力に欠ける命名ですが，ジェネレーション X，ジェネレーション Y，ジェネレーション Z と呼ばれています（他の名前も存在します）．ベビーブーム世代は決定的なスタートイベント（第二次世界大戦の終わり）を持ち，世代は通常約 20 年と考えられていますが，ベビーブーム世代以降の世代はあまり明確に区別されていません．

そこで，学者らが関わって世代の区分表を作り出しました．図 2.4 では，1900 年以降に生まれた米国の世代を紹介しています．これらの世代は，Neil Howe と William Strauss [Howe and Strauss, 2007] によって定義されたものに基づいています．2005 年以降に生まれた人々には「ジェネレーション Y (Gen Y)」を使用しています（世代の終わりの年はまだ決まっていません）．ジェネレーション Y には，他にもいくつかの名前が示唆されていますが，決まったものはありません．

[12) 日本では，「戦前派」，「戦中派」，「戦後派」な度と呼ばれています．

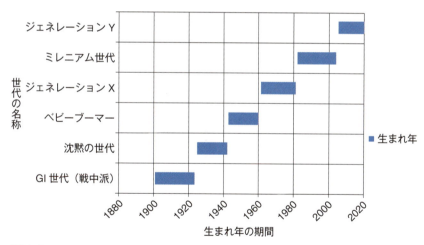

図 2.4
出生世代 [Howe and Strauss, 2007]

もちろん，これらの世代の名称は米国特有のものです．他の国や文化では別の名前を使用するか，これらの世代の名称を他の期間で表します[13]．

[13) 日本では，戦後の世代の名称として代表的なものに次のようなものがあります．
・「しらけ世代（1950～1964 年）
・「バブル世代（1965～1970 年）
特に 60 年代生まれを「新人類」と呼ぶこともあります．
・氷河期世代（1970～1983 年）
団塊世代の子どもたちの多くがこの年代で「団塊ジュニア」と呼ばれることもあります．
・プレッシャー世代（1982～1987 年）
・ゆとり世代（1987～2004 年）
その後も「さとり世代」や「ミレニアル世代」があります．

デジタルネイティブとデジタルイミグラント

　2001年に，Marc Prenskyは*デジタルネイティブ*と*デジタルイミグラント*という用語を作り出しました．彼は，1980年以降に生まれた人々は，コンピュータ，ビデオゲーム，インターネットのデジタル言語のすべての「ネイティブスピーカー」であると述べています [Prensky, 2001][14]．2001年以来，この言葉は一般的になりました（少なくとも業界では）．中には1980年以降に生まれた人がすべてデジタルネイティブであると考える人もいるようです．

　しかしそのような一般化は，調査に耐えうるものではありません．どのグループの個人も，かなりのバリエーションがあります．確かに*若年層のグループ*は，*高齢者のグループ*よりも，つながりのあるデジタルな生活をすることに慣れている*傾向*がありますが，生まれつきそうではありません（図2.5参照）．

図 2.5
デジタルネイティブ：ちょうど生まれたばかりの世代？ [出典：www.dreamstime.com]

---

14) これに対してITが普及する以前に生まれて，ITを身につけようとしている世代をデジタルイミグラント（移民）と呼びます．

テーマのバリエーション

　デザインと評価に関して高齢者と仕事をしてきた人の話から考えてみましょう.

　教育, 職業経験, 健康, 年齢関連の問題, ライフステージなど, 集団としての高齢者の多様性は非常にさまざまです. …そして他の「グループ」とは異なり, 彼らは 50 (または 55, 60, 65…) から何歳までにも及ぶことができます- 他のほとんどのグループが含むよりはるかに広い年齢層です. …多様性とはある人のために働く技術が他の人のために働かないかもしれないことを意味します. ―[Dickinson et al., 2007].

　ある方法論は, 特に高齢者とのユーザビリティ評価に関してはすべてに適用できません. ―[Franz et al., 2015].

　"参加型デザイン[15)]" プロセスは, 参加者の多様性を尊重しようという試みることを余儀なくさせたのでした. これは参加者が決して均質なグループではないという事実によります. ―[Lindsay et al., 2012].

　このプロセスは, 「高齢者」が非常に多様であるという事実によってさらに困難になります. 使いやすさの向上はすべての人に役立ちますが, 使いやすさの向上を目的とした変更が利用者の一部に利益をもたらし, 別の利用者を妨げる場合があります. ―[Ostergren and Karras, 2007].

15)
参加型デザインはデザインの開発プロセスに, ユーザーを参画させ, ニーズやユーザビリティを確認しながら開発する手法.

　現在, 多くの若者はコンピュータに精通しておらず, 学校や職場での技術的な経験や業績評価を得ていません. 社会的経済的地位, 教育, 文化, 位置などの外的要因と, 健康, 動機づけ, 知能, 記憶などの内的要因はすべて, いわゆるデジタルネイティブの育成に貢献します. 同じ外部要因および内部要因が高齢者にも適用され, デジタルテクノロジーをどの程度容易に使用できるかが決まります. 高齢者にもデジタルテクノロジーをどれだけ簡単に使えるようにするかを決定する上で, 同じ外部要因と内部要因が適用されます.

テクノロジー世代

　出生世代と同様に, 研究者はいくつかの異なる技術世代を識別しています. 私たちのほとんどは, 10 歳から 25 歳までの形成期の間に使われているテクノロジーを利用することが最も快適です [Lim, 2010]. 私たちはその時代に支配的だったテクノロジー世代に属しています. 私たちは (おおよそ) 25 歳を超えると, 技術の進歩に合わせて製品やサービスの使い方を学ぶことや覚えていくことが困難になるかもしれません [Wilkinson, 2011]. 新しいテクノロ

ジーについていくことは不可能ではありませんが，それほど簡単なことではありません．

テクノロジー世代の影響については，「第7章：知識」で詳しく説明していますが，現時点ではテクノロジー世代が存在することに留意してください．私たちが関係するテクノロジー世代を図2.6に示します．

14) 日本でも家族の介護は女性が66%を占めています（厚生労働省　平成28年　国民生活基礎調査の概況）．

15) 日本では同居の主な介護者と要介護者等の組合せを年齢階級別にみると，「70～79歳」の要介護者等では，「70～79歳」の者が介護している割合が48.4%です．「80～89歳」の要介護者等では，「50～59歳」の者が介護している割合が32.9%で最も多くなっています．これは70歳代では夫婦のどちらかが介護をしていることを示し，80歳代に入ると，子が親の介護をしていることを示しています（厚生労働省　平成28年　国民生活基礎調査の概況）．

16) 同居の主な介護者について，日常生活での悩みやストレスの有無をみると，「ある」と回答した人が68.9%．原因は男女共に「家族の病気や介護」が73.6%，76.8%と高く，次いで「自分の病気や介護」が33.0%，27.1%と回答しています（厚生労働省　平成28年　国民生活基礎調査の概況）．

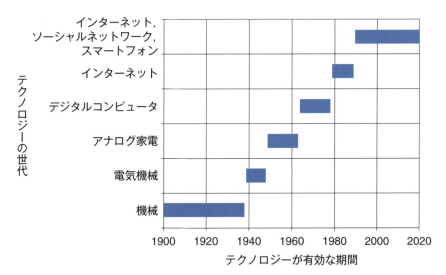

図2.6
テクノロジー世代（Docampo Rama *et al.* [2001] から改変；Lim [2010]; Sackmann and Winkler [2013]）

介護者のことも忘れないでください

急増する高齢者人口は，介護者の必要性が高いことを意味します．米国では，成人人口の29%が誰かのケアをしています．家族の介護は女性たちが66%を占めています．家族介護者は，治療の研究，医療の手配，および支援システムへの連絡を担当する場合があります[14]．典型的な介護者は，家の外でフルタイムで働く49歳の女性です．これに加え彼女は介護に週24.4時間を費やしています．65歳以上の介護サービス受給者の場合，介護者の平均は63歳です[15]．

これらの高齢介護者の3分の1は，自分たち自身が中等度またはもっとひどい健康状態にあります [Family Caregiver Alliance, 2012]．介護者がストレスを受けているとき，健康状態が悪いとき，技術的に未熟なときに，介護者自身と介護受給者は共に悪影響を受ける可能性があります[16]．

本書のためのペルソナ

　高齢者の多様性を説明し，この本の議論とガイドラインの例を提供するために，我々は高齢者を代表する 6 人の人物 - 架空のペルソナを開発しました．私たちのペルソナのディテールは，国連の出版物や，世界中の家族，友人，同僚からの非公式の調査を含む多くの情報源から得られました [UNESCO, 2013; UNDESA, 2015b]，米国保健福祉省 [Blackwell et al., 2014]，米国国勢調査局 [Werner, 2011]．この本では，これらの 6 人のペルソナにまつわるエピソードを紹介しながらガイドラインを説明していきます．

Carolina

Carolina（52 歳）は，米国の退役軍人病院の音楽療法士として働いています．彼女はまた，地元のコミュニティセンターで民族舞踊を教えています．彼女は若い頃，ラテンアメリカからアメリカに移住しました．英語は母国語ではありませんが，アメリカの大学で修士号を取得しました．Carolina は職場ではデジタルテクノロジーを使わなければなりませんが，彼女はその複雑さに苦しめられることが多いです．そのため彼女は時折，同僚や彼女のクライアントに助けを求めなければならないことがあります．それでもオンラインの予約，ウェブからのダウンロード，健康情報の解釈など，比較的シンプルなものについては彼女のクライアントよりも知っていることがあります．

第 2 章　高齢者に会う

Hana

Hana（68歳）は退職した日本のビジネスマネージャーです．彼女と夫には2人の子供と4人の孫がいます．娘とその家族は，彼らの近所に住んでいます．息子とその家族は，米国に住んでいます．Hanaは孫と一緒に過ごす時間を楽しんでいます．そして，彼女は生け花を楽しんでいます．彼女は主にゲームやソーシャルメディア用のタブレットコンピュータと，電話をかけるためのスマートフォンを使用しています．彼女は現在，がんの治療を受けており，薬が自分の記憶力と集中力に影響を与えていることに気付いています．最近では自分使っているデバイスのアプリを見つけたり，パスワードを覚えたり，設定を変更したりするなど，技術的なサポートを家族に依頼しています．

John

退職した80歳の教師であるJohnは，ロンドンで一人暮らをしています．Johnは現在，移民教育センターでボランティアとして活動しています．彼は旅行や，子供や孫のところを訪れるのが大好きです．家族や同僚とのコミュニケーションを頻繁におこなうJohnは，オンラインに多くの時間を費やしているとも言えます．Johnは視覚に障害があります．そのため彼はデジタル機器の画面拡大の機能と，オーディオ機能を広範に利用しています．彼は最近タブレットコンピュータを購入し，スマートフォンの代わりに旅行に行くときに，それをうまく使いたいと考えています．

本書のためのペルソナ　　31

Monika

Monika は 63 歳のドイツの元・銀行家です．彼女は現在，自分が住んでいる小さなアパートを管理しています．彼女と兄弟は，健康状態の悪化した母親のケアのために，多くの時間を費やしています．最近では，医療情報を探したり，ケアを手配したり，母親のために医師の予約をするためにネットを使っているようです．概ね健康な状態にあるのですが，Monika は手の震えを誘発する投薬治療を受けています．これによりキーボードを正確に打つこと，画面上の小さなターゲットを選択すること，そしてタッチジェスチャーをおこなうことが難しくなっています．彼女は機器を操作するために，次第に音声入力に頼る機会が増えています．

Stefano

Stefano と彼の妻は，イタリアの自動車修理工場のオーナーです．彼らは工場の近くに大家族で住んでいます．Stefano（58歳）は身体的に活発です：彼は自転車で，妻と共にヨーロッパのあちこちをハイキングツアーで廻ります．彼の唯一の心配事は，兵役中に騒音にさらされた結果，かなりの聴力を失ってしまったということです．これにより彼は警報音やビデオの音を聞くのが難しくなりました．ビジネスオーナーやフィットネス愛好家として，Stefano は顧客に連絡し，財務記録を管理し，部品を注文し，自転車ルートを計画するためにテクノロジーの利用を歓迎します．しかし彼は常に最新の技術を使用している顧客の期待に応えようと努力しています．

Wong

Wong（70歳）と彼の妻は，中国の小さな町にある小さなアパートで暮しています．彼らの息子とその嫁，孫は彼らの近所に住んでいます．彼はシャンチー（中国将棋）を楽しみ，気功を実践し，家族とともに時間を過ごしています．Wong はデスクトップコンピュータを使用して，予定，レポート，ニュース，そして金融取引を確認します．彼は主にスマートフォンを通話にもちいていますが，天気，交通機関，ソーシャルネットワーキングにも使用しています．彼は自分のスマートフォンでシャンチーアプリを試してみましたが，画面上の小さな駒を見たり操作したりするのに問題がありました．

第3章
視　覚

　私たちが高齢者に優しい技術について話すとき，決まって最初の反応は，
「あぁ，それはフォントを大きくするということですか？」と返されるもの
です．

　「大きなフォントを使用する」というのは，年を重ねるにつれて視力が悪化
する傾向があるため，高齢者がデジタルテクノロジーをより使いやすくする
ための重要なガイドラインです．しかし，すべての加齢に関する変化と同様
に，視力の変化の程度と発現する年齢には，個人間で大きなばらつきがあり
ます．さらに重要なことに「視覚の低下」は複雑です．視覚には，さまざま
な側面があります．大きなフォントは，その変化の一部分には役に立ちます．

　細部を見ることが困難な高齢者の問題は，もちろんデジタルテクノロジー
に限られていません．書籍，雑誌，パンフレット，パッケージのラベルと成
分，薬の使用方法，法的な文書などの印刷物など，高齢者にとって読みにくい
デザインに何世紀もの間悩まされてきました．この問題は，障害のあるアメ
リカ人法（ADA，1990 年）[1] と英国の障害者差別禁止法（DDA，1995 年）[2]
のように，視覚に障害のある人々が資料にアクセスできるようにする法律が
あるにもかかわらず，依然として存在しています．

　高齢者に読みにくい印刷物が生き残っているのは，少なくとも部分的には，
企業とそのために働くデザイナーとの間のコミュニケーション不足に起因し
ます．企業はデザイナーがアクセシビリティ要件を認識して，それに応じて
設計することを前提としていますが，デザイナーは，クライアント企業が視
覚的にアクセシブルなデザインを望む場合，作業要件にそれを明示すること
を望んでいます [Cornish et al., 2015]．そのようなコミュニケーション不足の
結果，視力の弱い人にとっての視認性が低下するのです．

　悲しいことに，たくさんの高齢者を含む視覚に障害のある人々にとってう
まく機能しないデザインは，デジタル製品やサービスの領域に広がっていま
す．これは，2012 年に国際標準化機構 (ISO) が採択した World Wide Web

[1]
世界初の，障害による差別
を禁止した米国の法律で，
雇用，公共サービス，公共
施設の設備，電気通信など
幅広い分野をカバーしてい
ます．その後の各国の障害
者政策に大きな影響を与え
ました．また合理的配慮の
提供を義務づけたことも大
きな特徴です．

[2]
ADA の制定に影響を受け
て，英国で成立した差別禁
止法です．

3) 日本で主に使われているウェブアクセシビリティガイドラントは JIS X 8341-3:2016『高齢者・障害者等配慮設計指針 - 情報通信における機器, ソフトウェア及びサービス - 第 3 部: ウェブコンテンツ』です. この規格は WCAG2.0 と互換性があります.

Consortium のウェブコンテンツアクセシビリティガイドライン（WCAG 1.0, 1999 年発行, WCAG 2.0, 2008 年発行）[3] などの国際標準があるにもかかわらずです.

この章では, 人々の年齢に応じて発生する最も一般的な視覚の変化について説明します. 次に, デジタル製品とサービスが高齢者のために利用できることを確実にするためのデザインガイドラインを提供します. これらのガイドラインに従うことで, 一般にすべての年齢層の人の視覚体験が改善されます.

高齢者の視覚の特徴

視力の低下

人間の視力—私たちの細部を見る能力—は, 通常 10 代後半から 20 代前半にかけてピークに達し, その後減少し始めます. 前に説明したように, この減少が始まる年齢と減少率はさまざまですが, 若い世代の場合, ほとんどの人は良い状態です. （図 3.1 参照）. 50 歳を超えた頃に, 視力は一般的に急速に低下し始めます [Hawthorn, 2006; Mitzner et al., 2015]. しかし, この急激な低下がいつ, どのように起こるかは人によって異なります.

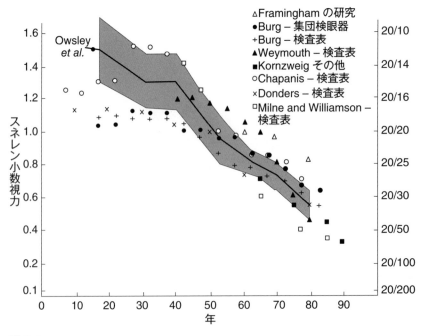

図 3.1
年齢に応じた平均視力（出典： Owsley et al. [1983], 許可を得て再版）

この急激な低下を経験した人々は，ディスプレイ上の情報を見ることや，意図したタッチターゲットをタップすることに困難を感じるようになるのです [Mitzner *et al.*, 2015]．たとえば，小さなテキストフォントはすべての人の読書速度を低下させますが，高齢者では若者よりも読書スピードが遅くなることが研究によって示されています [Charness and Dijkstra, 1999]．画面サイズの小さなデバイスの場合，慎重にデザインしないと，モバイルデバイスがこれらの問題を悪化させる可能性があります．

老眼

すべての年齢層の人々（子供でさえも）は，近視気味か，もしくは遠視気味の状態になっている場合があります．*正常な視力*とは，目の近くの物体（例えば，鼻先数センチメートル）と，遠くの物体（例えば，通りの向こう側）の両方に焦点を合わせることができる状態のことです．私たちの目のそれぞれには，毛様体筋と呼ばれる小さな筋肉があり，水晶体をさまざまな距離でピントが合うように調整します．

*近視の人*は近くの物体に焦点を合わせることができますが，遠くの物体には焦点を合わせることができません．*遠視の人*は反対の問題を抱えています．彼らの目は遠くの物体に焦点を当てることができますが，近くの物体に焦点を当てるのは困難です．

私はコンピュータや携帯電話を使うために老眼鏡が必要です．それでも，ほとんどの画面のテキストは小さく，ぼやけて見えます．
　　　　　　　　　　　　　　　——Wong

40歳前後から，目の水晶体が硬くなり，毛様筋の力が弱くなり，近くの物体に焦点を合わせるのが難しくなります（図3.2参照）．これは，加齢による遠視で，一般的には老眼として知られています．医学的な正式名称は老視です．老眼は，65歳以上の人々にはほぼ普遍的に起こるため，通常の老化と考えられています．私たちは皆，人生のある時点から読書用メガネを使い始めなければならないのです．最近のコンピュータ，タブレット，携帯電話のほとんどは，視覚障害や老眼を補償するため，ユーザーはテキストのフォントサイズや一般的な画面の倍率を上げることができます．しかし，高齢者の中

には，そのような画面の調整方法を知らず，特にそのような機能が設定の奥に隠れている場合にはまったく気がつきません．

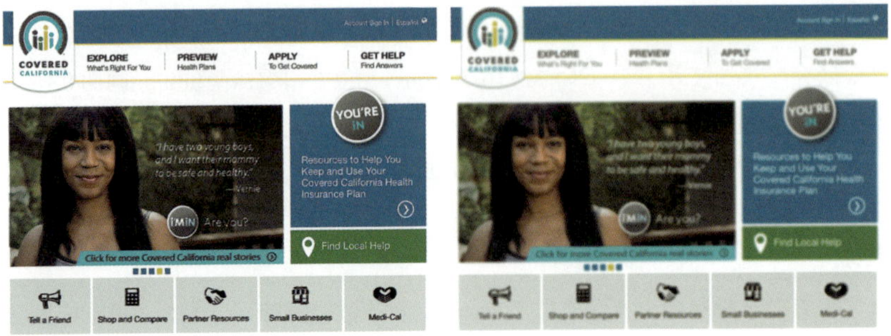

4) CoveredCA.com は健康保険のウェブサイトです．右側の写真は，通常の表示画面に対してさまざまな見え方をシミュレーションしたものです．

図 3.2
CoveredCA.com を使用して標準的な視力と老眼の状態をシミュレートした結果[4]

周辺視野の狭窄

　周辺視野とは，あなたが直接見ていないものを「目の隅から」見る能力のことです．正常な視力を有する若者でさえも，周辺視野は貧弱です [Johnson, 2014]．それは人間の目の仕組みから起こるものです．私たちが高解像度でモノを見ているのは，視野全体の約 1％である「中心窩」と呼ばれる領域です．我々の視野の大部分（99％の他の部分）は非常に低い解像度です．それはまるで曇ったガラスのように見えます [Eagleman, 2011]（図 3.3 参照）．

図 3.3
高解像度で見えるのは，私たちの視野の中心にしかありません．周辺部は低解像度なのです．

人間の視覚のほとんどは低解像度

　中心窩――解像度が高い視野の 1%ほどの中心部分――は小さいです．どれくらい小さいか見てみましょう．腕を前に伸ばし，親指を立てて，親指の爪に焦点を合わせてみてください．腕を伸ばした状態だと，あなたの親指の爪の大きさが，ちょうどあなたの中心窩のサイズになります．あなたの視野の残りの部分は，大幅に低い解像度で周辺視野とみなすことになり [Johnson, 2014]．

　周辺視力は正常な視力の若年成人でも悪いのに，それは年齢とともにさらに悪化します．私たちの有効な視野は徐々に狭くなっていますので，私たちはこれまでのように一目で多くの情報を取り込むことができなくなります [Mitzner et al., 2015]．それはどれくらい悪くなるのでしょうか？　人によってさまざまですが，平均して 10 年ごとに視野の端から約 1～3 度ずつ失われていきます．そして 70～80 歳までに，私たちのほとんどは視野の端から 20～30 度の範囲を失うことになるのです．加齢に伴う遠視と同様に，この視野の狭窄は一般的であり，正常な老化とみなされます．

38　第 3 章　視　覚

> 時々，私は画面の端で起こっていることに気づかない．
> ——Carolina

　明らかに注視していない画面上のコンテンツに気づくには，周辺視野が必要です．周辺視力の低下は，人々がエラーメッセージ，警告，または見ている場所から離れて現れる情報を見失う可能性を高めるのです [Hawthorn, 2006]．また，視界の端で起こる動きを検出する能力を低下させます．

　加齢による周辺視野の狭窄もまた，読書に悪影響を及ぼします．なにかを読むとき私たちの目は，あるグループの単語に焦点を当て，それを読み取り，次のグループの単語にジャンプします（このジャンプは「サッカード眼球運動」または「サッカード」と呼ばれます）．周辺視野は，目の前にあるテキストを事前にスキャンし，その先になにがあるのか，どのくらいジャンプするのか，どの単語にジャンプするのか，そしてどこで止まるのかについて脳に情報を提供します．周辺視野が狭くなるにつれて，スキャンはあまり有効でなくなり，読書が遅くなるのです [Legge et al., 2007]．

　緑内障は，時には「トンネルビジョン」と呼ばれるほど，急激な周辺視力の消失を突然引き起こす可能性のある病気です（図 3.4 参照）[Haddrill and

図 3.4
CoverCA.com による周辺視力が緑内障により減少したときのシミュレーション結果

Heiting, 2014]．年齢が高ければ高いほど，緑内障の発症リスクは高くなります [National Eye Institute (NIH), n.d.]．人口の 1% 弱，2020 年には約 8,000 万人が，この病気に苦しんでいます [Quigley, 2006][5]．

5) 日本では，2001 年に多治見市で行われた疫学調査から，40 歳以上で 5% の人が緑内障にかかっていると推計されます．その数は年齢を重ねるごとに増えています（日本緑内障学会多治見緑内障疫学調査報告）．

中心視野の損失

加齢性の緑内障よりもさらに一般的な視力の病気は，黄斑変性症です．周辺視力を低下させ，視野を狭める緑内障とは対照的に，黄斑変性症は視野の最も重要な部分，黄斑と呼ばれる中心窩（高解像度領域）を損傷します（図 3.5）．

図 3.5
CoveredCA.com により，黄斑変性症をシミュレーションし，ページ中央を注視しています．
人が視線をページの周りに動かすと，不明瞭な領域が，それに合わせて移動します．

黄斑変性症は年齢と非常に関連しており，その医学的名称は「加齢性黄斑変性」であり，ARMD または AMD と略記されています．これは高齢者の視力喪失および失明の主な原因でもあります [National Eye Institute (NIH), 2015]．この年齢層の人口比は増加しているため，AMD の発生率はそれに伴い増加しています．米国の成人に関する研究によると，66〜74 歳の人々のうち約 10% が何らかの形の AMD を有していることが分かります．75〜85 歳の成人のうち，その割合は 30% に上昇します．現在，約 175 万人の米国人が AMD の予備軍であり，その数は 2020 年までに約 300 万人に増加すると予想されています [Haddrill and Heiting, 2014]．推定すると，世界には何億人もの人々が AMD になっていることを示唆しています[6]．

6) 日本では，2007 年におこなわれた疫学調査によると，50 歳以上の人のうち，加齢黄斑変性症の人の割合は 1.3% でした．日本全体の人口に換算すると 69 万人に相当します（難病情報センター）．

光覚の減少

私たちの目が取り入れることができる光の量は，年齢とともに減少します [Mitzner et al., 2015]．これは，次のような理由に起因するものです：

- 瞳孔が小さくなる．
- 太陽光への暴露からの水晶体の黄変．
- 白内障からの水晶体の曇り．
- 目の後ろ側にある光感受性細胞の層である網膜に亀裂や小さな穴が増える[7]．
- 目の前面にある角膜にできた引っかき傷が光を遮る．

これらの問題によって，網膜に到達する光の量を減少させてしまうのです．したがって，よく見るためには明るい光が必要です．例えば，平均的な60歳の人の場合，20歳の人と同じくらいの明るさを知覚するためには3倍の明るさを必要とします [Besdine, 2015]（図3.6 参照）．

[7) 網膜が弱くなると，硝子体の収縮に引っ張られて，網膜に亀裂や穴ができることがあります．この状態が網膜裂孔であり，進行すると網膜剥離を引き起こすことがあります．

図 3.6
高齢者は，通常，若い人よりも網膜で受け取る光量が少なくなります．

私はサングラスを通して世界を見ているようです．そのため，より多くの光とコントラストが必要です．　　　——Wong

コントラスト感度の低下

白い背景色にグレーのテキストを使ったウェブサイトは読めません！　——Stefano

　50歳以上では，多くの人が灰色やその他の色合いの微妙な違いを見分ける能力が低下していることに気付きます．コントラスト感度は低下し続け，一般に80歳代で急激に低下します [Hawthorn, 2006; Mitzner et al., 2015]．これは，背景とコントラストの低い情報は，高齢者にとって読み取ることが難しいことを示唆しています（図3.7および図3.8参照）．

図 **3.7**
灰色の背景に，白，灰色，青のテキストを含む iOS の天気アプリ．毎日の最低気温や雨の確率を読み取るのは難しく，雲のアイコンの下に雨が降っているのを見分けるのはほとんど不可能です．

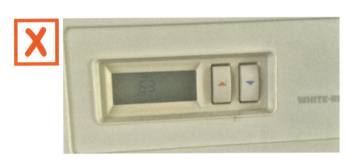

図 3.8
低コントラストなディスプレイは，設定温度を読み取ることが困難です．

　コントラスト感度に密接に関連するのは，パターンや画像に表示されるオブジェクトを区別したり，テキストを読み取ったりする能力です．高齢者は若い人よりも，その能力に問題があります．

色を区別する能力の低下

　コントラストに対する感度が低下すると（前のセクションで説明したように），似たような色を区別する能力が低下します．

　紫外線を浴び続けると，年と共に眼の水晶体および角膜が黄色を帯びるようになります．この黄変は，色を知覚する方法，特に色の違いを区別する能力に影響します．黄色のメガネを使って世界を見ることを想像してみてください．明らかに，どれが黄色と白色かを区別するのは難しいでしょう（図 3.9 参照）．

　他の色は黄色に着色され，特定の色との区別が難しくなります（特に緑色，青色，および紫色）[Mitzner et al., 2015]（図 3.10 参照）．

　色の識別はまた，高齢者の光に対する感受性が低下することによっても引き起こされます．先ほど解説したように，高齢者にとってすべてが暗く見える傾向があるため，紺や黒，赤や紫などの暗い色を識別するのに時間がかかります（図 3.11 参照）．

　遺伝によって起こるので[8]年齢に関係なく色盲の発生率は，男性が 8%[9]，女性では 0.5% です [Johnson, 2014]．高齢者の視力が黄変し暗くなると，ある種の色を区別する能力が失われるため，色の区別が難しい人の割合が増します．

---

8) X 染色体による遺伝によって引き起こされるため，男性に起こる場合が多い．

9) 日本人男性の発生率は 5%，女性は 0.2% です．

高齢者の視覚の特徴　　**43**

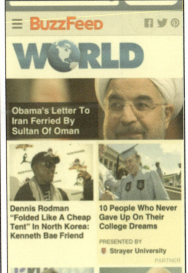

図 **3.9**
Buzzfeed mobile[10] の表示を黄変した角膜と水晶体を通じて見たようにシミュレーションした結果（右）．広告のマーキングは黄色で表示されます．
角膜や水晶体が黄変している場合は，このマーキングが見えないことがあります．

[10) Buzzfeed mobile では，広告記事に黄色い背景を付けて区別しています．この写真では「10 People Who Never Gave Up On Their College Dreams」が広告記事です．]

図 **3.10**
CoveredCA.com で黄色した角膜と水晶体をシミュレーションして表示した結果（右）．角膜または水晶体が黄色くなっている利用者の場合，青と緑の区別が困難な場合があります．

私はたまたまニュースサイト上のテキストリンクを発見しました．それは通常のテキストのように見えますが，実際は黒色ではなく濃い青色でした．区別が非常に難しい！

――John

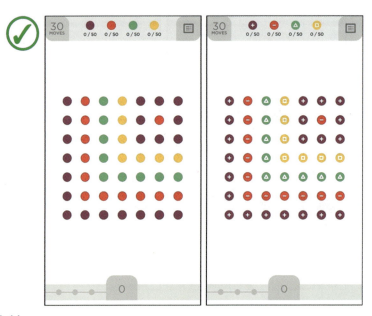

11) Two Dots は，隣り合う同じ色の点をつないで消していくパズルです．色の区別が難しいと楽しむことができません．

図 3.11
シニアコミュニティで人気のあるスマートフォンゲーム「Two Dots」[11]．赤い点と紫色の点（左）を区別するのが難しいと感じる人が多い色の組合せです．この問題に対応するために，ゲームにはドットに識別用のシンボルを追加するカラーブラインド設定が用意されています．

　最後に，私たちの視線は無意識のうちに彩度の高い鮮やかな色の領域に引き寄せられる性質があります（図 3.12 参照）[Bera, 2016]．そのため，ディスプレイでの色の乱用は，とりわけ高齢者の気を散らせ，操作に時間がかかり，視覚的に緊張させるなど，有害でありえる場合があります [NASA, 2015]．

図 3.12
彩度の高い色は，彩度の低い色よりも注意を引きます．

グレア（まぶしさ）感度の向上

　角膜や水晶体に付いた傷や，白内障およびその他の変化は，網膜に届く光の総量を減少させるだけではありません．それはまた，傷や変成した領域を通過した光が，あらゆる方向に散乱するため，グレア（まぶしさ）をより強

く感じるようになります．これが多くの高齢者が夜間に運転するのが難しい理由です．近づいてくるヘッドライトからの眩しさで，ほとんど目が見えなくなることがあります．同様に，コンピュータやスマートフォンの画面上に対する直射日光などの外部光源から引き起こされるグレアは，若者よりも高齢者にとって，より視認性を悪くする可能性があります [Mitzner et al., 2015]（図 3.13 を参照）．

図 3.13
CoveredCA.com でグレアのシミュレーション結果を表示しています．

私は画面を明るくすることで，それを読むことができます．画面の状態を確認するために，よい周辺光が必要です．しかし，反射やぎらつきでしばしば画面を詳しく見ることが難しくなります．　　　　　　　　　——Monika

　グレアに対する感受性はまた，画面のコントラストが一部の高齢者にとって高すぎる可能性があることを意味します．ある研究者は，白い背景に黒い文字の組合せで，長時間テキストを読み続けると高齢者に眼精疲労を引き起こす可能性があることを発見しており，うすい灰色の背景が純白のものよりも高齢者にとって読みやすいことを示唆しています [Dickinson et al., Dunn, 2006]．

第 3 章　視　覚

明るさの変化に対する適応速度の低下

　私たちの視覚システムが働くのは，極めて狭い範囲の輝度に対してです．網膜に到達する光の量を最適な範囲に保つために，虹彩の中央の開口部である瞳孔のサイズを調節します．暗闇の中では，できるだけ多くの光を取り入れるために，瞳孔が広く開きます．明るい光では，小さく閉じられます（収縮します）．

　若いときならば，私たちの目は明るさの変化に素早く適応します[12]．加齢に伴い，適応速度は，よりゆっくりとしたものになっていきます．高齢者が明るい場所から暗い部屋に行く場合，またはその逆の場合は，目の調節が終わるまで一時的に画面上の情報を見ることができない可能性があります．

> コンピュータで作業したあとに外に出ると，まぶしくて目がくらみます．その後に，屋内に戻ってくると，コンピュータの画面をもう一度読むまでにしばらく時間がかかります．
> ——Stefano

12）明るさに対応することを「順応」といいます．明るい場所から暗い場所に移動した時に起こる反応を「暗順応」と呼び，逆を「明順応」といいます．一般的に明順応が 40 秒から 1 分ほどで終わるのに対して，暗順応は 30 分から 1 時間ほどかかることに注意してください．このため急に暗くなるような場面では，暗闇に目が慣れるのに時間がかかって，危険なことがあるので，照明などを工夫してください．

微妙な視覚的な標識を識別する能力の低下

　年をとるにつれて，私たちの視力に関する問題は，増大し，結びつき，相互に重複し，より高いレベルの問題を引き起こします．たとえば，周辺視野を狭め，色を区別する能力が低下すると，見た目が分かっていても，高齢者は小さくて微妙な要素やボタンのラベルを見つけることができなくなります（図 3.14 参照）．

図 3.14
Mac OS の Dock は，実行中のアプリのアイコンに小さな黒い点を付けて区別していますが，高齢者には見えにくいです．

高齢者の視覚の特徴　　47

Apple Store の若い店員は，私の Mac には実行中のアプリケーションの下に黒い点があると説明しました．誰がその点を見ることができますか？　私はそれを見つけることができない！
——John

眼精疲労の増加

　ある時点で画面上の細部を見たり，テキストを読むことができたりしたとしても，別のときに同じように画面を見ることができないかもしれません．この視覚の問題は，1時間，1日，または1週間のように，時間に応じて変化することがあります．

　年齢にかかわらず，長時間の読書や視聴は目の疲れを引き起こすことがあります．特に性能の低いディスプレイを使っていると，眩しかったり，コントラストが低すぎたり高すぎたりする場合があり，そのような画面では眼精疲労が発生する可能性があります．私たちの視覚は，身体的または精神的な疲労，ストレス，病気のレベルによっても異なります．しかも高齢者は若年者よりも目の疲れの影響を受けやすいのです [Zajicek, 2001]．

　同じ出力モード形式を続けて使用すると，疲労につながる可能性があります．眼精疲労は視力に影響を与えるため，高齢者が操作を開始した時には読めたテキストが，徐々に読めなくなる可能性があります．そのため後から音声出力を使い始めるかもしれません [Zajicek, 2001a]．

　したがって，情報が見えるだけでは不十分です．高齢者の場合は特に，目の疲れを避けるために情報が目立つようにする必要があります．

視覚処理が遅くなり，視覚的な集中力が低下します

　前述した年齢関連の視力低下に加えて，視覚的に処理するスピードが，年齢が進むにつれて減少します．これはいくつかの要因，視覚や認知，態度などに起因しています．

　「第6章：認知」でより詳しく説明する認知的要因は，短期記憶が低下し，記憶を想起することが困難になり，注意を集中したり，操作の目的と無関係な視覚的要素を無視したりする能力が低下します．

　アプリケーション画面や，ウェブページのようなウィンドウ上には，ユーザーがそこで実行できることがいくつもあります．ユーザーがページや画面

上でおこなうことができることは，テキスト入力フィールドやボタン，その他のコントロールなどのインタラクティブ要素によって表わされます．ユーザインタフェースデザインの言葉では，これらのインタラクティブな要素を「行動喚起 (calls to action)」と呼びます．加齢に伴い，目的の行動とは無関係な行動喚起や，気を散らす視覚的要素によって，ウィンドウ上での作業速度は減速していきます．

　処理速度に関わる態度の要因については，「第 9 章：態度」で詳しく説明します．加齢に伴い，スクリーンの情報を読み取る速度は，失敗したときのリスクと，間違えに対する恐怖感によって遅くなる傾向があります．高齢者は，若い人よりもページの内容の大部分を慎重に読んだり精査したりして，取り組むべき行動を選択する可能性が高い傾向にあります [Carmien and Garzo, 2014]．また，リスクを回避する傾向は，ディスプレイやウェブブラウザの表示を調整して，読書や読取りの速度を向上させる可能性を低くします [Hawthorn, personal communication, 2016]．

　まとめると，これらの要因は，高齢者が若い人よりもディスプレイ上の情報を読み取るのに，かなり長い時間を要する可能性があるということです．この減速は個人によって大きく異なりますが，ウェブサイトやアプリケーションを使用する異なる年齢の利用者を調査した結果，こうした違いが見つかりました [Hawthorn, 2006; Kerber,2012]．北欧の研究によると，視覚処理速度は年齢とともにほぼ直線的に減少し，平均して 70 歳から 85 歳の間で半減したとのことです [Habeskot *et al.*, 2012]．

私はページ上のどこをクリックするか決める前に，そのページをすべて読むのを好みます．
　　　　　　　　　　　　　　　　　　——Hana

高齢者の視覚の特徴　　49

図 3.15
高齢者は，動く（スクロールする）テキストを読むのが難しい場合があります．

画面全体にテキストがスクロールしている場合，いつも十分に速く読むことができません．そして私はそれをやめる方法やそれを遅くする方法を知りません．　　——Carolina

視覚的な走査速度の低下

　視覚的な走査[13]）は気を散らせる視覚処理の1つです．とてもよく似たアイテムの中から特定のアイテムを探すとき，目的のアイテムを見つけられるまで，目は一つ一つのアイテムに集中します（図 3.16 参照）．このような状況においては，視覚的な検索時間は「線形」になります．ターゲットのアイテムを見つける時間は，ターゲットに到着する前に，ざっと眺めて見比べなければならないその他のアイテムの数に，線形に比例して増加します．

13) 画面をざっと眺めて目的のものを探すこと．

```
L Q R B T J P L F B M R W S
F R N Q S P D C H K U T
G T H U J L U 9 J V Y I A
E X C F T Y N H T D O L L 8
G V N G R Y J G Z S T 6 S
3 L C T V B H U S E M U K
W Q E L F G H U Y I K D 9
```

図 3.16
線形な視覚探索の例．図の中から Z を見つけてください．

　ただし，ターゲットがその他のターゲットと大きく異なる場合（例えばターゲットが太字で，その他のアイテムが通常の文字の場合など），アイテムをスキャンする必要はありません．私たちが正常な視力を持っているならば，私

たちは周辺視野でターゲットを見つけて，そこで目をまっすぐに動かすことができます（図 3.17 参照）．そのような場合，ターゲットの周辺にさっと視線を動かせるときは，視覚的な検索時間は線形ではありません．ターゲットを見つける時間は，他のアイテムの数やターゲットの位置とは無関係です．

私はしばしば画面上のカーソルの位置を見失います． ——John

G T H U J L U 9 J V Y I A
L Q R B T J P L F B M R W S
3 L C T V B H U S E M U K
F R N Q S P D C H K U T
W Q E L F G H B Y I **K** D 9
G V N G R Y J G Z S T 6 S
E X C F T Y N H T D O L L 8

図 3.17
非線形な視覚探索．太字を見つけてください．

　私たちの年齢が近づくにつれて，私たちの周辺視野が狭くなると，私たちの周辺視野にはターゲットのアイテムがさっと見つかることが少なくなり，視覚的な検索が線形的になり，時間がかかるようになります．ディスプレイや画面が乱雑になればなるほど，特に画面上の項目が類似している場合は，高齢者の行動が遅くなります（図 3.18 参照）．

高齢者の視覚の特徴　　　**51**

図 3.18
Mac OS X アプリケーションフォルダには，固有のアイコンがありますが，いくつかのアイコンは類似しています．同じようなアイコンの中から 1 つを見つけだすことは，特に高齢者には，特徴的なアイコンの 1 つを見つけることよりも時間がかかります．

どこかにあることが分かっていても，ページ上で何かを見つけるのが難しい場合があります．
　　　　　　　　　　　　　　　　　——Hana

もっと早く読める！

　興味深い研究結果に，高齢者は視覚的な走査課題で若年者よりも遅いが，読書ではより早いことが多いという結果があります [Koyani *et al.*, 2002]．これは，読書のメカニズムが認知的なもので，視覚的な走査とまったく異なるタスクであることを示しています．

52 第3章 視 覚

高齢者（そして他の人たち）を助ける
デザインガイドライン

どの年齢の人でも，アプリケーションやウェブサイトを閲覧することができるように，このセクションのデザインガイドラインに従ってください．

大きなフォントを使用することは，高齢者のためのデザイン方法について話すときに，以前からほとんどの人が考える最初のガイドラインでした．これは本当に重要なポイントなので，まずはそれからはじめます．

3.1 必須テキストの読みやすさを最大化する

大きなフォントを使用する [Campbell, 2015; Carmien and Garzo, 2014; Chisnell *et al.*, 2006; Czaja and Lee, 2007; Hawkins, 2011; Hawthorn, 2006; Kascak and Sanford, 2015; Kurniawan and Zaphiris, 2005; Ligons *et al.*, 2011; Miño, 2013; Nielsen, 2013; National Institute on Aging (NIH), 2009; Nunes *et al.*, 2012; Pernice *et al.*, 2013; Phiriyapokanon, 2011; Wirtz *et al.*, 2009]

- 大きな画面のコンピュータでは，最低 12 ポイント（ディスプレイ上で 4.2 mm の高さ）を推奨します．14 ポイント（高さ 5 mm）ならば，さらに安全です[14]．

- 高解像度のスマートフォン画面では，12～14 ポイントを*超える*フォントを使用して，より多くの人が読みやすいようにします（図 3.19 左を参照）．

- ウェブサイトでは，モバイル対応にするだけで，小さな画面に適したサイズでテキストが表示されるようになります．スマートフォンで表示すると，モバイル対応ではないウェブサイトでは通常，読み取るには小さすぎるテキストが表示されるため（図 3.19 右参照），ユーザーはページの細かい部分を見るためにズームインする必要があります．

- 注意：このガイドラインに従うと，スクロールの必要性を最小限に抑えるためのガイドラインと矛盾する場合があります（ガイドライン 3.7 を参照）．

プレーンなフォントを使用する [Carmien and Garzo, 2014; Chisnell *et al.*, 2006; Kurniawan and Zaphiris, 2005; Ligons *et al.*, 2011; Miño, 2013; National Institute on Aging (NIH), 2009; Nunes *et al.*, 2012; Pernice *et al.*, 2013;

---

14)
任意の年齢の対象者が，さまざまな環境下で平仮名，片仮名，アラビア数字，及び漢字の日本語文字の 1 文字を読むことのできる最小の文字サイズの推定方法について JIS S 0032JIS「高齢者・障害者配慮設計指針—視覚表示物—日本語文字の最小可読文字サイズ推定方法」で規定されています．

高齢者（そして他の人たち）を助けるデザインガイドライン　　53

図 3.19
AMD.org[15] は大きなフォントを使用し，さらにフォント拡大機能を提供していますが（左），スマートフィンの画面ではうまく表示されません（右）．

Phiriyapokanon, 2011; Silva *et al*., 2015; Weinschenk, 2011]

- Arial, Frutiger, Helvetica, Lucida, Universe, Verdana, Tiresias などのシンプルなフォントファミリを使用します（Tiresias フォントファミリは，視覚障害のある人々のために英国で設計されました [Wikipedia, 2015][16][17]．
- イタリック体や簡略化したものなどのフォントスタイルは避けてください．
- Avenir Light, Arial Narrow, Lato Thin などの軽量（つまり，線が細い）フォントは使用しないでください．
- 一部の専門家は，今日の高解像度スクリーンでは，セリフフォント（Times Roman など）は OK であると言います．しかし，公表されているほとんどのガイドラインでは，サンセリフフォントのみを使用することを推奨しています．特に本文のテキストに使用することを推奨します．

大文字と小文字を組み合わせて使用する [Carmien and Garzo, 2014; Kurniawan and Zaphiris, 2005; National Institute on Aging (NIH), 2009; Weinschenk, 2011]

- 大文字と小文字の両方で本文を表示する．本文のすべてのアルファベットを大文字で表示するようなことは控えてください．どのようにしても，ほとんどの人が大文字の綴りで読めるようにするのは難しいです．

テキストを拡大できるようにする [Campbell, 2015; Chisnell *et al*., 2006; Dunn, 2013; Hawkins, 2011; Hawthorn, 2006; Miño, 2013; National Insti-

15) AMD.org は加齢黄斑変性症の人への情報提供サイトです．見えにくい人のためのサイトなので様々な配慮がされていますが，モバイル版では，有効に働きませんでした．なお，翻訳時に確認したところ，現在はモバイル版の対応がなされていました．

16) 日本では，明朝体とゴシック体が，よく利用されていますが，ゴシック体の方がシンプルで，高齢者に読みやすいフォントです．

17) 視認性に配慮した UD フォントが開発されています．Windows10 には 2017 年秋にリリースされた「Fall Creators Updat」から，UD デジタル教科書体が選べるようになりました．2018 年秋にリリースされた「Windows 10 October 2018 Update」では，BIZ UD ゴシック/明朝を選べるようになっています．

tute on Aging (NIH), 2009; Nielsen, 2013; Nunes *et al.*, 2012; Pernice *et al.*, 2013; Silva *et al.*, 2015; Wirtz *et al.*, 2009]

● 気が付きやすい場所に文字サイズの調整機能を提示することで，ユーザーが重要なテキストを簡単に拡大できるようにします．

● スマートフォンのアプリやウェブサイトでは，フォントサイズを調整するための文字サイズ調整機能を提示することはしばしば実用的ではないので，ユーザーが拡大する必要がないくらい，十分大きなフォントを使用してください．

● 画像はテキストと一緒に拡大することはできないため，画像にテキストを埋め込まないでください．画像上にテキストを重ねる必要がある場合（ただし，「プレーンな背景を使用する」を参照してください），文字と背景の区別がつくように，そのまま文字を重ねるのではなく，背景色を付けるなど工夫してください．

情報を探しやすくする [Chisnell *et al.*, 2006; Hawthorn, 2006; Kurniawan and Zaphiris, 2005; Ligons *et al.*, 2011; National Institute on Aging (NIH), 2009; Pernice *et al.*, 2013; Silva *et al.*, 2015]

● ユーザーが簡単に情報を検索できるようにする．情報を小さなチャンク（塊）に分割する．

● 明確に目に見える，分かりやすい見出しと説明で情報にラベルを付ける．

● 箇条書き，または番号リストを用いる．

● フォントの大きさや太さを増やすか，別の色を使用して見出しを目立たせます．

プレーンな背景を使用する [Ligons *et al.*, 2011; National Institute on Aging (NIH), 2009; Pernice *et al.*, 2013]

● パターンや画像の背景にテキストを表示しないでください（図 3.20 参照）．

変化しないテキストを使用する [Chisnell *et al.*, 2006; Hawthorn, 2006; Kurniawan and Zaphiris, 2005; National Institute on Aging (NIH), 2009; Phiriyapokanon, 2011; Strengers, 2012]

● 自動的に移動，回転，またはスクロールするテキストは避けてください．

十分なスペースをとる [Carmien and Garzo, 2014; Gilbertson, 2015; Kurniawan and Zaphiris, 2005; National Institute on Aging (NIH), 2009; WCAG

図 3.20
パターンの上に表示されるテキストは，高齢者にとって特に読みにくい場合があります．

2.0, 2008]
- 少なくとも 1.5 以上の行間隔を使用してください．
- 段落間には行間よりも多くのスペースをとる：行間隔の 1.5 倍以上．

3.2 単純化：不要な視覚要素を削除する

行動を促す要素を提示する [Chisnell *et al*., 2006; Hawthorn, 2006; Miño, 2013; Kurniawan and Zaphiris, 2005; Romano-Bergstrom *et al*., 2013; Silva *et al*., 2015; Strengers, 2012]
- 画面またはページごとに，ユーザーの行動を促す要素の数を 1 つまたは 2 つに制限すると，ユーザーが操作に集中できます（図 3.21 および 3.22 を参照）．
- 他のインタラクティブな要素が表示されることもありますが，めったに使用されない補助機能のはずです．

グラフィックスの関連性を維持する [National Institute on Aging (NIH), 2009]
- グラフィックスやマルチメディアコンテンツは，見た目の装飾のためだけでなく，タスクに関連するものでなければなりません．

気を散らさないでください [Chisnell *et al*., 2006; Hawthorn, 2006; Miño,

図 3.21
Arngren.net のホームページには，操作のナビゲーションや多数の製品の選択という非常に多くのオプションが混在していて圧倒的です．

図 3.22
Google の主な検索ページは整理されており，ユーザーに行動を促す言葉が 1 つだけです：検索語を入力してください．

2013; Kurniawan and Zaphiris, 2005; Romano-Bergstrom *et al.*, 2013; Silva *et al.*, 2015; Strengers, 2012]

- 気を散らす可能性がある視覚的要素を排除する．コンテンツ広告やアニメーションなど，ユーザーが操作のゴールへの道を妨げないようにしてください．
- あなたのアプリやウェブサイトが，収益源としてバナー広告やポップアッ

高齢者（そして他の人たち）を助けるデザインガイドライン

プ広告を表示している場合は，広告によってユーザーがアプリやウェブサイトに来た当初の目的から離れてしまわないようにしてください．さもなければ広告は逆効果かもしれません．

乱雑さを最小化する [Chisnell *et al.*, 2006; National Institute on Aging (NIH), 2009; Romano-Bergstrom *et al.*, 2013; Silva *et al.*, 2015]

- きれいによく整理されたレイアウトを確保するには，グループ化と空白を使用します（図 3.23 を参照）．

図 3.23
Bank of the West のホームページはきれいで整然としたものであり，空白を効果的に使用しています．

3.3 ビジュアル言語：効果的なグラフィカル言語を作成し，それを一貫して使用する

視覚的な整合性を維持する [Miño, 2013; Nunes, 2012; Or and Tao, 2012; Phiriyapokanon, 2011; Russell, 2009; Silva *et al.*, 2015; Subasi *et al.*, 2011; Wirtz, 2009]

- フォント，アイコン，および色の使い方を一貫してください．

コントロールを明解にする [Affonso de Lara *et al.*, 2010; Chisnell *et al.*,

2006; Correia de Barros, 2014; Dunn, 2006; Kurniawan and Zaphiris, 2005; National Institute on Aging (NIH), 2009; Pernice *et al.*, 2013; Silva *et al.*, 2015]

- 主要な要素（リンク，メニュー，ボタンなど）が目立つようにしてください．コントロール可能な要素と，それ以外のテキストやグラフィックスを区別します．クリック可能な要素を，異なる色（異なる色相だけではなく）を使用することによって，クリックできない要素と，はっきりと異なる外観にします．
- はっきりと目立つナビゲーションの合図を提供する．ウェブサイトのリンクに下線が引かれている場合，リンクしていない項目に下線を引かないでください．

はっきりと強く指示する [Czaja and Lee, 2007; Nunes *et al.*, 2012]
- 太字，フォントサイズ，または色を使用して，ユーザーが見逃してはならない情報を強調します．
- 状態表示と操作の指示は微妙なものであってはいけません．それらは視覚的に目立つべきです．
- 入力場所を示すフォーカスと現在のコンテンツの選択状況を明確に示します．

リンクにホバーしたときの変更 [Chisnell *et al.*, 2006]
- デスクトップやラップトップコンピュータ用に設計されたウェブサイトでは，リンクや他のほとんどのクリック可能なアイテムは，ユーザーがマウスカーソルなどで指し示すと大きく変化するはずです．

訪問済みのリンクにマークを付けるかどうか [Affonso de Lara *et al.*, 2010; Dunn, 2006; Kurniawan and Zaphiris, 2005; Nielsen, 2013; National Institute on Aging (NIH), 2009; Pernice *et al.*, 2013]
- 多くのウェブユーザビリティの専門家は，訪問済みのテキストリンクが分かるようにマーキングすることを推奨します．特に短期記憶が減少したユーザーは，自分がそのページを見たかどうかを思い出すのに役に立つでしょう．リンク先のコンテンツが健康情報サイトなどの長期間変化しない場合は，訪問済みのリンクをマーキングすると便利です．検索結果を確認するのにも役立ちます．訪問したときにテキストリンクをマークする最も一般的な方法は，色を変更することです．

高齢者（そして他の人たち）を助けるデザインガイドライン　　　59

- ただし，電子商取引サイトの製品カテゴリやオンラインディスカッションフォーラムのトピックなど，リンクされたコンテンツが頻繁に変更された場合に訪問したリンクをマークするのはほとんど意味がありません．また，「印刷」，「検索」，「チェックアウト」などの機能へのリンクや主要ナビゲーションリンクなど，繰り返しアクセスするリンクをマークすることは意味がありません．

ラベルの重複 [Correia de Barros, 2014; Leung, 2009; Nunes *et al.*, 2012; Or and Tao, 2012; Phiriyapokanon, 2011; Williams *et al.*, 2013]
- 可能であれば，ラベルボタンとキーに文字と記号の両方を付ける．
- スペースが限られている場合は，ツールチップにテキストラベルを付けてください．

3.4 慎重に色を使う

色を控えめに使う [Kurniawan and Zaphiris, 2005]
- 情報を伝える，画面の領域を区別するなど，機能的な目的で色を使用します．
- 明るくて彩度の高い色は，ユーザーに注目してもらいたい場所にのみ使

図 3.24
AlzheimersSpeaks.com は彩度の高すぎる色と必要以上の色を使用しています．

用してください．

- 根拠のない色，過度に彩度の高い色，色の多用を避けてください（図 3.24 参照）．

慎重に色を組み合わせる [Campbell, 2015; Carmien and Garzo, 2014; Czaja and Lee, 2007; Kurniawan and Zaphiris, 2005; Ligons *et al.*, 2011; NASA, 2015; National Institute on Aging (NIH), 2009; Silva *et al.*, 2015]

- ユーザーが緑色の中から青色を区別することを避ける．
- 鮮やかな青色，黄色，緑色などの彩度の高い濃い色を隣に配置しないでください．

識別可能なリンク色を使用する [Nielsen, 2013; National Institute on Aging (NIH), 2009; Pernice *et al.*, 2013]

- 「未訪問」，「訪問済み」，および「ホバー」リンクが色で表示されている場合は，高齢者が色を区別できるようにしてください（図 3.25 参照）．
- 高齢者が区別するには，濃すぎたり似すぎたりするリンク色を使用しないでください．

図 3.25
KP.org では，マウスオーバーした際にリンクテキストがオレンジ色に変わり，下線が引かれます[18]．

---

18) 青色の補色がオレンジなので，元の色に対して目立ちやすい組合せです．一方でオレンジや黄色は白内障の人に見えにくいので，下線を引いて目立たせています．

- 高齢者にリンクの色をテストしてもらって，色が区別できることを確認します．

色を他の識別要素と組み合わせる [Carmien and Garzo, 2014; Kurniawan and Zaphiris, 2005; Silva *et al.*, 2015]

- 色だけを目印として使用すべきではありません．色以外の他の要素と組み合わせて識別できるようにする必要があります．

ハイコントラスト [Campbell, 2015; Carmien and Garzo, 2014; Chisnell *et al.*, 2006; Czaja and Lee, 2007; Dickinson, 2007; Dunn, 2006; Hawthorn, 2006; Kascak and Sanford, 2015; Kurniawan and Zaphiris, 2005; National Institute on Aging (NIH), 2009; Nunes *et al.*, 2012; Pernice *et al.*, 2013; Phiriyapokanon, 2011; Silva *et al.*, 2015; Wirtz *et al.*, 2009]

- 重要な要素（テキストや背景など）の色のコントラストが高いことを確認します．明暗の輝度比は少なくとも 50：1 にする必要があります．
- 明るい背景に対して暗いテキストを表示します（図 3.26 と図 3.27 を比

図 **3.26**
ドイツ放送局 Deutsche Welle のウェブサイトである DW.com は，背景とコントラストの低いテキスト（右側）を表示しています．

図 3.27
Encore.org は，背景と対照的なコントラストのテキストを表示します．

較してください）．純粋な白い背景に暗いテキストを持続的に読み取ると高齢者に眼精疲労を引き起こす可能性があるため，オフホワイトの背景のほうが優れています．

- 色のコントラストを十分に確認するには，オンラインのコントラストチェッカー（webaim.org/resources/contrastchecker/など）を使用します．

調整可能なコントラスト [Pernice et al., 2013]

- ユーザーがディスプレイのコントラストを変更できる方法を提供します．2つのウェブサイト（これを書いている時点で）が，この機能を提供しています．AMD.org と CNIB.ca です．
- また，アプリまたはウェブサイトが実行されているプラットフォーム（デバイスまたはブラウザ）でコントラスト調整機能が提供されている場合は，アプリまたはウェブサイトを使用しているユーザーが簡単に見つけて使用できるようにデザインします．

3.5 ユーザーが見つけやすい場所に重要なコンテンツを配置する

要素を一貫性をもって整理する [Kurniawan and Zaphiris, 2005; National Institute on Aging (NIH), 2009; Nunes, 2012]

高齢者（そして他の人たち）を助けるデザインガイドライン **63**

- ウェブページ，アプリケーション画面，および電子機器の表示などは，一貫性を保って配置する必要があります．コントロール要素や，情報は，表示されるすべてのページで同じ位置になければなりません．そうすれば，利用者はそれらがどこにあるのかを知ることができ，次からは探す必要がなくなります．

重要な情報を前面と中央に配置する [Affonso de Lara *et al.*, 2010; Carmien and Garzo, 2014; Chisnell *et al.*, 2006; Kurniawan and Zaphiris, 2005; National Institute on Aging (NIH), 2009; Nunes *et al.*, 2012; Patsoule and Koutsabasis, 2014; Phiriyapokanon, 2011]

- どの画面でも最も重要なコンテンツはスクロールせずにすぐに見えるようにするべきです．
- 最も重要なコンテンツを画面の中央付近にまとめます．
- 注：このガイドラインに従うと，大きなフォントの使用に関するガイドライン（ガイドライン3.1を参照）と競合する可能性があります．

エラーメッセージを明確に伝える [Nielsen, 2013; Nunes *et al.*, 2012]

- エラーメッセージを明らかに表示する：画面のポインタやテキストの挿入ポイントの近くなど，ユーザーが見逃さない場所に配置して，強調表示または明瞭なフラグを立てます．

3.6 関連するコンテンツを視覚的にグループ化する

関連する項目のグループ化 [Chisnell *et al.*, 2006; Czaja and Lee, 2007; Hawthorn, 2006; Johnson, 2014; National Institute on Aging (NIH), 2009; Silva *et al.*, 2015]

- 重要な関連項目は互いに近くに配置する．
- 間隔，罫線，色などを使用してグループを指定します．ゲシュタルトの法則[19]を使用して視覚的にグループ化をします．

3.7 スクロールをするときの注意点

垂直方向のスクロールを最小化する [Chisnell *et al.*, 2006; Dunn, 2006;

[19]
「人間は近いものや似ているものをグループ化したり，閉じた図形を見出そうとする性向がある」という法則．
ゲシュタルトの7法則
1. 近接（Ploximity）
2. 類同（Similarity）
3. 連続（Continuity）
4. 閉合（Closure）
5. 共通運命（Common Fate）
6. 面積（Area）
7. 対称性（Symmetry）

64　　第3章　　視　覚

National Institute on Aging (NIH), 2009; Nunes *et al.*, 2012; Pernice *et al.*, 2013; Silva *et al.*, 2015]

- 垂直方向のスクロールを最小限に抑えます．頻繁にアクセスされるコンテンツは，スクロールがほとんど，またはまったく必要ない状態で表示されるべきです．注：このガイドラインに従うと，大きなフォントの使用に関するガイドライン（ガイドライン3.1を参照）と競合する可能性があります．
- スマートフォンでは画面サイズが小さいためスクロールが必要な場合がありますが，非常に長いページは複数のページに分割する必要があります．
- 長いページや画面では，コンテンツが下に続き，ユーザーが下にスクロールすることが分かるよう明確に示します．
- ページの下部を誤って示す可能性のある水平のグラフィックや要素は避けてください．

水平スクロールが発生しないようにする [Chisnell *et al.*, 2006; National Institute on Aging (NIH), 2009]

- ユーザーが情報にアクセスするために水平方向にスクロールさせてはいけません．ほとんどの人は水平方向にスクロールをしないので，画面外の情報を見逃してしまうでしょう．

3.8 非テキストコンテンツの代替テキストを提供する

画像とビデオにテキストを補足する [Arch, 2008; Campbell, 2015; Patsoule and Koutsabasis, 2014; Kurniawan and Zaphiris, 2005; National Institute on Aging (NIH), 2009]

- テキストだけでなく，他のメディアにもコンテンツを提供すれば，テキスト，拡大印刷物，点字，音声，シンボル，またはより単純な言語など，人々が必要とする他の形式で出力することができます．
- 動画には書き起こしたテキストや字幕が必要です．
- ウェブサイトでは，画像に alt 属性[20] が必要です（例：<img src = "Jeff.jpg" alt = "Jeff Johnson">）.

20)
何らかの理由で画像が読み込めない場合，ブラウザは画像の代わりに alt 属性に指定されたテキストを表示します．また音声読み上げソフトを利用している場合は alt 属性を読み上げて画面を見ることができない人に内容を伝えることができます．原書では「alt tags」と記述されていましたが，正しくは「alt attribute」なので alt 属性と訳しました.

視覚に関するガイドラインのまとめ

3.1 必須のテキストの読みやすさを最大化する	■ 大きなフォントを使用する ■ プレーンなフォントを使用する ■ 大文字と小文字を組み合わせて使用する ■ テキストを拡大可能にする ■ 情報を探しやすくする ■ プレーンな背景を使用する ■ 変化しないテキストを使用する ■ 十分なスペースをとる
3.2 単純化：不要な視覚要素を削除する	■ 行動を促す要素を提示する ■ グラフィックスの関係性を維持する ■ 集中を邪魔しない ■ 乱雑さを最小限に抑える
3.3 ビジュアル言語：効果的なグラフィカル言語を作成し，それを一貫して使用する	■ 視覚的な一貫性を維持する ■ コントロール要素を明確にする ■ はっきりと強く指示する ■ ホバーしたときのリンク表示を変更する ■ 訪問済みのリンクにマークを付けるかどうかを検討する ■ ラベルに冗長性を持たせる
3.4 慎重に色を使う	■ 色を控えめに使う ■ 色を組み合わせるときは慎重に ■ 識別可能なリンク色を使用する ■ 色を他の識別要素と組み合わせる ■ ハイコントラスト ■ コントラストを調整できるようにする
3.5 ユーザーが見つけやすい場所に重要なコンテンツを配置する	■ 要素を一貫して配置する ■ 重要な情報を前面と中心に配置する ■ エラーメッセージを明確に伝える
3.6 関連性のあるコンテンツを視覚的にグループ化する	■ 関連する項目のグループ化
3.7 スクロールしなければならないときは注意する	■ 垂直スクロールを最小限に抑える ■ 水平スクロールは使用しない
3.8 非テキストコンテンツの代替テキストを提供する	■ 画像と動画を代替テキストで補う

第4章
運動コントロール

デバイスの表示内容を知ることは，デバイスとのインタラクションの半分に過ぎません．残りの半分は，デバイスに対して何らかの方法で操作やコントロールする必要があります．

デバイスをコントロールする最も明快な方法は，物理的なノブ，ボタン，スライダ，ポインティングデバイス，キーボード，タッチスクリーン，そしてゲームのモーション・コントローラなどを，手を使って操作することです．

年をとるにつれて，私たちの腕，手，指で物を操作する能力は低下する傾向があります．ほとんどのデジタル機器は，制限のある運動能力を想定して設計されていません．こうした理由により高齢者には操作が非常に難しいものがあります．

若者でさえ，脳性麻痺，筋ジストロフィー，多発性硬化症，筋萎縮性側索硬化症などの加齢とは無関係の病気や障害のために，体の動きを制御する能力が低下する経験をすることがあります．さらには一時的に腱炎，薬の副作用，

図 4.1
不規則な動きをする移動手段では，すべての年齢の人々の運動コントロール能力の一時的な低下を引き起こす可能性があります．

または不規則に揺れるバスの中，飛行機，列車，または馬に乗るなど，人々の運動コントロール能力を低下させる可能性があります（図 4.1 参照）．

この章では，最も一般的な，年齢とともに低下する手作業に関する能力について説明します．次に年齢や使用環境に関わらず，デジタルデバイスを自信を持って，信頼性が高く，そして効果的に使用できるようにするデザインガイドラインを提示します．

高齢者の運動コントロール

年齢とともに，ほとんどの人は感覚運動能力[1]の低下を経験します．

手先の器用さの低下（ファインモーター制御）

50 歳以降，ほとんどの人は細かな運動制御能力が，最初はゆっくりと，その後は数十年で急速に減少しはじめます．関節炎，パーキンソン病，脳卒中，および他の病気は，この減少をより早めることになります．頻繁に，そして丹念に練習すると，楽器を弾く，編み物をするなど，特定の動作に関する能力が激しく低下することを遅らせることができます．しかし，最終的には，腕，手，指の動きの精度が著しく低下します．

この手作業の巧緻性の低下は，私たちが晩年，小さな物体をつかんで操作することがさらに困難になることを意味します．これはまた，ジェスチャー操作を実行する際にトラブルを引き起こします．これにはピンチやスプレッドなど，多くのタッチスクリーンデバイスで使用される他の複数の指を使ったジェスチャーが含まれます．

> スマートフォンの小さな文字キーを使っていると，とてもイライラします．薬を手に取って飲むときでさえ，私の手は細かく震えるのです．そのためわずかな動きであっても，正しい文字を入力する前に何回か試してみなければならないことがよくあります．
> ——Monika

手と目の協調能力の低下

細かい運動制御に密接に関連し，同じく加齢による低下を示すのは，手と目の協調運動です．手と目の協調運動により，私たちは視線の先に手をガイ

---

[1] 感覚刺激に適切に反応して，熟練した複雑な運動パターンを確実に実行する能力．

ドすることができます．手と目の協調運動の能力が低下するにつれて，小さなターゲットを選びにくくなり，幅の狭い場所にポインティングデバイスを持っていくことが困難になります．

手と目の協調運動には，手に関する部分と目に関する部分の2つの要素が組み合わさっています．

まず目の部分についてから説明します．第3章では，視力は年齢とともに低下する可能性があることを説明しました．視力が低下しているのであれば，あなたの手と目の協調運動は困難になります．はっきりと見ることができないものをクリックしたり，ドラッグしたりするのは難しいのです．

マウスやタッチパッドと，スクリーンポインタ（カーソル）を使用するデスクトップコンピュータでは，画面ポインター自体が見えにくくなるという問題もあります．たとえユーザーがカーソルを視認することができたとしても，小さな一部分だけがターゲットをクリックできる「ホットスポット」であることに気づかないかもしれません [Worden *et al.*, 1997]．

実際のキーボードを使用している間，私は文章を書くことやフォームに記入することに問題はありません．しかし，マウスを使用したり，指で画面をタッチしたりしなければならないときは，苦労します． ——John

さて，手と目の協調運動の，手の要素を考えてみましょう．どのように動作するかについてよりよく理解するために，例としてターゲットを指す動作を細かく分解します．

1950年代から，ディスプレイ上のオブジェクトを指すときはFittsの法則に，そしてポインターを動かすときの制約は，Steeringの法則に従っているということが知られていました[1]．

- Fittsの法則：ターゲットの面積が大きければ大きいほど，出発点に近ければ近いほど，より速くターゲットを指し示すことができます（サイズは距離よりも重要です）．
- Steeringの法則：ポインターを，トンネルの中を通してターゲットまで移動させなければならない場合，トンネルの幅を広くするほどポイ

---

[1] フィッツの法則とステアリングの法則の詳細については，[Johnson, 2014] の第13章を参照してください．

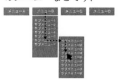

Sterringの法則は上記の様なトンネル状の経路をマウスカーソルでなぞるような場合に適用されます．身近な例では，入れ子構造になっているプルダウン形式のメニューなどです．

ンターをターゲットまで移動する速度が速くなります[2]．

　Fittsの法則とSteeringの法則は，マウス，トラックボール，トラックパッドを含むすべてのポインターに適用されます．これらの法則はタッチスクリーン上の操作にも適用されます．

　Fittsの法則を直感的に把握するには，画面上の何かを指差すことを想像してください．

　画面にターゲットが現れ，それを指さすことに決めました．まず行動を決定すると，脳からの信号に筋肉が反応します．そして手とポインティングデバイスが慣性を伴って動き出します．わずかな時間に，あなたが動かしているポインティングデバイスのターゲットへの動きは加速し，ピークに達します．動きの初期段階は放物線を描くように速度が加速していきます．ターゲットへの細かい方向はほとんどコントロールされていません．

　ポインターがターゲットに近づくにつれて，手と目からのフィードバック制御が繰り返されるにつれて，動きが遅くなります．あなたのポインターがターゲットに到達するまで，動きはより細かく補正され，ゆっくりと終わります（図4.2参照）．ターゲットが大きいほど，最後に必要な調整が少なくなります．

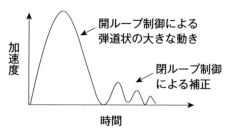

図4.2
Fittsの法則に基づくポインティング動作（Johnson [2014] の許可を得て使用）．

　次に，加齢がポインティング動作にどのように影響するかを見てみましょう（図4.3参照）．若い人と高齢者のポインターの動きを比較すると：

- 知覚および運動処理（これは人によって大きく異なる）が遅くなり，動作はよりゆっくりと開始される
- よりゆっくりと加速し，より低いスピードでピークに達するので，放物線状のフェーズはそれほど顕著ではない
- よりゆっくりと減速していく

動きのばらつきが大きくなる

　50歳以上になると，ほとんどの人は，毎回同じように手と腕の動きを確実に実行することが難しくなっていきます．原因は神経活動に混入する「ノイズ」の増加，一時的な筋肉の痙攣，手の振戦などがあります[3]．

　手の振戦はジェスチャーを阻害する一般的な原因です．ジェスチャーを実行するときに手が震えると，そのジェスチャーは実行するたびに異なる可能性があります．

　振戦は，パーキンソン病や変性神経疾患のような慢性症状によって引き起こされます．コーヒーの大量摂取，投薬副作用，または禁断症状などの一時的な状態から生じることもあります．振戦を調べる一般的なテストは，紙にフリーハンドでうずまきを描いてもらう方法です．振戦のない人は簡単におこなうことができますが，振戦のある人はできません（図 4.4 参照）．

[3] 不随意な震えのこと．

図 4.4
振戦のない人（左）とある人（右）による手書きのうずまき．

　想像してみてください．あなたの手に震えがあり，署名をしようとしているか，ポインティングデバイスもしくは指でデバイスの画面上に複雑な「携帯電話のロックを解除する」パターンをトレースしようとしているとします（図 4.5 を参照）．あなたはすぐに不満を感じるか，もしくはすぐに落胆することでしょう．

　人が手の動きを確実に実行できない場合，狙ったターゲットを逸したり，意図しないジェスチャーをしたりする可能性が高くなります．ターゲットが小さすぎるか，互いに近すぎる場合，もしくは異なるジェスチャーがあまりにも似ている場合，このようなエラーのリスクが増加します．若い人と比較して，意図しないリンクのクリック，ボタンの押下，メニューの選択，ジェス

第 4 章　運動コントロール

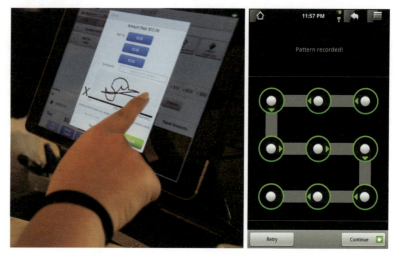

図 4.5
高齢者にとっては署名や，アンロックパターンをたどることは難しいかもしれません．

チャーからの回復には，高齢者の方が長くかかることがよくあります．

ボタンやリンクは非常に小さいです！　私が正しいものを選択することは簡単ではありません．
　　　　　　　　　　　　　　　　　　——Wong

　同じ動きをしたつもりでも，異なる結果になってしまうことが，どのように問題になるかを理解するために，デスクトップとラップトップコンピュータで一般的なポインティングデバイスのジェスチャーであるダブルクリックを例に考えてみましょう．ダブルクリックは，ドキュメントを開いてアプリケーションを起動する簡単な方法です．メニューから開くコマンドを選択して呼び出す方法の代わりに使用できます．高齢者がダブルクリックに失敗するいくつかの理由には，次のようなものがあります．

- クリックが遅すぎる：クリックの間隔が長すぎるため，コンピュータがタイムアウトしてダブルクリックではなく 2 回のシングルクリックだと認識されてしまいます．その結果，ファイルやアプリケーションが開きません．ほとんどのオペレーティングシステムでは，ダブルクリックの速度を調整できますが，多くの高齢者はそれを設定する方法

高齢者の運動コントロール

を知らず，タイムアウトの調整が役立つことに気づいていないことさえあります．

- **クリックがあまりにも揺れている**：クリックするときに手の揺れが原因で，指やマウスカーソルがターゲットから離れてしまうので，ターゲットはクリックを1回だけ受け取るか，もしくは別のところをクリックしたと認識してしまいます．その結果，ファイルやアプリケーションが開きません．時には不安定な第2のクリックが，ドラッグとして解釈されることがあり，オブジェクトが意図せず動かされることがあります．これらの事故は，手の震えのあるユーザーによく見られます．

- **過度な一般化**[4]：ファイルやアプリケーションを開くときだけでなく，リンクやボタン，メニュー項目，およびチェックボックスやラジオボタンを選択するときにも，同じようにダブルクリックをしてしまいます．これにより，選択するだけのものを開いてしまう，1つではなく2つの結果を得るなど，望ましくない結果や予期しない結果が生じることがあります．過度な一般化が身についてしまうと，それをやめることは非常に困難です．

動作のばらつきが大きくなると，マウスボタン，タッチパッド，またはタッチスクリーン上で，デバイスが操作を認識するのに十分な時間，しっかりと圧力をかけることが困難になります．もしクリックやタップが，意図しない

[4] 一度あるいは数度の経験から，ほかの操作も同じであると，思い込んでしまうこと．

図 4.6
Calif. DMV（カリフォルニア車両管理局）の階層メニュー．「DMV Search」を利用したい場合ユーザーは「Home」の部分から目的の場所までマウスをドラッグしなければならないので，細長いグレーの枠内をなぞらなければなりません．もし枠を外れてしまったら即座にサブメニューは消えてしまうでしょう．

横への移動を含む場合，ターゲットは開くよりも，むしろ横に動いてしまうかもしれません．運動制御の能力が減少すると，スライダーコントロールのドラッグ，スクロールバーの操作，メニューから目的の項目への移動（図 4.6 を参照），画面上のオブジェクトを新しい場所へドラッグするなど，連続的な動きを実行することも難しくなります．

腕力とスタミナの低減

最後に，加齢によって手と腕の筋肉が弱くなり腕力が低下します．

これは物理的なボタン，ノブ，キーボードのキー，トラックパッドのクリッカー，可変圧力のタッチスクリーン，および他の入力デバイスに加える力が小さくなることを意味します．物理的なスイッチまたはスライダが動きにくい可能性があります．物理的なつまみが回転するには硬すぎるかもしれません．

体力が落ちるとスタミナが低下し，持続力を保つことができなくなります．高齢者は，若い人よりも疲労と緊張の影響を受けやすいのです．これには，腕と手を不自然な位置に置くことも含まれます．

> 私は娘に，タブレット端末を置くための台を頼みました．
> タブレットを手に持ったまま Facebook の投稿をスクロールすると，私は疲れてしまいます．
> ——Hana

たとえば，タッチスクリーンの左上のターゲットは，右手の高齢者が正確に（左利きの場合は右上に）ヒットするのが難しいことが示されています [Leitão and Silva, 2012]．なぜでしょうか？ ターゲットはディスプレイを横切ってさらに遠くにあるので腕を伸ばさなければならないからです．腕を伸ばす距離（図 4.7 参照）が遠くなればなるほど，腕にかかる過重が増し，手の動きの精度が低下します．

図 4.7
左上のアイコンをタップすると，右利きのユーザーは右下のアイコンをタップするよりも腕を伸ばす必要があります．

高齢者（そして他の人たちも）を助けるデザインガイドライン

　次に紹介するのは，高齢ユーザーの運動制御を考慮したデジタルテクノロジーのデザインに役立つ研究ベースのガイドラインです．ほとんどの場合，これらのガイドラインに従うことで，すべての年齢層のユーザーが，車椅子の人だけでなく，ベビーカー，ローラー付のスーツケース，ショッピングカート，スケートボードを持っている人と同様に，すべての年齢層のユーザーに役立ちます．（第 1 章の OXO デザインも参照）．

　このマニュアルのガイドラインのほとんどは，設計中のデジタルデバイスが，スマートフォンやタブレットコンピュータなどのタッチスクリーンなのか，デスクトップやラップトップコンピュータなどの画面とは別のポインティングデバイスで操作されているかどうかにかかわらず同様に適用できます．しかしながら，この章は運動制御についての説明です．タッチスクリーンデ

バイスのためのガイドラインは，他のデバイスのためのガイドラインに類似していますが，細部が異なる場合があります．したがって，2つのタイプに関するガイドラインを分け，異なる用語を使うことにします．デスクトップまたはラップトップコンピュータのガイドラインでは，「クリックターゲット」という言葉を使用します．タッチスクリーンデバイスでは，「タップターゲット」と「スワイプターゲット」という用語を使用します．

4.1a ユーザーがターゲットをクリックできることを確認する（デスクトップおよびラップトップコンピュータ）

大きなクリックターゲット [Campbell, 2015; Chisnell *et al.*, 2006; Czaja and Lee, 2007; Hawthorn, 2006; Kascak and Sanford, 2015; National Institute on Aging (NIH), 2009; Nielsen, 2013; Pernice *et al.*, 2013; Wirtz *et al.*, 2009]

- マウス，トラックパッド，または同様のデバイスを使用しているデスクトップやラップトップコンピュータでは，ユーザーがクリックするのに十分な大きさのクリックターゲットを作成します．クリックターゲット（ボタンやテキストボックスなど）は，対角線で11mm以上の領域でクリックできることを推奨します（図4.8を参照）．

図 4.8
高齢者が簡単にクリックすることができないほど小さいターゲット（左）と十分に大きいターゲット（右）．

クリック可能な領域を最大化する [Affonso de Lara *et al.*, 2010; Pernice *et al.*, 2013]

- リンクにグラフィックスとテキストがある場合は，両方のリンクを作成してターゲットの領域を増やします．
- ラベルでしかクリックを受け入れない「ボタン」は避けてください（図4.9参照）．

クリックターゲットの間にスペースを入れる [Affonso de Lara *et al.*, 2010;

図 4.9
ChicagoFed.org のナビゲーションバー "ボタン" は，テキストラベルのクリックだけしか受け入れません[5]．

5) テキストだけでなく，ボタンの面，全体がクリックに反応するようにしましょう．

Arch *et al.*, 2008; Campbell, 2015; Chisnell *et al.*, 2006; Hawthorn, 2006; Kurniawan and Zaphiris, 2005; National Institute on Aging (NIH), 2009; Nielsen, 2013; Pernice *et al.*, 2013; Wirtz *et al.*, 2009]

- クリック可能なターゲットの周りにスペースを取ってください．これにより，ユーザーは簡単に目的のターゲットをクリックすることができ，意図せずに他のターゲットをクリックしてしまうことを防ぎます．
- ウェブフォームでは，質問と回答のボックスの間に十分なスペースを取ってください．

カーソルを大きくする [Koyani *et al.*, 2002; Worden *et al.*, 1997]

- 可能であれば，通常のサイズよりも大きな画面ポインタ（カーソル）をユーザーに提供します．
- また，実際のカーソルよりも，ポインターの照準位置である『ホットスポット』を大きくします．

4.1b ユーザーがターゲットをタップできることを確認する（タッチスクリーンデバイス）

大きなタップターゲット [Carmien and Garzo, 2014; Gao and Sun, 2015; Kobayashi *et al.*, 2011; Kurniawan and Zaphiris, 2005; Leitão, 2012; Phiriyapokanon, 2011; Stößel, 2012; Wroblewski, 2010]

- カーソルよりも指の方が大きいので，タッチスクリーン上のタップターゲットは，デスクトップおよびラップトップコンピュータ上のクリック

第 4 章　運動コントロール

図 4.10
高齢者が簡単に打つことができないほど小さすぎる（左）ターゲットをタップします（右）．

ターゲットよりも大きくする必要があります．高い精度（90%+）で操作するには，タップターゲットが少なくとも対角線で 16.5 mm（11.7 mm角）のサイズが必要です（図 4.10 を参照）．

- ターゲットを小さくすると精度が低下します．例えば，対角線で 9.9 mm のタップターゲットを使用した場合，高齢者の操作精度は 67% に低下し，タスク完了時間は 50% 増加しました．

タップターゲットを最大化する [Affonso de Lara *et al.*, 2010]

- 画像リンクにテキストのラベルがある場合は，両方のリンクを作成して

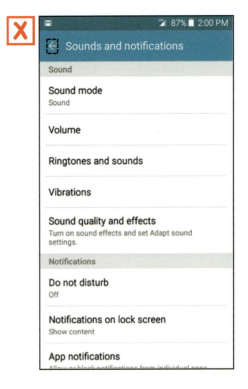

図 4.11
Android 5.1.1 では，先頭にある最初のレベルに戻るコントロールは，テキストラベルではなく矢印のタップのみを受け入れます[6]．

---

[6] ←矢印のアイコン部分だけでなく，その後に続くテキスト部分にもリンクを付けましょう．

ターゲットの領域を増やします．ターゲットを1つの小さなシンボルに制限しないでください（図 4.11 参照）．

スワイプターゲットを大きくする [Leitão, 2012]
- スワイプターゲットとは，ユーザーが削除したいアプリをドラッグするごみ箱（図 4.12 参照）や，ファイルをドロップするフォルダなど，指をスワイプした先になければならないターゲットです．スワイプターゲットはタップターゲットよりも大きくする必要があります．
- 高い精度と速度を得るには，少なくとも 17.5 mm 角にします．これより小さいサイズでも使用できますが，精度とタスクの完了時間には問題があります．

図 4.12
スワイプターゲットの例：スマートフォンのデスクトップからアプリを削除するためのゴミ箱．

タップターゲットの間隔をあける必要はあるか [Carmien and Garzo, 2014; Correia de Barros *et al.*, 2014; Gao and Sun, 2015; Kobayashi *et al.*, 2011; Leitão and Silva, 2012; Phiriyapokanon, 2011; Wroblewski, 2010]

- タッチターゲットの間に必要な間隔は，ターゲットのサイズによって異なります．ターゲットが十分に大きく，ユーザーがそれらを見逃すことがない場合は，それらの間隔はゼロにすることもできます（図 4.13 参照）．ターゲットが小さければ，間隔が見えるように，例えば 3 mm にします．

重要なタップターゲットをユーザーの手の近くに配置する [Leitão and Silva, 2012]

- タブレットなどの大型または中型の画面を備えたタッチスクリーンデバイ

図 **4.13**
Android の電卓アプリでは，数字キーとファンクションキーは十分な大きさなので，それらの間にスペースは必要ありませんが，補助コントロール（履歴とバックスペース）は小さく，他のコントロールと区別するスペースを必要とします．

スでは，タップターゲットを画面の中央または下に配置して，ユーザーが
腕を伸ばさなければならない距離を最小限に抑えます（図 4.7 を参照）．
スマートフォンなどの小さな画面のデバイスでは，腕を伸ばす距離はほ
とんど問題ではありません．

スワイプターゲットを下または右に配置する [Leitão and Silva, 2012]
- 高精度が要求されるスワイプターゲットでは，垂直方向にスワイプする
  か，または水平方向にスワイプするかどうかによって，異なる配置にす
  る必要があります．水平にスワイプするターゲットは，画面の下半分に
  配置する必要があります．垂直方向にスワイプするターゲットは画面の
  右半分に配置する必要があります．

4.2a 入力ジェスチャーをシンプルに保つ（デスクトップおよびラップトップコンピュータ）

ダブルクリックを避ける [Carmien and Garzo, 2014; Hawthorn, 2006; Kurniawan and Zaphiris, 2006; National Institute on Aging (NIH), 2009]
- ファイルやアプリケーションを開くための主な方法は，シングルクリック
  だけで済むようにします．選択する項目をクリックし，ファイルメニュー
  を開き，メニュー項目を開くを選択します．ダブルクリックはショート
  カットの代替方法でなければなりません．
- ユーザーが，ダブルクリックが不要な状況でダブルクリックしたとき，
  可能であれば 2 回目のクリックを無視します．

ドラッグを避ける [Affonso de Lara *et al.*, 2010; Chisnell *et al.*, 2006; Gao and Sun, 2015; Hawthorn, 2006; Kurniawan and Zaphiris, 2005; National Institute on Aging (NIH), 2009; Nielsen, 2013; Pernice *et al.*, 2013; Phiriyapokanon, 2011; Silva *et al.*, 2015; Wirtz *et al.*, 2009]
- ユーザーにドラッグアンドドロップさせるのを避けてください．ユーザー
  にクリックして開いたり，目的の項目までドラッグしたり，放したりす
  るように要求するのではなく，クリック時にメニューを開閉するように
  します．
- 長いドラッグ（310 mm 以上）が必要な作業の場合は，ボタンなどの代
  替コントロールを用意してください．

- スクロールバーをスクロールの唯一の手段にするのは避けてください．

メニューを開いたままにする [Affonso de Lara *et al.*, 2010]

- メニューはマウスオーバー，クリック，タップなどの方法で開くことができますが，ユーザーがメニュー項目を選択するか，別の場所でクリックまたはタップするまで，メニューは開いたままにしておく必要があります．

マルチレベルメニュー：避けるか注意深く設計する [Finn and Johnson, 2013]

- マルチレベルメニューを避けるようにしてください．
- それが不可能な場合は，ユーザーがサブメニューに移動している間に，ポインターを細いトンネルの中に入れておくべきではありません（図 4.14 参照）．ポインターを動かすトンネルの幅を広く（つまり高さをとる）するか，またはポインターを現在のメニュー項目から次のレベルのメニュー移動させる距離を短くします．これは，現在のメニュー項目から一時的に外にはみ出しても，現在のメニュー項目が開いたままである短い "猶予時間" を設定するか，または現在のメニュー項目の外側をクリックすると新しいメニュー項目とサブメニューに変更することでも対処できます．

図 4.14
Road Scholar の 2011 年（左）と 2015 年（右）のマルチレベルメニューユーザーはポインターを慎重に水平に移動させなければ，国を選択するメニューが消えてしまいました（左）．メニュー項目の高さを上げると（右），メニューが使いやすくなりました．

4.2b 入力ジェスチャーをシンプルに保つ（タッチスクリーンとタッチパッド）

マルチフィンガージェスチャーを避ける [Gao and Sun, 2015; Leitão and Silva, 2012; Stößel, 2012]

- 可能であれば，タッチスクリーンアプリとウェブサイトを，タップやスワイプなどの簡単な1本指のジェスチャーで操作できるようにする．
- ピンチ，スプレッド，タップアンドホールド，ダブルタップなどのマルチタッチジェスチャーも使用することができるようにしておくべきですが，同じ機能に対してはより簡単なジェスチャーも使用できるようにしてください．たとえば，2本指でのピンチオープンとピンチクローズがズームインとズームアウトの動作を実行する場合は，+と-ボタンも指定します（図4.15を参照）．

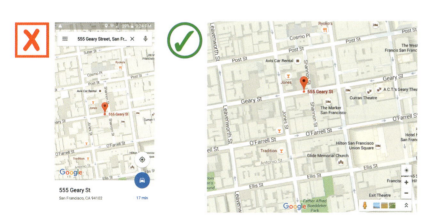

図 4.15
携帯電話のGoogleマップでは，ズームに2本指でのピンチオープン/クローズが必要ですが，デスクトップバージョンでは2本の指または+/-ボタンでズームできます．

4.3 ターゲットが選択されたことがハッキリと分かるようにする

フィードバックを明確にする [Carmien and Garzo, 2014; Hawthorn, 2006; Kurniawan and Zaphiris, 2005; Silva et al., 2015]

図 4.16
Mac OS のデスクトップでは，フォルダ（この例では Cats）を選択すると，そのフォルダと名前が強調表示されます．

- 目に見えるフィードバック（視覚，音声，触覚）を提供して，ターゲットを選択したことを利用者に強調表示します（図 4.16 参照）．

すぐにフィードバックを提供する [Chisnell *et al.*, 2006; Johnson, 2014]
- ターゲットの選択時に，フィードバックは即座に（0.1 秒未満）おこなう必要があります．さもなければ，ユーザーは自分の行動とフィードバックの間の因果関係を認識しません．

4.4 キーボードの使用を最小限に抑える

ジェスチャー入力が好ましい [Carmien and Garzo, 2014; Correia de Barros *et al.*, 2014; Stößel, 2012]
- モバイルタッチスクリーンデバイスでは，可能であればキーボードから入力するのではなく，ジェスチャーを使用してデータを入力できるようにします．

構造化されたデータ入力 [Affonso de Lara *et al.*, 2010]
- デスクトップアプリケーションでは，キーボードを用いず，デフォルト値の提供や，メニュー，ラジオボタン，スライダなどを用いて，日付，時刻，量などの構造化データを入力できるようにします．

4.5 タッチスクリーンデバイスの場合，可能であれば，アプリ内でジェスチャーについてのトレーニングを提供する

アプリ内デモを提供する [Leitão, 2012; Stößel, 2012]

- 個別のドキュメントやビデオではなく，アプリケーションの中でアプリの操作に関するジェスチャーをデモする．
- デモンストレーションはビデオまたはアニメーションでも構いません．

4.6 ユーザーが操作を完了するのに十分な時間を与える

タイムアウトを避ける [Miño, 2013; Stößel, 2012]

- 短時間でタイムアウトせずに，十分な時間を取ってください．ユーザーの応答とジェスチャーの実行時間に十分な柔軟性を与えます．

4.7 身体的な負荷を避ける

ユーザーの姿勢を自然な位置にする [Kascak and Sanford, 2015]

- ユーザーが自然な姿勢を維持できるようにします．ユーザーが不快な姿勢にならないように配慮してください．例えば，長時間手を上げさせたり，内容を見るために頭を傾けさせたりしないでください．

反復作業を最小化する [Kascak and Sanford, 2015]

- 反復作業を最小限に抑え，ユーザーが疲れたり，反復性疲労障害にならないようにする．

移動を最小限に抑える [Campbell, 2015; Miño, 2013]

- 関連するコントロールはお互い近くに集めて配置しますが，間隔に関するガイドラインに違反するほど近くに置いてはいけません．

88　第4章　運動コントロール

運動コントロールに関するガイドラインのサマリー		
4.1 ユーザーがターゲットをクリック/タップできることを確認する	**デスクトップ/ラップトップコンピュータ**	**タッチスクリーンデバイス**
	■ 大きなクリックターゲット ■ クリック可能な領域を最大化する ■ クリックターゲットの間隔をあける ■ 大きなタップターゲット ■ タップターゲットを最大化する	■ 大きなスワイプターゲット ■ タップターゲットの間隔をあけるかは，サイズに依存する ■ ユーザーの手の近くに重要なタップターゲットを配置する ■ スワイプターゲットを下または右に配置する
4.2 入力ジェスチャーをシンプルに保つ	■ ダブルクリックは避ける ■ ドラッグを避ける ■ メニューを開いたままにする ■ マルチレベルメニューを避ける	■ マルチフィンガージェスチャーを避ける
4.3 ターゲットが選択されたことがハッキリと分かるようにする	■ フィードバックを明確にする ■ すぐにフィードバックを提供する	
4.4 キーボードの使用を最小限に抑える	■ ジェスチャー入力を優先する ■ ユーザーの入力を構造化する	
4.5 タッチスクリーンデバイスの場合，可能であれば，アプリ内でジェスチャーについてのトレーニングを提供する	■ アプリ内デモを提供する	
4.6 ユーザーが操作を完了するのに十分な時間を与える	■ タイムアウトを避ける	
4.7 身体的な負荷を避ける	■ ユーザーの姿勢を自然に保つ ■ 反復作業を最小限に抑える ■ 移動を最小限に抑える	

第5章

聴覚と発話

1970 年代から 1980 年代のパーソナルコンピュータの初期の段階では，音声出力はビープ音や立ち上げ操作のときのチャイム音に限られていました．発話による音声入力は，まだ研究室の外には存在しませんでした．インターネットの流行が起こった 1990 年代のウェブでさえ，音声出力はゲームに限られたままであり，音声入力はほとんど存在しませんでした．初期のウェブは主に出力のために画面を用い，入力のためにキーボードとポインターによるコントローラーを用いていました．

事態は確かに変わりました．新世紀には，音楽とビデオの共有と再生，テレビ電話サービス，ソーシャルメディアネットワークなど，オーディオの重要性が大幅に向上しました．携帯電話には多くの報知音と着信音があります．公共の交通機関とエレベーターは，到着と近づいてくる次の駅（階）を合成音声でお知らせします．

「はい」「いいえ」「3」「予約」などの数字や，簡単な音声による応答を認識した音声制御の電話システムから，音声入力によるコントロールも拡大しました．音声認識の精度と語彙が向上し，システムが「近くのイタリアンのレストランを探す」など，より複雑な発話を処理できるようになり，音声コントロールは携帯電話，検索エンジン，そしてコンピュータに広がりました．

このような普及により，音声出力と音声入力がすべての潜在的なユーザーに利用できることが重要になりました．

この章では，年齢による聞き取りと話す能力の変化について説明します．これらの変化に基づいて，私たちは，あらゆる年齢の人々のために利用できるデジタル製品とオンラインサービスを作成するのに役立つガイドラインを提供します．

年齢による聴覚の変化

年を取るにつれて，ほとんどの人が徐々に聴覚を失います．それは人生の

90　第5章　聴覚と発話

事実です.

　加齢による難聴には presbycusis (老人性難聴) という医学的名称があります. ギリシャ語を由来とするこの名称は,「老人の聞こえ (presbys「古い」+ akousis「ヒアリング」)」を意味します. これは関節炎の次に一般的な, 年齢に関連した疾患で, 次のような要因の組合せによって引き起こされます.

- 内耳の有毛細胞の喪失
- 内耳の蝸牛および音を伝える物理的部分の摩耗
- 聴覚ニューロンの変性, および
- 聴覚認識パターンへのニューロンの誤った補充現象[1].

1) 難聴者に起きる聴覚過敏症状.

　聴覚を失う割合と損失の程度は, 人によって大きく異なりますが, 一般に, 人間の聴覚は加齢とともに悪化します. ほとんどの難聴は 50 歳以降に起こりますが, 成人初期から徐々に聴力の低下が始まります.

　加齢による聴覚の衰えを知る方法の一つは, 複数の年齢層の人々が, 録音されたスピーチを聞いて内容を理解するのに最も快適な音量を示した研究結果を検討することです [Cohen, 1994]. 快適さのレベルは年齢に左右されていました. 高齢者は, 快適にスピーチを聞くためには, 若い人たちよりも, より大きな音量が必要でした (表 5.1 参照). どれくらいの大きさかというと, 10 デシベル (10 dB) の増加は, 人間の耳に約 2 倍の音を出すので, 15 歳と 85 歳の平均快適レベルの 31 dB の差は, 85 歳の人は 15 歳の人よりも約 8 倍の音量でスピーチを快適に聞くことができるようになるのです.

表 5.1　記録された音声の「快適な」理解のための年齢層別平均音声量 (出典: Cohen [1994])

Age (years)	Volume (dB)
15	54
25	57
35	61
45	65
55	69
65	74
75	79
85	85

　加齢に伴う難聴はどのくらい一般的なものかといえば, 45〜59 歳の人々の約 10% に, 他の人とのコミュニケーションに影響を及ぼすのに十分なほどの

難聴があります．60〜65歳で33%，75〜80歳で55%（図5.1参照），80歳以上で89%に上昇します [Arch *et al.*, 2009; Mitzner *et al.*, 2016; O'Hara, 2004; Stevens *et al.*, 2013]．

老人性難聴にはさまざまな原因があり，さまざまな症状があります．

この章で詳しく説明する主なものは，

- 低音量の音を聞く能力，
- 高周波音に対する感度，
- 音源を定位する能力，
- バックグラウンドノイズを除去する能力，
- 速いスピーチを理解する能力．

老人性難聴のあまり一般的ではない症状については議論しませんが，以下のものは押さえておかなければなりません．

- 特定の音声周波数に対する過敏性，
- 耳鳴り：音が鳴っていないのに，キンキン響く音や，ザーザーと響く雑音や，ジージーと響く雑音が鳴り響く音や，その他の音などが聞こえるように感じる．

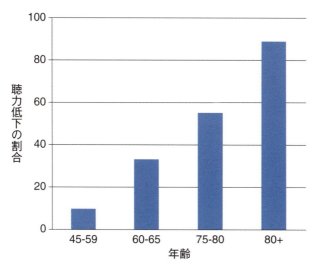

図 5.1
加齢により日常のコミュニケーションに影響を及ぼす難聴者の割合

高齢者は，老人性難聴の症状に加えて，聞こえにくい人に対する否定的なステレオタイプに悩まされています．これにより老人性難聴の人の中には，難

92　　第 5 章　　聴覚と発話

2)
日本では，補聴器の使用率
が欧米に比べてさらに低い
ことが統計的にわかってい
ます．
参考：一般社団法人日本補
聴器工業会

3)
一方で，日本では，補聴器
を Bluetooth イヤホンと
誤認してトラブルになった
ケースがあります．

聴を抱えていることを否定し，補聴器や大音量の電話などを利用することを避けるのです2)[Nunes, 2010; Wilkinson and De Angeli, 2014]．しかしながら，今では Bluetooth スイヤホンを装着するのが一般的になっているので，身につけても恥ずかしい気持ちにさせない補聴器を作ることが可能になることでしょう3)．

低音量の音を聞く能力の低下

「完璧な」聴覚があれば，10–15 dB の静かな音—葉擦れの音や近くの人が呼吸する音—を聞き取ることができます[1]．そのような完全な聴覚を持つ人はほとんどいませんし，いたとしても長く維持することは難しいでしょう．加齢や，大音量の音楽や騒音の多い環境に晒されていると，小さな音を聞く能力が低下するため，音が聞くために 30，40，50 dB と音を大きくする必要があります．部屋の向こう側にいる人との静かな会話や別の部屋からポストに投函される郵便物の音など，35 dB よりも小さな音を聞くことができない人は，軽度難聴であると考えられます [Fisk *et al.*, 2009]．

小さな音を聞き取る能力の低下は，次のような現実的な問題をもたらします．

- 音や会話ははっきり聞き取れず，細部を聞き取り，意味を理解するのが難しくなります．
- テレビ，ラジオ，音楽プレーヤー，電話，ビデオプレーヤー，テレビ電話などの音量を大きくする必要があります．
- 着信音，車のウィンカー，スケジュール通知などの報知音は聞き逃されることがあります [Mitzner *et al.*, 2016]．
- 音がほとんど聞こえない場合は，その音源や方向も識別するのが難しいです．
- この問題を抱えている人は，ビデオの録音を聞くより，字幕を読むことを好むことがよくあります．

高周波音に対する感度の低下

難聴は，通常，20 代後半からはじまり，非常に高い周波数の音を聞く能力から低下していきます．最も高い周波数が最初に聞こえなくなります．さらに年を重ねるにつれて，高い周波数の音が聞こえなくなります．周波数が高いほど，それを聞くために音を大きくする必要があるのです．55 歳以上で

---

[1] 音が 10 dB 増えると人間の耳には約 2 倍の大きさに聞こえるので，60 dB のブーンという音を出す冷蔵庫は，50 dB の約 2 倍の音量に聞こえます．

は，高周波音の最小可聴値が，1年ごとに平均で約1dBずつ増えていきます [Stößel, 2012]．したがって10年ごとに，高音域の音は半分ほどしか聞こえなくなってしまいます．

ティーンエイジャーから30才くらいまでの大人は，一般的に，中音量で再生される1秒間に最大16,000振動 (16 kHz) の高音を聞くことができます．

31–50歳の平均的な人は，約12 kHzまでの高音を聞くことができます．50歳以上のほとんどの人は，音が非常に大きければ8 kHz以上の音を聞くことができないのです（図5.2参照）[Fisk et al., 2009; Nunes, 2010]．

これらは単なる平均値です．人によってどの周波数で聞こえるのかは異なります[2]．例えば，男性は女性よりも高い周波数の聴覚を失いやすい傾向があります．

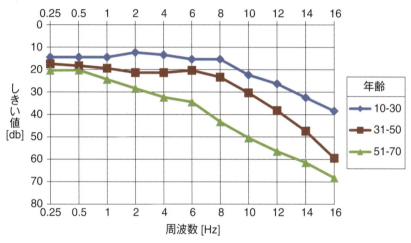

図 5.2
年齢別・周波数別の聞き取り能力の変化（データソース Singh et al. [2008]）．

---

[2] ウェブで "hearing frequency test" と検索すると，さまざまな周波数で聴力をテストできるサービスがあるので，それらを使って自分の聴力をテストしてみましょう．

モスキート音/Teen Buzz

16 kHz のブーンという音は，モスキート音（蚊の羽音）として知られています．20 才以上でも，まれにその音を聞くことができる人がいます．モスキート音は，ティーンエイジャーや，わずかな例外の人にのみ聞こえます．

ティーンエイジャーの中には，「Teen Buzz」を携帯電話の着信音[4)] として使用する人もいます．彼らはそれを聞くことができますが，親や教師は普通は聞くことができません．一方で，モスキート音を発する電子機器があります．若者がウロウロしないようにするために店のオーナーが使用していますが，他のほとんどの顧客を煩わせるようなことはありません．

4) 着信音として利用できる音源は，こちらのサイトで配付されています．
http://www.teenbuzz.org

　子音のような，発話の重要な音声成分は，高い周波数の音です．したがって，高音域を聞き取る能力が低下すると，発話を理解することが難しくなります．特に，高い声の話者や，顔が見えない人の話しは聞き取りにくくなります[3] [Charness and Boot, 2009; Mitzner et al., 2016; Nunes, 2010]．たとえば，子音がうまく聞こえない場合は，「the rain in Spain（スペインの雨）」を「the drain's in pain（流出が痛い）」と誤って聞く可能性があります．

　年を取るにつれて高い周波数を聞くことができなくなることは，さらなる問題を引き起こします [Pak and McLaughlin, 2011]：

- 合成音声の理解を低下させる．
- 楽器の音色を構成するすべての周波数を聞くことができない．
- コーヒーマシン，電子レンジ，洗濯機などの家電製品からの高い音

[3] 発言者の唇を読むことは，たとえ読唇術を学んだことがなくても，発言を理解するのに役立ちます．これはマガーク効果として知られています [www.youtube.com/watch?v=G-lN8vWm3m0 を参照してください]．

の報知音やチャイムを聞くことができない.
- 多くのモバイルデバイスが発する高い音の報知音を聞くことができない（報知音の変更方法を知らないことによって悪化することが多い）.
- 音の方向や音源を識別する能力が低下する（次に説明します）.

音源の定位能力の低下

私たちの聴覚は，2つの耳に到達する音波の時間と位相を比較することによって，音の方向を判断します．音の違いは1000分の1秒で測定されます．したがって，音源の方向を判断する定位能力は，高周波音を聞き分ける能力と密接に関連しています．高周波音の聴力が低下するにつれて，音源の方向を正確に特定する能力も低下します [Stößel, 2012].

> メッセージを受け取ると，私の携帯電話が鳴ります．しかし，身につけていない限り，私はそれがどこで鳴っているか分かりません．
> ——Stefano

音のピッチが高いほど，音源を定位するのが難しくなります．また，音を短くするほど方向を特定するのが難しくなります．音の継続時間を長くすると，私たちの聴覚システムは音源の方向を定位する処理に時間的余裕ができるので，音源方向を探しやすくなります [Nunes, 2010].

バックグラウンドノイズを除去する能力の低下

「カクテルパーティー効果」について聞いたことがあるかもしれません．周囲で複数の人たちが会話しているときに，誰かと話す能力です（図5.3参照）．通常，正常な聴覚を持つ人々は，周囲のおしゃべりの大部分を除外し，自分の会話に集中することができます．

しかし，私たちが年をとるにつれて，バックグラウンドノイズの中で会話を理解する能力は徐々に失われていきます [Nunes, 2010; Mitzner et al., 2015; Stößel, 2012].

この能力の低下は，（上記の）聴覚系と（「第6章：認知」に記載されてい

96　第 5 章　聴覚と発話

図 5.3
カクテルパーティー効果：他の人の会話や騒音の中で特定の相手の話を聴く能力

る）我々の注意メカニズムの両方の変化によって引き起こされます．

- バックグラウンドノイズを除去する能力が低下すると，いくつかの望ましくない結果が生じます．
- 騒々しい環境で簡単な会話を続けるには，集中力が必要です．バーやレストランのような騒々しい場所にいると，イライラして混乱することがあります [O'Hara, 2004]．
- 自動的に音楽や効果音を流すウェブサイトやアプリは，かなり気を散らせ，迷惑になることがあります [Fisk *et al.*, 2009; Nunes, 2010]．
- 運転中の音声による指示を理解することは，特に音声が人工的である場合は困難で [Mitzner *et al.*, 2015]．
- 補聴器の助けは限定的です．現代の補聴器のほとんどは，指向性マイクロホンとノイズ低減の仕組みを内蔵しており，無関係なノイズを取り除いてくれますが，研究によれば，それらの効果は限定的かつ流動的であることが示されています [Desjardins and Doherty, 2014; McCreery *et al.*, 2012]．

　これらの結果は，若い人でも高齢者と同じように感じます．したがって，ユーザーにとって無関係な雑音を最小限に抑えることは，高齢者を助けるだけでなく，若者にとってもより快適なものになります．

速い会話を理解する能力の低下

加齢による難聴には，しばしば異常な音声を理解する能力が低下します [Mitzner *et al.*, 2015].

- 非常に速く話す.
- 強く，馴染みのないアクセントで話す.
- 通常とは異なる発音，抑揚，およびリズムの合成音声で話される.

早い発話を理解する能力の低下は，早ければ 30 歳からなることがあります [Heingartner, 2003].

聴力の低下＋他の能力の低下＝二重のトラブル！

多くの高齢者は，複数の感覚系において能力低下を経験します．たとえば，視力低下や聴力低下が一般的です.

これは，能力低下を克服する技術を設計するのに，問題を複雑にします.

たとえば，誰かが映画の音声をうまく聴くことができない場合，字幕があると感謝されるかもしれません．しかし，あまりにも小さすぎたり，映画の背景とコントラストが悪い字幕では，視力の低い人の役にはたちません.

年齢による発話の変化

聴力をゆっくりと失うことに加えて，年を重ねるにつれて，徐々に素早く，そしてはっきりと話すことができなくなります．具体的には，年齢に関連する 3 つの変化が，機器をコントロールし，音声入力する能力に影響します.

ゆっくりと，ちゅうちょしながらの発話

年齢が上がるにつれて，私たちの発声のスピードは遅くなり，そのために単語の明瞭度が下がります．そして会話が止まる，中断される，出だしをあやまるなどの理由や，「うーん」や「あー」とか「えー」などといった間投詞が多く含まれるようになるため会話が全体的に遅くなる傾向があります．会話が一時中断する理由は，多くの場合，話し手が意図した正確な言葉を思い出すことができないからです．対照研究では，高齢者の発声速度は若年者よりも約 14% 遅いことが測定されています [Hawthorn, 2006; Koyani *et al.*, 2002].

高いピッチの声

年齢とともに，多くの人々の声の高さが上昇し，これはいくつかの自動音

98　**第 5 章**　　聴覚と発話

声認識システムに認識率の低下を引き起こす可能性があります [Koyani *et al.*, 2002].

構音障害

　年をとるにつれて，喉頭，咽喉，口蓋，舌，歯，横隔膜，肺なども衰え，発話に影響を及ぼします．筋肉は年齢と共に弱くなり，神経の反応は衰え，器官のダメージが蓄積し，これらのすべてが言葉を明瞭に発話する構音能力に影響を及ぼします．脳血管障害またはアルツハイマー病は，この過程を加速させる可能性があります [Hawthorn, 2006; O'Hara, 2004].

　さらに年をとると，よりかすれて，しわがれ声になりやすい傾向になり，呼吸音がしばしば混じるようになる [Alexenko *et al.*, 2013; Hawthorn, 2006; Vipperla, 2011].

　これらの要素が組み合わさって，音声認識システムが高齢者の発話を聞き取りにくくします．

高齢者（そして他の人たちも）を助ける デザインガイドライン

　アプリケーション，ウェブサイト，またはデバイスが音声を出力するか，音声入力を受け入れる場合は，次のガイドラインに従って，すべての年齢の人々が使用できるようにします．

5.1 オーディオ出力が可聴であることを確認する

高周波音を避ける [Carmien and Garzo, 2014; Hawthorn, 2006; Nunes, 2010; Silva *et al.*, 2015]

- 警報音と報知音は，主に 500–1000 Hz の範囲でなければなりません.
- 重要な情報については，より低い周波数の音声を使用してください.

音が十分に大きいことを確認する [Carmien and Garzo, 2014; Nunes, 2010; Strengers, 2012]

- 標準の音量は，少なくとも 50〜60 dB の高齢者が聞くのに十分な大きさでなければなりません.

音声信号を長くする [Nunes, 2010]

高齢者（そして他の人たちも）を助けるデザインガイドライン　**99**

- ユーザーが音源を見つける必要がある場合は，非常に短い呼び出し音や
ビープ音は避けてください．ユーザーが警報音やその他のシグナルの音
源を定位するために，例えば数秒もしくはそれ以上の長さの音を出して
ください．

5.2 バックグラウンドノイズを最小限に抑える

気を散らすことを避ける [Fisk *et al.*, 2009; Nunes, 2010]

- バックグラウンドミュージックやビデオの自動再生など，ユーザーの仕
事に関係しない音は再生しないでください．
- ハードウェアがノイズを発生する場合（たとえば，冷却ファンな
ど），それを最小化してください．

5.3 重要な情報を複数の方法で伝達する

画像にテキストを補足する [Chisnell *et al.*, 2006; Hawthorn, 2006; Kascak
and Sanford, 2015; Miño, 2013; National Institute on Aging (NIH), 2009;
Pernice *et al.*, 2014; Phiriyapokanon, 2011; Silva *et al.*, 2015]

- キャプションと代替テキストで画像を補強します．
- 書き起こしテキストや字幕でビデオやオーディオの再生を強化し（図5.4
参照），そして高齢者が読みやすいことを確認します．
- ビデオやオーディオを使ってテキストを補完します．冗長性を持たせる
ことが高齢者のメリットになります．

警報をマルチモーダルにする [Carmien and Garzo, 2014; Gilbertson, 2014;
Williams *et al.*, 2013]

- 可聴信号，視覚信号，可能であれば触覚信号（振動など）を使って複数
の形式で警報を出します．しかし，同じイベントのアラートが多すぎる
とユーザーが圧倒されてしまうので注意してください．

音声読み上げを提供する [Affonso de Lara *et al.*, 2010; National Institute on
Aging (NIH), 2009]

- あなたのソフトウェアまたは OS のいずれかで，テキスト読み上げ機能

が利用可能かどうかを確認します．利用できるのであれば，ユーザーはテキストを音声で読み上げさせることができます．音声出力をテストして，すべての年齢のユーザーが理解できることを確認します．

図 5.4
ビデオに字幕を付ける．字幕の背景を暗くすると，高齢者に読みやすくなります．
[3Play Media：3playmedia.com の許可を得て使用]

5.4 ユーザーが機器の音量を調整できるようにする

調整可能な音量 [Nunes, 2010]
- オーディオ出力を備えたアプリケーションでは，ユーザーが音量を簡単に調整できる必要があります．

ユーザーがオーディオを再生できるようにする [Nunes, 2010]
- ユーザーがオーディオメッセージを聞き直すことができるように，簡単に再生できる方法を提供します．

再生速度を調整する [Affonso de Lara et al., 2010; Nunes, 2010]
- ユーザーがマルチメディアコンテンツの再生速度を簡単に調整できるようにします．再生速度を調整しても音の高さ（ピッチ）には影響しないようにしてください．

高齢者（そして他の人たちも）を助けるデザインガイドライン　　**101**

ユーザーに警告音を選択させる [Hawthorn, 2006]

- ユーザーに警告音を選択させるために，簡単に設定できる方法を提供する．

複数の音声を提供する [Almeida *et al.*, 2015]

- 音声出力を提供する機器の場合，いくつか代わりの音声を提供し，ユーザーが簡単に選択できるようにします．

5.5 可能な限り自然な音声出力にする

早すぎないようにする [Carmien and Garzo, 2014; Fisk *et al.*, 2009]

- 一定のペースで音声を再生します．1分間に140単語以下のスピードにしてください[5].

ロボット調の読み上げを避ける [Nunes, 2010]

- 合成音声が人間の発話に近い状態で再生できることを確認します．大きく人工的に聞こえる音声出力を避けてください．

5.6 主な入力方法を利用できない人のために，代わりのデータ入力方法を提供する

音声入力を許可する [Hawthorn, 2006; Strengers, 2012]

- 主に手で操作するシステムでは，可能であれば，音声認識によってテキストとコマンドを入力する方法を提供します．音声認識ソフトウェアは，高齢者の声を理解するのが難しい場合があることにも注意してください．

しかし，音声入力を必須にしない [Strengers, 2012]

- 音声が主な入力方法であるシステムでは，キーボードやその他のコントロールを使用して，ユーザーが手動でデータとコマンドを入力する方法を提供します．

5)
日本語では1分間に300文字程度が，聞きやすい読み上げ速度とされています．ただしこの数値はアナウンサーが話すときの場合ですので，実際にはもう少しゆっくりと話した方がよいでしょう．

102 第5章 聴覚と発話

聴覚および音声ガイドラインの要約	
5.1 オーディオ出力が可聴であることを確認する	■ 高周波音は避ける ■ 音が十分に大きいことを確認する ■ 音声信号を長くする
5.2 バックグラウンドノイズを最小限に抑える	■ 気が散る音を出さないようにする
5.3 重要な情報を複数の方法で伝達する	■ 画像にテキストを補足する ■ 警報をマルチモーダルにする ■ 音声読み上げを提供する
5.4 ユーザーが機器の音量を調整できるようにする	■ 音量を調節できるようにする ■ ユーザーが音声を再生できるようにする ■ 再生速度を調整できるようにする ■ ユーザーに警告音を選択させる ■ 音声読み上げの声は，選択できるようにする
5.5 音声出力を可能な限り自然にする	■ 発話速度をあまり速くしない ■ ロボットのような発話を避ける
5.6 主な入力方法を利用できない人のために，代わりのデータ入力方法を提供する	■ 音声入力を許可する ■ しかし，音声入力を必須にしない

第6章
認　知

感覚および運動能力（第3〜5章で議論した）で紹介した加齢による能力低下は，比較的簡単に検出または測定することができます．それらは互いに作用しますが，感覚チャネルと運動制御チャネルはまったく別のものです．加齢に伴う能力の低下も含め，人間の知覚および運動の仕組みは，少なくとも，ユーザインターフェースデザインガイドラインを開発するためには十分に解明されています．

これとは対照的に，認知能力の低下は簡単に検出したり測定したりできるものではありません．人間の認知の仕組みは，まだよく解明されていません．そのメカニズムと構成要素は，知覚や運動制御の仕組みほど明確ではなく，はっきりしていません．論文では，認知の仕組みを形作る要素は，調査の対象となるタスクや，それらのパフォーマンスの予測や説明に用いる理論によって異なります．さらに多くの実験が行われ，たくさんのデータの収集と分析が行われるにつれ，人間の認知に関する理論は発展し，洗練され続けています．

しかし，すべての年齢の人々のためのデジタル情報通信技術 (ICT) をデザインする目的のためには，認知能力に関する理論の細かい区別と，それらのわずかな齟齬を心配する必要はありません．本書では一般的に受け入れられている理論を選び，認知の各要素に及ぼす年齢の影響を説明しています．

高齢者の認知

認知科学者は，一般にほとんどの認知能力は年齢とともに低下することに同意しています．しかし，能力の衰えがいつごろから始まり，それがどれくらいの速度で低下するかについては，人によって大きく変わります [Hart *et al.*, 2008; Reddy *et al.*, 2014]．このばらつきのいくつかは遺伝的な要因によるものですが，生活習慣の影響によるものもあります．しかしながら，そこには一般的なパターンがあります．

例えば，認知能力の低下は「高齢（50歳以上）」の域に達するより以前か

ら始まります．加齢は生まれてから生涯にわたるプロセスなのです．聴覚は，成人に達しピークを迎えてすぐに衰退しはじめるのと同様に（「第5章：聴覚と発話」を参照），30代と40代の世代でも若干の認知の低下が見られます [Stößel, 2012]．

認知能力の別の側面は，加齢によってほとんど低下しませんし，改善できるかもしれません．

認知の仕組みを調べて，年齢がそれらにどのような影響を与えるかを見てみましょう．これにより，どのようにすれば認知機能が正常から軽度の範囲で低下した人々を排除しない情報通信技術のデザインについての洞察が得られます．

短期記憶の減少

人間の記憶をシンプルにみると，短期記憶と長期記憶という2つの主な要素で構成されています．短期記憶は，数分の1秒から数分までの期間の情報を保持し，長期記憶はより長い間隔の情報を生涯にわたって保持します．

もちろん，人間の記憶はもっと複雑です．短期記憶と長期記憶にはいくつかのタイプがあり，それぞれに異なる特性があります．例えば，目や耳などの知覚に加わった刺激は，その刺激が終わった後も短時間，神経活動が続きます．つまり神経活動の継続自体が短期記憶となります．例えば打たれた後にしばらくの間，鳴り続けるベルのようなものです [Johnson, 2014]．

しかし，心理学者が「短期記憶」と言うのは，ワーキングメモリ，つまり意識して情報を保持し，それらを評価，結合，比較，そして操作できるようにするためのメカニズムです．ワーキングメモリを*保管場所*として考えないでください．それは脳の特定の部分にはありません．その代わりに，ワーキングメモリは，私たちの認識から得られたごくわずかな項目と，私たちが常に注意を払っている長期的な記憶で構成されています．一度に覚えておくことができるワーキングメモリの容量は，3～5つの情報「チャンク（chunk）」と，かなり少ないものです [1]．

人間のワーキングメモリに関する能力は，通常，生まれてから成人するまで，成長につれて向上し，30代になる頃から減少し始めます．ワーキングメモリが最もよいときの容量は人によって多少異なりますが，容量が減少する速度と，減少が加速する時期は人によって大きく異なります．平均して，高齢

---

[1] 人間のワーキングメモリの容量は7±2チャンクと見積もられていましたが，後の研究ではそれが過大評価であることが判明しました [Johnson, 2014]．

者のワーキングメモリの容量は，若い成人よりも低くなっています [Salthouse and Babcock, 1991]．

とても多くの操作が必要な場合，何をしようとしているのかをよく忘れてしまいます．
———Hana

　ワーキングメモリの容量の減少は，ものを考える，理由付けする，そして世の中を理解する能力に大きな影響を与えます．コンセプトを組み合わせ，アイデアやオブジェクトを比較し，マルチタスクを行い，実行したことと完了していないことを追跡する能力を低下させます [Campbell, 2015; Carmien and Garzo, 2014; Charness and Boot, 2009; Czaja and Lee, 2008; Fairweather, 2008; Hawthorn, 2006; Newell, 2011; Pernice et al., 2013; Stößel, 2012; Wirtz et al., 2009]．
　高齢者を対象とした研究では，

- 多くのことを並行しておこなう複雑なタスクは，ワーキングメモリの容量を超えてしまい，タスクを簡単なステップに分割して中間ステップを設けることができない限り，高齢者は圧倒される可能性があります．圧倒されると，高齢者はしばしば始めからやり直すか，あきらめてしまいます [Fairweather, 2008]．
- 複雑な文章（例えば，多数の否定文や句を含む文など）は，ワーキングメモリに負担をかけるので，理解しにくくなります（図 6.1 参照）[Arch, 2008]．

これにより，利用者（特に高齢者）が理解するのが難しくなります．

- 高齢者は若い人に比べて，すでに調べたことを覚えていることが難しいです．高齢者はブラウジングや検索のときに，若い人が行うよりも頻繁にページとスクリーンを見直します [Boechler et al., 2012; Czaja and Lee, 2008]．
- 多くのコンピュータ操作では，高齢者は若年者と同じくらいの正確さで成功しています．これは，高齢者は，若い人よりもゆっくりと慎重に仕事を行うことで，操作速度と正確性のトレードオフをしているからです．しかし，細かい操作のステップ数が高齢者のワーキング

106　第 6 章　認　知

図 6.1
Adobe のソフトウェア使用許諾契約書[1] には，多くの否定文と複雑な条項が含まれており，ワーキングメモリを浪費してしまいます。

1)
ソフトウェアをインストールする際に提示される契約書です．小さな文字で，長い文章が表示されます．

メモリ容量を超えるまでに増えると，正確性が低下します [Docampo Rama et al., 2001]．

- 一部のアプリケーション，ウェブサイト，およびデバイスには，「モード」の操作があります．コントロールやユーザーアクションは，システムのモードに基づいて結果が変わります．例えば，自動車のアクセルは，ギアがどのモード（歯車）にあるかに応じて，自動車を前進または後進させます．同様に，デジタルカメラのシャッターボタンは，カメラが写真モードであるかビデオモードであるかに応じて，写真を撮影するか，またはビデオを録画します．モードが変更されたとき，システムが現在の動作モードを目立つように表示しない限り，ユーザーは作業メモリを使かって，システムがどのモードにあるのかを知る必要があります．ユーザーが現在のモードを忘れた場合，前方に進むことを意味するときに後方に運転する，写真を撮りたいときにビデオを開始する，サークルを描こうとするときに描画アプリでラインを描画するなどのモードエラーが発生します．

この章の「ガイドライン」には，アプリケーションまたはオンラインサービスが，ユーザーの作業メモリに与える要求を最小限に抑えるためのガイドラインが含まれています．

たとえば，練習によって操作を自動化できるため，ワーキングメモリをほとんど使わず，意識的なモードの監視と制御をほとんど必要としなくなります．

したがって，反復と練習を奨めるデザインとトレーニングは，高齢者が短期記憶障害を克服するのを助けることができる [Fairweather, 2008]．

能力が下がる長期記憶と想起（たとえば学習など）

学習には長期記憶が必要です．研究によると，高齢者は通常，若い人よりも新しい技術スキルを学ぶためには，学習中によりたくさんの反復練習と助けを必要とすることが示されています [Czaja and Lee, 2008; Hart et al., 2008; Plaza et al., 2011]．

以前とくらべ，私はゆっくりと物事を学びます．新しいことを学ぶためには何度も何度も，たくさんやり直さなければなりません．
——Wong

このように学習が遅くなる背景にある理論は，私たちが年をとるにつれて，脳が長期記憶に新しく記憶する能力が低下するということなのです [Arch et al., 2008]．

具体的には，神経学的な調査結果によると年を重ねるにつれて脳は，最適化された少しのメタデータと共に情報を保存するので，新しい記憶を後で検索することがより困難になるのです [Boechler et al., 2012]．その結果，高齢者は最近の出来事などの新しい記憶の想起に関しては若年成人よりも劣るが，長期記憶に保存された古い記憶を想起することに関しては，若年成人と同じくらい良い結果を出しています [Boechler et al., 2012; Czaja and Lee, 2008; Fairweather, 2008; Hawthorn, 2006; Nielsen, 2013]．

それに加え，直近の出来事を意識的に思い出す能力は年齢とともに低下します．これは，少なくとも部分的には，意識的思考がワーキングメモリを使用するためであり，これは前のセクションで説明したように，年齢とともに容量が低下します [Boechler et al., 2012]．

- 年を重ねるにつれて，詳細や性質を記憶したり思い出したりする能力が低下すると，ICT の使い方の詳細を使うたびごとに覚えておくことが難しくなります [Arch et al., 2008; Arch and Abou-Zhara, 2008]．

物理的な空間であろうと情報空間であろうと，空間の中である場所から別の場所への行き方の道順を学ぶとき，空間がどのように構成されているかと

いうメンタルマップを念頭に置いています．同様にデバイス，ソフトウェア，ウェブサイトの使い方を学ぶとき，私たちは後から操作方法を思い出しやすくするために，それらがどのように働くかについてメンタルモデルをつくります [Wilkinson, 2011]．よく設計されたアプリケーションや情報デザインは，ユーザーがメンタルマップやモデルをつくるのが簡単になります [Johnson and Henderson, 2011]．年を重ねるにつれて，記憶力が減少すると，アプリケーションやデバイス，ウェブサイトのメンタルマップ/モデルをつくる能力が低下し，効率的なナビゲーションと操作が困難になります．例えば，研究者は，高齢者が若年成人と比べて手順をたどることが一般にあまりうまくいかないことを見出しています [Zajicek, 2001]．

効果的なメンタルマップやモデルの欠如は，高齢者がデジタルテクノロジーを使用する際に，詳細な手順書を求める傾向がある理由を説明するものとして，よく引用されています．

デバイスや，アプリケーション，またはサービスを使用するときに，その使い方が分からない場合は，望む結果を得るために，順を追った操作説明が必要です．

年齢に関連する記憶力の低下に関する事実を突きつけられれば憂鬱になるかもしれませんが，実際はすべてがそう悪くはありません．年齢とともに長期記憶のすべての側面が低下するわけではありません．前に述べたように，人々はいくつかのタイプの長期記憶を持っています．心理学者はこれらのタイプを次のように分類しています：

- セマンティック（意味的）記憶：概念，アイデア，出来事，それぞれの関係性を保存して呼び出す機能．例としては，落下物は通常であれば下に落ち，アヒルは鳥で，ほとんどの鳥が飛んでいて，牛が飛んでいないこと，そしてスマートフォンが通話，テキストメッセージ，および電子メールを受信できることを知っていることです．

- エピソード（出来事）記憶：あなたの大学の卒業，配偶者との最後の議論，または最後の休暇など，過去の出来事を思い出す能力．

- プロスペクティブ（予測）記憶：計画された将来の仕事や出来事を覚えておく能力．予定されている将来の仕事には，就寝前に薬を服用したり，来週の医師の診察に出席したり，記念日にあなたのパートナーの花を買うことなどが含まれます．

- プロシージャル（手続き）記憶：自転車に乗る，ケーキを焼く，携帯電話に連絡先を追加する，オンラインでフライトを予約するなど，以

前に学んだスキルを覚えて適用する能力.

　うれしいことに，いくつかのタイプの長期記憶は低下する割合が少なく，また，まったく減少しないタイプもあります．手続き的および意味的記憶は，典型的には，アルツハイマー病のような痴呆状態になっている場合を除いて，一時的記憶および予想記憶よりも低下が少ない事が知られています [Campbell, 2015; Stößel, 2012].

　心理学者は，前述したいくつかのタイプの長期記憶には，それぞれ異なる認知リソースが必要であるという理論に基づいて，*認知機能* と *想起機能* とを区別しています [Johnson, 2014].　認知とは，以前に見た顔であったり，嗅いだことのある匂いであったり，またはチェスの棋譜を認識するように，以前に同じような経験をしたことを，知っている（もしくはそうだと信じて）ということです．想起とは，詩や電話番号，または財布を置き忘れた場所など，いまここで起こったことではないことを，意識の中に思い出させることです.

　研究によると高齢者は，若年成人よりも*想起*タスクが悪くなる傾向がありますが，*認知*タスクは若年成人と同じくらいの成績です．これは，認知症などの明確な症例を除いて，認知が一般的には低下しないことを示唆しています．説明によると，想起には認知よりも多くの処理リソースが必要であり，これらのリソースは加齢により枯渇していくのです [Boechler *et al.*, 2012].　この章で後述するガイドラインにある高齢者のためのデザインの示唆では，ユーザインターフェースはユーザーの認知記憶に頼り，ユーザーの情報を想起する能力には依存しないようにする必要があります.

　多くの高齢者は，記憶力が以前ほどよくないことを認識し，衰えを補う戦略を使っています．カレンダーやスケジュール帳に予定を書き，そして毎日それを確認しています．また，自分の身の回りに，それらのノートを置きます．高齢者は友人や親戚に電話して，物事を思い出させるように頼みます．彼らは，ガジェットと毎日の習慣付けにより，いつ薬を服用するのかを覚える助けにしています．彼らは，機器，ソフトウェア，ウェブサイトの使用方法に関するメモを作成します．後者の事例の場合，ユーザーが使い方を慎重にメモしたユーザインターフェースを変更してしまうと，高齢者の努力を無にしてしまうことになります [Pernice *et al.*, 2013].

　テクノロジーに関するデザイナーにとって朗報なのは，アラームやカレンダーのリマインド機能，位置情報を使ったリマインド機能，そして家族や友人とのつながりを提供することで，高齢者の記憶を拡張することができ，それにデジタルテクノロジーが貢献できるということです．しかしそれは私た

ちが，多くの高齢者を含む，記憶力に問題を抱える人たちが，どうすればテクノロジーの使い方が身につくようになるのかを考慮してデジタルテクノロジーをデザインしなければならないことを意味します．

異なる状況での一般化能力（スキルの転移）の減少

　細かいことを思い出すのに問題があることに加え，新しいスキルを学ぶとき高齢者は，通常若い人に比べて異なる状況間でのスキルの転移が少ないことが示されます．たとえば，自分のペースで学習する環境の高齢者は，新しいワードプロセッシングアプリケーションを学ぶために，若者と比較して*約2倍*の時間を要します [Charness and Boot, 2009]．

私の甥は目を丸くして「前に説明したのと同じようなものだ」と言いましたが，私にはまったく違うもののように見えるのです．
——Stefano

気が散るものを無視して集中する能力の衰え

ウェブサイト上でたくさんのものが動き回っていると，ページを閉じます．集中できなくなるので．
——Carolina

　デジタルテクノロジーを使っている高齢者を観察してきて分かったことは，「あまりにも多くのことが起こる」，「気が散るものが多すぎる」，「すぐに脱線してしまう」という共通の苦情があることです [Arch et al., 2009]．そのような苦情は一般的です．なぜなら，人々が年を取るにつれて，気が散るものを無視して，目標に集中する能力が低下するからです．多くのアプリ，ウェブサイト，そして電子機器は，こうした能力の低下を考慮に入れてデザインされていません．

　研究の結果，時代遅れのナビゲーションリンクやグラフィックス，広告，そしてその他の画面要素（図6.2を参照）の存在が注意散漫になりやすいことが明

らかになりました．私たちは無関係の情報を無視することができず，またディスプレイ上の無関係な要素を目にすることを防ぐこともできません [Carmien and Garzo, 2014; Charness and Boot, 2009; Czaja and Lee, 2008; Fairweather, 2008; Hanson *et al.*, 2001; Hart *et al.*, 2008; Hawthorn, 2006; Newell, 2011; Stößel, 2012].

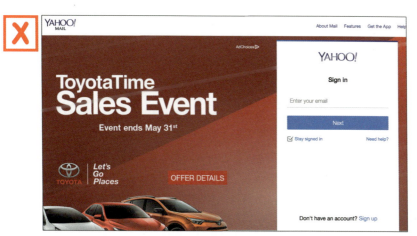

図 **6.2**
Yahoo!メールのログインページでは，広告をログインフォームよりも目立つように表示されるので，メインのタスクからユーザーが注意をそらしてしまう可能性があります[2]．

多くのウェブサイトは，クリックする箇所が多すぎて圧倒されます．私が欲しい情報だけを見せてください．
——Monica

[2] 画面のほとんどが公告を占めています．利用者の視線は左上から検索をはじめるので，ログインに必要な入力フォームを見つけるまでに，注意がそれてしまいます．

　多くのウェブサイトや一部のアプリは，広告で収入を得ています．高齢者が注意散漫になって本来の目的の達成に邪魔にならないように，アプリやウェブサイトに広告を掲載する方法はないでしょうか？　バナー広告と目標重視広告の違いからヒントが得られる可能性があります．広告は，ユーザーの目標とほとんど関係がない場合，ユーザーが望むことだけでなく，ウェブサイトやアプリを作成した会社が望んでいることも達成できなくさせてしまう可能性があります．これとは対照的に，広告が，ユーザーの目指す目標を達成するための代わりとなる提案である場合，広告は気を散らすものとみなされ

ることはありません．

電話機の設定が多すぎます．それらのほとんどが何を意味しているのか分かりません．
——Hana

　注意散漫の根本的な原因は，私たち自身の心の迷走です．年を重ねるにつれて，私たち自身の考えや思いは，自身がやろうとしている仕事の邪魔をしたり，出来事を理解し思い出を呼び起こしたりしようとする私たちの試みを惑わすことでしょう．これを実験で確かめるために，研究者らは若年者と高齢者に映画を見せ，そのときの脳活動を観察しました．若年者はすべて，脳活動のパターンが非常に似通っていました．おそらく彼らは映画に集中していたからです．対照的に，高齢者の脳活動は大きく変化し，映画を見たときに，それぞれが異なることを考えていたことを示唆しています [Campbell et al., 2015]．

マルチタスク能力の低下

私は以前は 2 つから 3 つのタスクを管理することができていましたが，現在は一度に 1 つのことしかできません．　——Monica

　1 つのタスクに集中する能力に密接に関連するのは，2 つかそれ以上の異なるタスクの間で，自分の注意を分散させる能力です．これはすべての人にとって難しいことですが，年を取るにつれてさらに難しくなります．
　一度に複数のことをおこなう本当のマルチタスクを実行するには，あなたの母国語でラジオ番組を聴きながら歩くことや，馴染みのある曲をハミングしながら卵を割ることなど，意識的な監視や制御を必要としない，高度な練習と自動化が必要です．[Johnson, 2014]．どちらのタスクも注意を必要としないため，このようなアクティビティをマルチタスキングする場合は注意を

払う必要はありません [Kahneman, 2011].

　研究者たちの調べた限り，マルチタスクの自動アクティビティは，年齢とともに減少することはありません．

　対照的に，休暇の計画，ホテルの部屋の予約，読書，不慣れなルートの運転，または電話での応答など，意識的な注意と制御を必要とするタスクはマルチタスクできません．そのような活動をマルチタスキングできると思う人もいますが，それは間違っています．そのように思う人たちが本当にやっていることは，素早く注意を切り替えて，"ジャグリング"のように仕事をしているのです．ジャグリングのような仕事は，ワーキングメモリを大量に使用し，注意を強く制御する必要があります．ワーキングメモリと注意のコントロールする力は，年齢が進むにつれて減少するため，意識的な活動を妨げる能力は，ほとんどの人で加齢とともに減少します [Campbell, 2015; Czaja and Lee, 2008; Hawthorn, 2006; Miño, 2013].

空間記憶の減少と注意力のコントロールがナビゲーション能力に影響を与える

　意味的記憶の一種である空間記憶は，場所と場所との空間的および接続的関係を表すメンタルマップを参照することによって，実際の空間または仮想の空間をナビゲートする能力です（図 6.3 参照）．研究者らは，空間記憶が人の年齢とともに低下し，メニュー階層，ウェブサイト，アプリ，その他の抽象的な空間をナビゲートする能力が減少することを発見しました [Boechler *et al.*, 2012; Czaja and Lee, 2008; Docampo Rama *et al.*, 2001; Stößel, 2012; Wirtz *et al.*, 2009].

私は探索によって何かが見つかることを期待していないので，ほとんど探索しません．
　　　　　　　　　　　　——Wong

　ナビゲーションは空間的推論を必要とする唯一のタスクではありません．コンピュータで文書，画像，その他のオブジェクトを操作する——例えば，あるフォルダーから別のフォルダーへ写真を移動する——そのような場合，ユーザーにはメンタルモデルの構築と，操作の結果を予測する能力が求められま

114　第6章　認　知

図 6.3
ほとんどのスマートフォンには複数のホーム画面があり，ユーザーのお気に入りのアプリにすばやくアクセスできます．Android OS の場合にはホーム画面の底部に 4 つの点で示されています．画面間の移動は空間記憶を使用します[3]．

3) 複数のホーム画面があると，どの画面に必要なアイコンがあるのかを覚えなければならないので，空間メモリを使用します．

す．これは研究者が視空間ワーキングメモリと呼ぶものも含まれます．異なる年齢の人々に対して，視空間に関する操作のタスクを実施して比較したところ，高齢者は若年者よりも遅く正確ではないことが分かりました [Leung et al., 2010; Stößel, 2012]．

　ゴールにたどり着くまでの途中で，多くの選択肢に直面すると，高齢者の集中力が低下する要因になります．よく知られていないウェブサイトやアプリで次の操作を選択するには，さまざまな選択肢に注意を集中させ，ワーキングメモリ内でそれらの選択肢を比較する必要があります．私たちが説明したように，ワーキングメモリ能力および注意力のコントロールは，加齢に伴って減少する認知特性です [Jahn and Krems, 2013]．ほとんどのウェブサイトやアプリでは，それぞれのページや画面に，操作の選択肢が示されますが，ラベルの貧弱さによって多くのユーザーが目標を達成できません．その結果，高齢者はしばしばウェブサイトやアプリの操作に問題が起こり，若年者よりも「サイバースペースで迷子になり」，迷子の状態から復帰できなくなる可能性が高いのです [Arch et al., 2009; Hawthorn, 2006; Koyani et al., 2002; NIH/NIA, 2009]．

　ユーザーがゴールまでの道のりのどこにいるかを知ることは，ゴールまでの操作ステップのどこにいるかを知ることと同じです．現在のステータスや

場所のインジケータだけでなく，目的の達成に役立つだけでなく，情報スペースのメンタルマップやメンタルモデルを構築するのにも役立ちます．残念なことに，多くのウェブサイトやソフトウェアアプリケーションは，ユーザーの現在の状況や場所についての手がかりを提供していません [Johnson, 2007].

なかには*誤解を招く*ような手がかりを与えるものもあります．私たちは年を取るにつれて，（もしあれば）場所についての手がかりに注意を集中させる能力を減らし，それに伴ってメンタルマップを形成し使用する能力が低下して，ページやスクリーン上の無関係の機能によって注意が散漫になり，間違った方向に進んでしまうことがあります．たとえば，ウェブページ上の目立つ画像や色が自動的に変更された場合，一部のユーザー，特に高齢者は，別のページに移動したと誤解する可能性があります [Finn and Johnson, 2013]（図6.4 参照）．

図 6.4
GrandCircleTravel.com のホームページに表示されている大きな画像は，自動的に変わるため高齢者の中には別のページに移動したと思う人もいます[4]．

もちろん，情報空間のメンタルマップを構築し覚えておくことは，空間のどこにいるのか，それぞれのリンクがどこに通じているのかを示すインジケータが，うまく示されている場合には簡単です．これは，この章で後述するガイドラインの基本であり，ナビゲーション構造，ステータスおよび進捗インジケータ，ラベリング，用語の一貫性などについて説明します．

[4) 旅行会社のホームページ．中央の写真がスライドショーになっています．]

認知的 "失明" の増加

いつも画面上の何かが変わったことに気づくとは限りません.　　　——John

　私たちの心がタスクや知覚，または強い感情で占められていると，目に見える物体や出来事を見失うかもしれません．それは知覚と注意によって引き起こされる一時的な"失明"です．心理学者は，次のような3つの事例を特定しています．

- 注意の瞬き：注意を喚起するなにか他のものを見た直後に起こることに気づかない．
- 非注意性盲目：興味に合わないモノや出来事に気づかない．
- 変化の見落とし：目標と無関係な視野の変化に気づかない．

　目の前に2つ以上の重要なイベントが連続して発生すると，"注意の瞬き"が発生します．たとえば携帯電話を見ているとき，カレンダーのリマインダーがポップアップすると，おそらくあなたは注意を引かれるでしょう．次の瞬間に親しい友人からメッセージが届いたとしても，あなたの心はリマインダーにすっかりとらわれているので，メッセージの着信にすぐに気づかないかもしれません．

　"非注意性盲目"は，とても一般的な現象です．年齢にかかわらず大人は，自分が行おうとしていることに関連する事柄にのみ気づく傾向があります[Johnson, 2014]．画面上やウェブサイトで特定の情報を探していると，同じ場所に重要な情報が表示されていても，探しているモノではないので気がつかないでしょう．

　"変化の見落とし"とは，表示されている情報が変化しても，その変化に気づかないことです．たとえばボートクルーズの予約をしようとした場合，異なる出発日を選択すると，価格が変化することに気づかないかもしれません（図6.5参照）．別の船室を選択して価格がどのように変化したかを確認してとき，それに合わせて出発日が変更されたことに気付かないようなこともあります．

　高齢者は，若いユーザーに比べて，自分が探しているものではない情報や変

高齢者の認知　117

Before date change

After date change

図 6.5
上下の画面写真を比較して見てください．RoadScholar.com のユーザーは，選択した日付（画面の中央下部）を変更すると，価格（画面の中央右）が変更される可能性があることに気づかないことがあります[5]．

5）
旅行会社のホームページ．ツアーの料金は出発日によって変わるため，利用者が日程を変えると，それに合わせて料金が変わりますが，変更されたことがとても分かりにくいのです．

更を見逃す可能性が高いです [Arch and Abou-Zhara, 2008; Veiel et al., 2006].

　幸運なことに，加齢に配慮したデザインを通じて，デジタルテクノロジーのデザイナーは，ユーザーが例え高齢者であっても，重要な変更を見逃してしまう可能性を低減させることができます．

遅くなる反応：遅くなる処理速度

> ATM からお金を引きだそうとすると，機械はいつも私に暗証番号を入れるのに十分な時間を与えてくれるわけではありません！
>
> ——John

　高齢者がデジタルテクノロジーを使うときに見られる発見の1つは，若いユーザーよりも，タスクの達成までが遅いことです．パフォーマンスの低下の一因は，運動能力の低下によるものです．動きが遅くなり，動作の多くが補正されます（「第4章：運動制御」を参照）．しかし，高齢者の運動の遅さを考慮に入れても，若年成人より反応が遅く，仕事を完了するのが遅いのです [Charness and Boot, 2009; Fairweather, 2008; Stößel, 2012; Wirtz et al., 2009]．例えば：

- ウェブを使用する場合，平均して高齢者は若者よりも几帳面です．高齢者は，テキストを読みタスクを完了するために，より多くの時間がかかります．そのため高齢者が閲覧するページ数は少ないです．しかし彼らはページの読み込みが遅くてもサイトを離れる可能性は低いのです [Hart et al., 2008; Pernice et al., 2013]．
- 同じことがスマートフォンなどのアプリやデジタルデバイスでも見られます [Campbell, 2015]．
- タスクが複雑になればなるほど，高齢者と若年成人のタスク完了時間の差が大きくなります．若年成人に比べ，高齢者は複雑さが増すと，作業速度が減速します [Wirtz et al., 2009]．
- 高齢者は若年成人より反応時間が遅いです [Fairweather, 2008; Hart et al., 2008; Leung et al., 2010]．
- 視線検知の研究によると，高齢者は若い成人よりも行動を取る前にインタラクティブな要素を長く見ることが分かっています [Hanson,

2009].

多くの研究者は，この年齢に関連するタスクのパフォーマンス低下の一因が，知覚的および認知的処理速度の低下に起因するものと考えている．知覚的および認知的処理の速度は，まだ直接測定することができません．

しかしながら高齢者は，観察から分かるさまざまな身体的能力の低下から予想されるより，さらにゆっくりとタスクを行う傾向があるというのです．

高齢者の間でタスクを行う速度に大きなばらつきがあることに注意しておいてください．調査対象者の年齢が高ければ高いほど，ばらつきは大きくなります [Campbell *et al.*, 2015; Czaja and Lee 2008; Hart *et al.*, 2008; Hawthorn, 2006; Pak and McLaughlin, 2011; Stößel, 2012]．テクノロジーデザイナー（そしておそらくテクノロジートレーナーも）としての私たちの目的のためには，少なくとも一部の高齢者はよりゆっくりと反応し，タスクを完了するまでに時間を要することを気にとめておく必要があります．すべての高齢者が，私たちが設計したものを利用できるようにするには，これを考慮しなければなりません．

認知的相互作用

私たちは人間の認知の側面を別々のものとして議論してきましたが，もちろんそうではありません．それらは多くの点で相互作用し，重なり合っています．たとえば：

- ワーキングメモリの容量低下により，タスクの完了時間が遅くなり，気を散らすものを取り除く能力が減少します [Fairweather, 2008]．
- 情報処理の課題では，高齢者にスピードと精度のトレードオフが見られます．高齢者は，より多くの時間をかけることが許されるとき，若年成人と同じようにきっちりと行動できますが，急いでいるときは，その能力は著しく低下します [Olmsted-Hawala *et al.*, 2013]．
- 問題解決，演繹的推論，推論形成，意識的選択などに関するタスクのパフォーマンスは，一般的に加齢とともに低下するため，これらのタスクが根本的なメカニズムを共有することを示唆しています [Campbell *et al.*, 2015; Czaja and Lee, 2008]．

心理学者は，ワーキングメモリ能力，注意力の制御，問題解決，空間的および論理的推論，処理速度，知覚応答時間，および学習能力といういくつかの相互に関連した認知属性をカバーするために，「流動性知能」という用語を使用することが多いです．心理学者らは上記の認知属性を評価する流動性知能の

テストを開発しました．流動性知能は，成人期初期まで一般的に上昇し，その後減少しはじめますが，これは人によって大きく異なります [Charness and Boot, 2009; Hanson, 2009; Wirtz *et al.*, 2009]．

しかし，流動性知能は人間が持っている唯一の知能ではありません．世の中で成功するためには，知識や経験，知恵や判断力，語彙および言語に関する能力も必要です．心理学者はこうした特性を組み合わせて「結晶性知能」と呼んでいます．

重度の認知症になっていない限り，結晶性知能は一般的に年齢とともに大きく低下しないことが知られています．そうならば，人間は多くの経験と知識を蓄積することで，*成長する* かもしれません [Pak and McLaughlin, 2011; Stößel, 2012]．高齢者のデジタルテクノロジーを利用する能力における結晶性知能と知識は，「第7章：知識」でさらに詳しく論じています．

高齢者（そして他の人たちも）を助ける デザインガイドライン

これらのガイドラインに従うことで，あらゆる年齢層の成人がアプリケーション，ウェブサイト，またはデバイスの使用方法を学び，理解し，覚えて，提供する情報を処理できるようになります．

6.1 デザインを単純化する

刺激を最小にする [Carmien and Garzo, 2014; Chisnell *et al.*, 2006; Czaja and Lee, 2008; Hawthorn, 2006; Kurniawan and Zaphiris, 2005; NIH/NIA, 2009; Phiriyapokanon, 2011; Romano-Bergstrom *et al.*, 2013; Silva *et al.*, 2015; Strengers, 2012]

- ユーザーが重要なことに焦点を当てられるように，重要でない機能，選択肢，視覚的要素を排除します．
- 選択肢，行動の呼びかけ，インタラクション要素の提供を，可能な限り少なくします．競合する選択肢が多いと，ユーザーが圧倒されてしまいます（図6.6参照）．インタラクティブなアイテムは1ページ内に3から7個に制限してください．

図 6.6
Drugstore.com のホームページには，多くの競合する選択肢が表示されています[6]．

[6] ドラッグストアのホームページです．割引で購入できるバナー広告が多く掲載されているので，利用者がどれを選んでよいのか迷ってしまいます．

6.2 ユーザーが集中できるようにする

一度に1つのタスクを提示する [Affonso de Lara *et al.*, 2010; Campbell, 2015; Hawthorn, 2006; Jahn and Krems, 2013; Kurniawan and Zaphiris, 2005; NIH/NIA, 2009; Nunes *et al.*, 2012; Phiriyapokanon, 2011; Silva *et al.*, 2015; Strengers, 2012; Williams *et al.*, 2013]

- ユーザーが一度に1つのタスクに注意を集中できるようにします. ユーザーにマルチタスクを要求しないでください. 例えば, 2つ以上のタスクとサブタスクを切り替えたり, 複数の場所をモニタリングしたりするなどです.
- 1つのページで1つのタスクを目指してください.

気が散る要素を取り除く [Carmien and Garzo, 2014; Chisnell *et al.*, 2006; Czaja and Lee, 2008; Hawthorn, 2006; Kascak and Sanford, 2015; Kurniawan and Zaphiris, 2005; Miño, 2013; NIH/NIA, 2009; Nunes *et al.*, 2012; Pernice *et al.*, 2013; Phiriyapokanon, 2011; Romano-Bergstrom *et al.*, 2013; Strengers, 2012; Williams *et al.*, 2013]

- すべてのコンテンツと画面要素は, ユーザーの目標と関連している必要があります. 純粋に装飾的なグラフィックスやマルチメディアコンテンツは避けてください.
- 操作の途中で, ユーザーが混乱させるようなアニメーション, タスクに関係のない画像, コンテンツターゲット広告などは, できるだけ排除します (図6.7を参照).
- 広告も, 必要であればユーザーの目標と関連している必要があります.

現在のタスクを明示する [Silva *et al.*, 2015]

- 現在のタスクの名称とステータスを常に目立つように表示することで, ユーザーが自分のおこなっていることを把握できるようにします.

6.3 ナビゲーション構造の単純化

最も重要な情報を前に示す [Chisnell *et al.*, 2006; NIH/NIA, 2009; Nunes *et al.*, 2012; Pernice *et al.*, 2013]

高齢者（そして他の人たちも）を助けるデザインガイドライン 　　123

図 6.7
Android ボイスレコーダーアプリは，音声を録音するという 1 つのタスクに重点を置いて
デザインされています．

- 最も重要な情報と一般的な操作タスクをウェブサイトまたはアプリの先頭に配置します．
- よくアクセスするコンテンツへの明確でショートカットを提供します．

ナビゲーションを一貫させる [NIH/NIA, 2009; Patsoule and Koutsabasis, 2014; Pernice et al., 2013; Phiriyapokanon, 2011]
- ウェブサイトやアプリ全体でナビゲーションを統一します．

構造を分かりやすくする [Chisnell et al., 2006; Kurniawan and Zaphiris, 2005]
- ウェブサイトの構造を可能な限り分かりやすくします．

階層を浅くする [Carmien and Garzo, 2014; Chisnell et al., 2006; Czaja and Lee, 2008; Kurniawan and Zaphiris, 2005; Nunes et al., 2012; Reddy et al., 2014]
- 広くて浅いナビゲーション構造（図 6.8 を参照）を採用すると，ユーザーは階層内の深い位置で迷子になることを防ぐことができます．

カテゴリーをユニークにする [Pernice et al., 2013]
- ナビゲーションカテゴリーをユニークで，なおかつ互いに重複しないよ

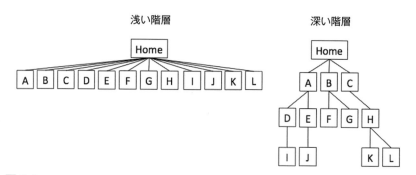

図 6.8
浅い階層構造と深い階層構造．高齢者にとっては浅いほうが簡単です．

うにする．
- 自分が探している製品がどのカテゴリーに属しているのか，または必要な機能がどのメニューオプションに含まれているのかをユーザーがすぐに確認できるようにします．ユーザーにどちらを選択するべきかを考えさせないでください．たとえばオンラインの食料品店では，同じページに「シーフード」と「魚」の両方の商品カテゴリーを含めるべきではありません．また，航空会社のウェブサイトでは「マイルの使用」と「マイルの獲得」機能の両方を提供するべきではありません．

6.4 作業の進捗と状況を明確に示す

ユーザーを段階的に誘導する [Hawthorn, 2006; Miño, 2013; NIH/NIA, 2009; Silva et al., 2015; Wirtz et al., 2009]
- 明示的で一貫しているステップ バイ ステップのナビゲーションを使用してください．複雑な操作手順をサブステップに分割します．
- フィードバックで操作ステップを確認してください．
- 操作ステップの前後に行く方法を明確に示します．

ユーザーがどの操作ステップにいるかを表示する [Carmien and Garzo, 2014; Hawthorn, 2006; Miño, 2013; NIH/NIA, 2009; Phiriyapokanon, 2011]
- 開始時点，終了時点，そしてタスクのすべてのステップを表示してください．これにより，ユーザーは自分が操作ステップのどこにいるのかを容易に認識し，理解することができます．

高齢者（そして他の人たちも）を助けるデザインガイドライン　　**125**

- 複数の操作ステップがあるときは，いくつのステップがあるかを示します．各操作ステップに番号をつけます．
- ユーザーの現在の操作ステップを明示し，何が完了し，何が残っているかを示します．

進行状況を表示する [Campbell, 2015; Phiriyapokanon, 2011]
- 長くて複雑なタスクをしているときは，進捗状況を明確にし，目標を思い出させてください．複雑なタスクにはウィザード形式のインタフェースを提供することを検討してください．

すぐに明確なフィードバックを提供する [Arch *et al.*, 2008; Chisnell *et al.*, 2006; Kascak and Sanford, 2015; Kurniawan and Zaphiris, 2005; Patsoule and Koutsabasis, 2014; Pernice *et al.*, 2013; Phiriyapokanon, 2011; Silva *et al.*, 2015; Wirtz *et al.*, 2009]
- すべてのユーザーアクションの成功/失敗を目立つように表示します．

6.5 ユーザーが既知の「安全な」開始地点に容易に戻れるようにする

ホームへのリンクを提供する [Affonso de Lara *et al.*, 2010; Carmien and Garzo, 2014; Chisnell *et al.*, 2006; Correia de Barros, 2014; NIH/NIA, 2009; Silva *et al.*, 2015; Stößel, 2012]
- すべてのページまたはアプリ画面でホームページまたは開始ページに戻るリンクを明示的に提供します（図 6.9 と 6.10 を参照）.
- 「戻る」ボタンを提示する場合は，ユーザビリティテストを実施することで，ボタンが期待どおりに機能することを確認してください．

「次へ（Next）」と「戻る（Back）」を提供する [Hawkins, 2011; NIH/NIA, 2009; Pernice *et al.*, 2013]
- 複数のステップを操作するときは，「次へ」および「戻る」ボタンまたはリンクを提供してください．もちろんユーザーが期待するように機能することを確認してください．

元に戻す機能（Undo）を提供する [Patsoule and Koutsabasis, 2014; Shneiderman *et al.*, 2016]

126　第 6 章　認　知

7) 旅行会社のホームページ．左上にある会社名のバナーがトップページへのリンクだというのは，ウェブに慣れた人でなければ気がつきません．「トップページ」と書かれたリンクやボタンを用意した方がよいでしょう．

図 6.9
Grand Circle Travel ウェブサイトには，トップページへの明確なリンクがありません（バナー内の 2 つの会社名は両方ともトップページにリンクしています）[7]．

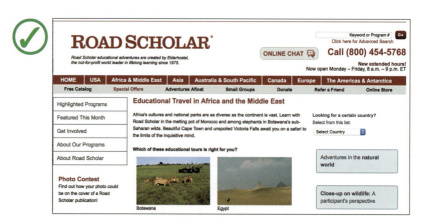

8) 旅行会社のホームページ．こちらはトップページへのリンクが「HOME」と明記されています．

図 6.10
Road Scholar のウェブサイトには，すべてのページにトップページへの明解なリンクがあります[8]．

- 可能であれば，ユーザーが操作を簡単にキャンセルまたは元に戻すことができるようにします．

6.6 ユーザーがどこにいるかを一目で分かるようにする

現在のページを表示する [Kurniawan and Zaphiris, 2005; Miño, 2013; Nunes *et al.*, 2012; Pernice *et al.*, 2013]

- ウェブサイトでは，ページのタイトルと現在の場所をページ構造で表示します（たとえば，すべてのページにパンくずリストを表示する）.

サイトマップを提供する [Chisnell *et al.*, 2006; Hawthorn, 2006; Kurniawan and Zaphiris, 2005; NIH/NIA, 2009]

- すべてのウェブページで，使いやすいサイトマップへの明解なリンクを提供してください.
- サイトマップでは，メインのナビゲーションリンクを繰り返したり，すべてのトピックとページを一覧表示したりするのではなく，サイト全体の概要をすばやく表示する必要があります.

ページの外観を維持する [Finn and Johnson, 2013]

- 画面とページは，ユーザーの入力がない限り全体的な外観を変更してはいけません. ユーザーがページを変更したという誤った印象を与えないようにしてください. 例としては，スライドショーの自動再生や，ページの訪問やページの更新ごとに変化する画像があります.
- 画像を自動更新する場合は，一時停止または停止が簡単にできるようにしてください.

6.7 複数のウィンドウの利用を最小限に抑える

ウィンドウの数を最小化する [Affonso de Lara *et al.*, 2010; Kurniawan and Zaphiris, 2005; NIH/NIA, 2009; Pernice *et al.*, 2013]

- ウィンドウの表示をできるだけ少なくします. 複数のウィンドウや重なりあうウィンドウは避けてください. 1つのウィンドウで完結することができれば，素晴らしいでしょう.
- ウェブサイトでは，新しいウィンドウやタブを開かないでください. 新しいウィンドウを開くときは HTML ページではなく，PDF やその他のファイルタイプを開くときに限定してください.

128 第6章 認 知

- 複数のウィンドウや重なりあうウィンドウを避けることができない場合は，余分なウィンドウに標準の位置（右上）に目立つ，標準の Close [X] コントロールがあることを確認してください．

タスクをまとめる [Campbell, 2015; Carmien and Garzo, 2014]
- 使用する情報を一カ所にまとめてください．ユーザーが画面間で情報を覚えておく必要がある場合は，複数の画面にタスクを分割しないでください．

6.8 ユーザーの記憶力に負担をかけないようにする

ワーキングメモリに負担をかけない [Kurniawan and Zaphiris, 2005; Miño, 2013; Silva *et al.*, 2015]
- 現在のタスク名とステータスを常に明確に示し，ユーザーがタスクのステータスを追跡しようとしたときに，ワーキングメモリに過度の負担をかけないようにします．

認識をサポートし，想起に頼ることを避ける [Chisnell *et al.*, 2006; Johnson, 2014; Kurniawan and Zaphiris, 2005; Silva *et al.*, 2015]
- ユーザーに選択肢を思い出させて入力させるのではなく，ボタン，メニュー，リストから選択できるようにします．
- ユーザーが自分のステータスと選択肢を認識することを助ける強力な手がかりを提供します．

ユーザーに思い出させる [Campbell, 2015]
- 定期的な行動の手がかりとして，リマインダーと警告を提供します．

覚えやすいジェスチャー操作にする [Stößel, 2012]
- よく覚えやすいようにジェスチャー操作をデザインします．記憶しやすいと，時間がかからず簡単です．

タスク操作を完了する [Kascak and Sanford, 2015; Shneiderman *et al.*, 2016]
- 最終的にタスクまたはトランザクションが完了し，ユーザーが実行したり覚えたりすることがなくなり，システムが使い慣れた「通常の」状態

高齢者（そして他の人たちも）を助けるデザインガイドライン　　**129**

になるように対話シーケンスを設計します．

モードを避ける [Johnson, 2007; Johnson, 2014; Kobayashi *et al.*, 2011]

- モード，つまり効果や意味が異なるモードを持つアクション，ボタン，キーを使用しないでください．そうすれば，ユーザーはモードの状況を把握しつづける必要がなくなります．
- モードが必要な場合は，現在のモードを明確かつ継続的に表示します．

6.9 ユーザーへのエラーの影響を最小限に抑える

エラーを防止する [Kascak and Sanford, 2015; Phiriyapokanon, 2011; Silva *et al.*, 2015]

- ユーザーにエラーを発生させて，そこから回復できるようにするよりも，そもそもエラーを防ぐ方が得策です．
- 可能であれば，ユーザーが無効な値を入力できないように入力フィールドを構造化します．
- 頻繁に使用する機能をすばやく簡単に実行できるようにします．元に戻すことができない機能については，ユーザーに確認してください．

簡単なエラーの回復をサポートする [Chisnell *et al.*, 2006; Kurniawan and Zaphiris, 2005; Nunes *et al.*, 2012; Pernice *et al.*, 2013; Nielsen, 2013; Phiriyapokanon, 2011; Silva *et al.*, 2015]

- ユーザーがエラーを修正する作業を簡単でストレスのないものにします．
- エラーメッセージは，ユーザーが理解しやすいようにシンプルで簡単なものを作成する必要があります．
- ユーザーを責めたり恐れさせたりするようなエラーメッセージは避けてください．
- 問題を説明し，エラーから回復する方法を説明します．可能であれば，ユーザーの問題を解決してください．
- ユーザー入力フィールドにエラーがある場合，そのフィールドにユーザーの注意を向け，エラーを修正する方法を説明してください．

ユーザーが問題を容易に報告できるようにする [Affonso de Lara *et al.*, 2010]

- ウェブサイトまたはアプリから直接，ユーザーがバグや問題を報告でき

るようにするための簡単な方法を提供します．

6.10 用語を統一して使用し，あいまいな用語を避ける

同じ言葉＝同じもの．違う言葉＝違うもの [Jarrett, 2003; Patsoule and Koutsabasis, 2014]

- 各用語がソフトウェア内で*唯一無二*の意味を持つようにしてください．同じコンセプトに異なる用語を使用しないでください（図6.11参照）．これとは反対の問題も避けてください．*異なる*コンセプトに*同じ*用語を使用する，つまり2つ以上の意味を持つ用語を使用してはいけません．

図 6.11
Evite.com では，以前は同じ入力フィールドに対して「ユーザーネーム」と「エイリアス」の両方を使用していました[9]．

同じラベル＝同じアクション．異なるラベル＝異なるアクション [Kurniawan and Zaphiris, 2005]

- 同じ効果を持つリンクまたはボタンに*同じ*ラベルまたは記号が付いていることを確認します．たとえば，ユーザーのショッピングカートへのリンクが2つある場合は，両方とも「ショッピングカート」というラベルを付けます．
- 逆に，リンクやボタンの効果が異なる場合は，それらに*異なる*ラベルを付けます．たとえば，あるボタンがスライドショーの前の写真を表示し，もう1つのボタンがアプリの前の画面に戻るとき，両方のボタンに同じ「戻る」というラベルを付けないでください．

リンクラベル＝目的地名 [Affonso de Lara *et al.*, 2010; Chisnell *et al.*, 2006]

- リンクラベルが目的地のラベルと一致するようにして（図6.12と図6.13を参照），ユーザーは自分が意図した場所に移動したことを確認できるようにします．

---

[9] Evite.com は招待状作成サービスです．登録の際に，本名ではなく別名（エイリアス）で登録することができるため，ラベルにはエイリアスと表示していますが，赤文字の注意書きでは，同じものに対してユーザーネームという言葉を使っています．

高齢者（そして他の人たちも）を助けるデザインガイドライン　　　**131**

図 **6.12**
Spamcop.net では，「Statistics」へのナビゲーションリンクが「Spam in progress,」と表示されたページに移動するため，ユーザーは意図した場所にいるかどうかを確認できません[10]．

図 **6.13**
NAACP.org では，Advocacy & Issues のナビゲーションリンクが同じラベルのページに移動し，ユーザーが意図した場所にいることが示されます[11]．

10)
迷惑メールの spam の報告サイトです．なお大文字の SPAM だと缶詰になります．このサイトで，spam に関する統計データをまとめた「Statistics」のページを開こうと，リンクボタンをクリックすると，移動した先の見出しが「Spam in progress（進行中の spam）」と表示されるので，利用者が間違ったページを開いたと勘違いしてしまいます．

11)
NPO 団体のホームページです．グローバルナビゲーションの表記と，各ページの見出しが一致しています．

6.11 強い意味を持つ言葉を使ってページ要素にラベルを付ける

動詞を使う [Chisnell *et al.*, 2006; NIH/NIA, 2009]
- ボタンやリンクには行動指示語（動詞）を使用します．

ラベルを意味的に区別できるようにする [Chisnell *et al.*, 2006; Pernice *et al.*, 2013]
- リンク，見出し，小見出し，要約，箇条書きリスト（図 6.14 を参照）

図 6.14
Bank of America のホームページはすべてのリンクにそれらがどこへ行くのかを明確に伝える言葉がラベル付けされています．

を含む，すべてのページ要素に情報を伝える言葉を使用します．可能であれば，最も説明的な用語を使用してください．

6.12 簡潔で分かりやすく直接的な文体を使う

簡潔にする [Chisnell *et al.*, 2006; Hawkins, 2011; Kurniawan and Zaphiris, 2005; NIH/NIA, 2009; Nunes *et al.*, 2012; Williams *et al.*, 2013]

- 指示，ラベル，メッセージはできるだけ短くしてください．段落と文を短くしてください．本文（コンテンツ）は短い段落と箇条書きに分割します．

文章をシンプルに保つ [Arch *et al.*, 2008; Kascak and Sanford, 2015]

- 内容，指示，およびメッセージには，単純な文構造を使用します．
- 幅広い識字能力と語学力に対応できるようにしましょう．

要点をすぐに理解できるようにする [Chisnell *et al.*, 2006; Dunn, 2006; NIH/NIA, 2009; Pernice *et al.*, 2013]

- 新聞記事のように最も重要な情報，例えば見出し，サマリー，アブストラクト，結論や示唆を導きなさい．
- コンテンツが長く詳細である場合は，ユーザーがドリルダウンして詳細を確認できるようにします．これを情報の階層化と呼びます．

言語を能動的，肯定的，そして直接的にする [Chisnell *et al.*, 2006; NIH/NIA, 2009]

- 「旅行が計画された」ではなく「私は旅行を計画する」や，「検索結果は何も見つかりませんでした」ではなく「あなたが検索した結果，何も見

つかりませんでした」などの能動態を使用します[12].

- 肯定的な言葉を使用してください．たとえば「あなたの安全のために，屋内で使用しないでください」ではなく，「あなたの安全のために外で使用してください」といったようにしてください．
- ユーザーに向けて直接話してください．ユーザーを「あなた」[13]と呼びます．

明示的であること [NIH/NIA, 2009; Silva *et al.*, 2015]

- 指示をするときは，具体的かつ詳細に説明してください．操作ステップを途中でスキップしたり，ユーザーが独力で詳細を補えると仮定したりしないでください．ユーザーに指示が何を意味するのかを推測させないでください（「第7章：知識」も参照してください）．

[12]
日本語で受動態の文章を書くと，主語が省略されることが多く，行為の主体が分かりにくくなりますので，能動態で記述するようにしてください．

[13]
ここでは，主語を省略せず，指示の相手を明確にするという意味で「あなた」としています．「あなた」とすると，強い口調になるので，ユーザーが自分に対する指示であるということが分かるのであれば適宜別の言葉に置き換えてください．

6.13 ユーザーを急がせないで，十分な時間をおいてください

メッセージをタイムアウトさせない [Kurniawan and Zaphiris, 2005; Nunes *et al.*, 2012; Silva *et al.*, 2015]

- メッセージを表示するときには，それを読んで理解するのに十分な時間を取ってください．すぐに重要なメッセージを取り去らず，10秒かそれ以上の時間，表示するようにします．
- よりよい方法は [OK] または [閉じる] [X] ボタンを提示して，ユーザーがメッセージを読み終えたときに，自分で終了できるようにすることです．

ユーザーに時間をかけさせる [Campbell, 2015; Miño, 2013; Nunes *et al.*, 2012]

- ユーザーがデータを入力してタスクを完了するのに十分な時間を与えてください（図6.15参照）．高齢ユーザーにテストしてもらって，時間が十分であることを確認してください．
- ユーザーが特定の時間内に応答を完了する必要はありません．彼らが完了したときに，自ら知らせてくれればよいのです．
- 銀行口座や保健医療データなどの個人情報にアクセスするために公衆端末にログインしている人は，セキュリティ上の理由から数分間入力がなければセッションのタイムアウトが必要な場合があります．その場合，

図 6.15
ドアのコンビネーションロックがタイムアウトすることがあります（たとえば 10 秒後）．これは，特にボタンが見えにくい場合や，ボタン同士が近接している場合，または押し下げる必要がある場合は，高齢者にとっていら立たしいものになります．

セッションを終了する前に，ユーザーがまだそこにいるかどうかを尋ね，できれば入力した情報を失うことのないように，回答するのに十分な時間を与えます．おそらく彼らは自分の老眼鏡を落とし，操作を再開する前にそれを拾う必要があったのでしょう．

再生速度を調整可能にする [Affonso de Lara *et al*., 2010; Kascak and Sanford, 2015]

- ビデオ，オーディオ，アニメーション化されたコンテンツでは，ユーザーが再生速度を調整する方法を提供します．

6.14 ページや画面間でレイアウト，ナビゲーション，インタラクティブな要素を一致させる

一貫したレイアウト [Carmien and Garzo, 2014; Chisnell *et al*., 2006; Hawthorn, 2006; NIH/NIA, 2009; Nunes *et al*., 2012; Pernice *et al*., 2013; Patsoule and Koutsabasis, 2014; Silva *et al*., 2015; Williams *et al*., 2013]

- アプリやウェブサイト全体で一貫した画面レイアウトを使用します．
- エラーメッセージは常に同じ場所に表示すれば，ユーザーがそれに気が

つく可能性が高くなります．

一貫したコントロール [Chisnell *et al.*, 2006; Czaja and Lee, 2008; Hawthorn, 2006; NIH/NIA, 2009; Patsoule and Koutsabasis, 2014; Pernice *et al.*, 2013]
- インタラクティブ要素を機能的かつ視覚的に一貫性を持たせます．要素の配置，ラベル付け，および色は，ページや画面で同じにする必要があります．

一貫した順序とラベル付け [Nunes *et al.*, 2012]
- オプションは，すべての画面やページで同じ順序で提供し，ラベルオプションも同様に，どこでも同じように表示します．

関連するアプリケーション間の一貫性 [Hawthorn, 2006]
- 関連するアプリやウェブサイトでは，同じか非常によく似たレイアウト，ラベリング，カラーパレットを使用します．

6.15 学習と記憶をサポートするデザイン

ジェスチャーを表示する [Leitão and Silva, 2012; Stößel, 2012]
- タッチスクリーンデバイスでは，トレーニングビデオ，アニメーション，またはイラストを提供して，ユーザーに正しいコントロール方法とジェスチャー操作を表示します（図 6.16 参照）．

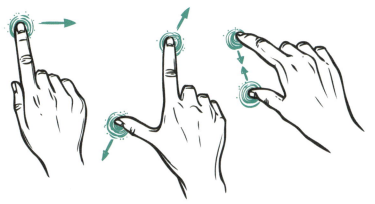

図 6.16
タッチスクリーンデバイスでは，必要なジェスチャーのやり方を提示します．

反復は善 [Hawthorn, 2006; Miño, 2013; Williams et al., 2013]
- 操作の説明を繰り返します．また，ユーザーが一度見た後でそれらの説明を取り除いてはいけません．
- 説明の中で，ユーザーに練習を促します．必要に応じて，操作の楽しい要素をデザインしてください．ユーザーはそれを繰り返し実行したいと思うでしょう．

タスクに必要なものをユーザーに伝える [Affonso de Lara et al., 2010; Arch et al., 2008]
- タスクを完了するためにユーザーが必要とする情報を最初にリストして知らせます（図 6.17 を参照）．

図 6.17
California Department of Motor Vehicles のウェブサイトには，ユーザーが車両登録を更新するために必要なものがすべて記載されています[14]．

ユーザーが以前の操作経路や選択肢を再利用できるようにする [Campbell, 2015]
- ユーザーが以前にやったことや，既に知っていることを繰り返すことが容易にできるようにします．新しいやり方に挑戦させるようなことをしてはいけません．
- ユーザーが自分のステータスと選択肢を認識するのを助ける強力な手がかりを提供しました（ガイドライン 6.8 から再掲）．

---

14) カリフォルニア州の車両管理局のホームページです．オンラインの手続きをはじめる前に，必要なもののリストが最初に表示されています．

6.16 ユーザーの入力を助ける

有効なものを表示する [Affonso de Lara et al., 2010]
- データ入力フィールドには，入力可能な形式と範囲の説明をつけるか，それを示す内容をラベルに含める必要があります．
- 「製品シリアル番号（例：123-45-6789）」や「dd / mm / yyyy」などのテンプレートの例を示します．

フォーマット済み入力フィールド [Nielsen, 2013; Pernice et al., 2013]
- 可能であれば，入力の制限ができるとユーザーは無効な値を入力することはありません．たとえば，カレンダーコントロールで日付を指定したり，リストから時刻を選択させたり，電話番号フィールドを国コード，市外局番，そして残りのフィールドに分割したりします（図 6.18 参照）．

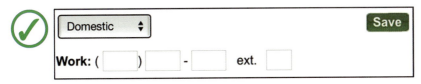

図 6.18
Chase Bank のウェブサイトでは電話番号があらかじめフォーマットされているため，ユーザーは無効な番号を入力できません[15]．

15) 銀行のホームページです．電話番号を入力するフォームでは市外局番，市内局番，加入者番号，内線番号ごとに，フォームが分かれています．

寛容になる [Affonso de Lara et al., 2010]
- できるだけ広範囲の入力データフォーマットを受け取ってから，データを利用しやすい形式に再フォーマットします．
- 電話番号やクレジットカード番号など，いくつかに分割された番号を空白や句読点なしで入力するように強制しないでください（図 6.19 参照）．これはエラーが発生した場合に，10 桁の電話番号や 16 文字の電話番号をまとめて表示させると，それが正しいか確認するのが難しいためです．

必要なことを示す [Arch et al., 2008; Patsoule and Koutsabasis, 2014; Pernice et al., 2013; Sanjay et al., 2006]
- 必要な入力フィールドや操作ステップを明確に示します．人目を引くシンボル，独特の色，必須ではない入力フィールドを分離するレイアウトなどを組み合わせて必要な情報を目立たせます．小さなアスタリスクが，

138 第6章 認 知

図 6.19
Toronto Airport Express のウェブサイトでは，クレジットカード番号の入力時にスペースやダッシュを使用することはできません[16]．

すべての人にとって目に見えて意味のあるものになるとは思わないでください．

リマインダーを提供する [Miño, 2013]
- ユーザーがパスワードや暗証番号などを思い出すための手がかりを保存できるようにする．

6.17 画面上のヘルプを提供する

状況に応じたヘルプへの簡単なアクセスを提供する [Arch *et al.*, 2008; Czaja and Lee, 2008; Patsoule and Koutsabasis, 2014; Phiriyapokanon, 2011; Silva *et al.*, 2015]
- コンテキスト固有の画面上のヘルプを，いつでも簡単に利用できるようにする．
- コンテキストヘルプがポップアップウィンドウに表示される場合，ポップアップウィンドウを小さく移動可能で，あるいは半透明にして，元の問題が見えるようにします（図 6.20 を参照）．

オンラインヘルプファイルやチュートリアルを提供する [Affonso de Lara *et al.*, 2010; Kurniawan and Zaphiris, 2005]
- アクセスしやすいオンラインヘルプファイルまたはチュートリアルを用意してください（図 6.21 参照）．

16)
クレジット番号は，4 桁ごとに分かれて表記されているので，それに合わせて4 桁ごとにスペースを入力する人がいます．このサイトでは，注意書きでスペースを入力せず詰めて入力することを求めていますが，すべての人が，それに気がつくとは限りません．あらかじめ 4 桁ごとに分けて複数のフォームを用意するか，スペースが入力されても，プログラムで自動的に削除できるようにするべきです．

高齢者（そして他の人たちも）を助けるデザインガイドライン　　139

図 6.20
ビジネスアカウントを申請するための Amazon の入力フォームでは，Federal Tax（連邦税）ID データフィールドにコンテキストヘルプが表示されます[17]．

図 6.21
Google 翻訳はシンプルなチュートリアルが組み込まれている他，より完全なオンラインヘルプドキュメントにも簡単にアクセスできます[18]．

ヘルプデスクのチャットを提供する [Pernice et al., 2013]
- オンラインヘルプデスクのチャットを提供します．ユーザーが以前に提供した情報（名前，問題）がチャット担当者に提供されていることを確認してください．

17) Amazon.com に出品するビジネスアカウントを取得するには，税金の手続き番号をあらかじめ登録しておく必要がありますが，登録者のビジネス形態によって Federal Tax ID（TIN）の他にも，連邦雇用主番号（EIN）や社会保障番号（SSN）でも登録できます．どのような番号が入力できるか，その場でヘルプが表示されます．

18) はじめに Google 翻訳を使うときには，簡単なチュートリアルが表示され，画面の操作方法がアニメーションで説明されます．これに加えて，詳しいヘルプも別に用意されています．

6.18 重要度の高い順に情報を整理する

情報の優先順位付け [Chisnell *et al.*, 2006; Kascak and Sanford, 2015; Kurniawan and Zaphiris, 2005; NIH/NIA, 2009; Nunes *et al.*, 2012; Patsoule and Koutsabasis, 2014; Pernice *et al.*, 2013]

- どの画面でも最も重要なコンテンツは，スクロールせずにすぐに見えるようにするべきです．
- 各ページのコンテンツの優先順位付けをし，ユーザーの最優先のタスクに焦点を当て，それらに関する質問に回答してください（囲み記事「ユーザーのゴールを知る」を参照）．
- 彼らの最優先のタスクや質問を予想するのに役立つようにユーザーを研究してください．

ユーザーのゴールを知る

デザインがユーザーのニーズを確実に満たすようにするには，対象となるユーザーとそのタスクを検討する必要があります．なぜ人々はあなたのデジタル製品やサービスを使用するのですか？ 彼らは何を達成したいのですか？ 彼らは何の情報を求めているのですか？

たとえば，銀行の ATM に行くときは，通常，現金の引き出しや預け入れ，残高の確認や送金など，いくつかのタスクのうちの１つを実行したいと考えています．ATM に行くような人はおそらく新しい銀行口座を開こうとは*しません*．そのためには銀行のオフィスに行くでしょう．

適切なときに表を使用する [Pernice *et al.*, 2013]

- 表を使用してデータやコンセプトを提示し，オブジェクトの概念や性質，属性を伝えます．見出しや，行，列を使用するとユーザーがざっと見て理解できるようになります．表 6.1 の情報を伝えるためには，いくつの段落のテキストが必要であるかを考えてみてください．表で示すよりもずっと多くの文字数が必要になることでしょう．

高齢者（そして他の人たちも）を助けるデザインガイドライン　141

表 6.1	表はユーザーにとってざっと見て分かりやすく簡単に情報を提示できる	
Food	**Serving Size**	**Calories**
Macaroni and cheese	4.9 oz.	200
Mashed potatoes	5.0 oz.	90
Herb stuffing	2.4 oz.	180
Cranberry chutney	1.0 oz.	50
Roasted turkey	3.0 oz.	100
Bone-in ham	3.0 oz.	120
Turkey gravy	2.4 oz.	45
Sweet potato soufflé	4.9 oz.	180
Broccoli rice casserole	4.0 oz.	80
Cinnamon apple slices	4.9 oz.	210
Pecan pie	1 slice	450
Cheesecake	1 slice	330

142　第6章　認　知

認知に関するガイドラインのまとめ

6.1 デザインを単純化する	■ 刺激を最小限に抑える
6.2 ユーザーが集中できるようにする	■ 一度に1つのタスクに注意を集中できるようにする ■ 気が散る要素を取り除く ■ 現在のタスクを明示する
6.3 ナビゲーション構造の単純化	■ 最も重要な情報を前面に表示する ■ ナビゲーションを統一する ■ 構造を明確にする ■ 階層を浅くする ■ カテゴリーをユニークにする
6.4 作業の進捗と状況を明確に示す	■ ユーザーを段階的に誘導する ■ ユーザーがどのステップにいるのかを表示する ■ 進行状況を表示する ■ 迅速で明確なフィードバックを提供する
6.5 ユーザーが既知の「安全な」開始地点に容易に戻れるようにする	■ トップページへのリンクを提供する ■ 「次へ」と「戻る」を提供する ■ 元に戻す（Undo）を提供する
6.6 自分がどこにいるかを一目で分かるようにする	■ 現在のページを表示する ■ サイトマップを提供する ■ ページの外観を維持する
6.7 複数のウィンドウの利用を最小限に抑える	■ ウィンドウの数を最小限に抑える ■ タスクをまとめる
6.8 ユーザーの記憶に負担をかけないようにする	■ ワーキングメモリに負担をかけない ■ 認識をサポートし，想起に頼ることを避ける ■ ユーザーに思い出させる ■ ジェスチャーを覚えやすいものにする ■ タスク操作を完了する ■ モードを避ける
6.9 ユーザーへのエラーの影響を最小限に抑える	■ エラーを防止する ■ 簡単なエラーの回復をサポートする ■ ユーザーが問題を容易に報告できるようにする

認知に関するガイドラインのまとめ（続き）

6.10 用語を統一して使用し，あいまいな用語を避ける	■ 同じ単語＝同じもの；別の言葉＝別のもの ■ 同じラベル＝同じアクション．異なるラベル＝異なるアクション ■ リンクラベル＝目的地名
6.11 強い意味を持つ言葉を使ってページ要素にラベルを付ける	■ 動詞を使用する ■ ラベルを意味的に区別する
6.12 簡潔で分かりやすく直接的な文体を使う	■ 簡潔にする ■ 文章をシンプルに保つ ■ 要点をすぐに理解できるようにする ■ 言語を能動的，肯定的，そして直接的にする ■ 明示する
6.13 ユーザーを急がせないで，十分な時間を提供する	■ メッセージをタイムアウトさせない ■ ユーザーに時間をかけさせる ■ 再生速度を調整可能にする
6.14 ページや画面間でレイアウト，ナビゲーション，インタラクティブな要素を一致させる	■ 一貫したレイアウト ■ 一貫したコントロール ■ 一貫した順序とラベル付け ■ 関連するアプリ間の一貫性
6.15 学習と記憶をサポートするデザイン	■ ジェスチャーのやり方を見せる ■ 反復は善 ■ タスクに必要なものをユーザーに伝える ■ ユーザーが以前の操作手順や選択肢を再利用できるようにする
6.16 ユーザーの入力を助ける	■ 有効なものを表示する ■ プリフォーマット入力フィールド ■ 寛容であれ ■ 必要なものだけを表示する ■ リマインダーを提供する
6.17 画面にヘルプを表示する	■ 簡単にアクセスできるようにする ■ 状況に応じたオンラインヘルプを提供する ■ ヘルプデスクへのチャットを提供する
6.18 重要度の高い順に情報を整理する	■ 情報の優先順位付けをする ■ 必要に応じて表を使用する

第7章

知　識

この本が出版されてから20年経った後に，もしも出版社が本書を改訂したいと思ったら，加齢に伴う変化（第3〜6章と第9章）に関する章については，おそらく更新の必要がないでしょう．これらの章では年齢とともに人々の能力がどのように変化するかを示し，その変化を経験した人々が利用できるようにデジタルテクノロジーをデザインするためのガイドラインを提示しました．老化を遅らせるか停止させる方法を科学が発見しない限り，知覚，運動，認知の変化は老化に合わせて続くので，テクノロジーに関わるデザイナーはこのガイドラインに従う必要があります．

この章は違います．今日の高齢者が持っている*知識*，あるいは持っていない*知識*が，現在の情報通信技術を使うことを難しくしています．今後20年間で起こる3つの大きな変化によって，改訂版ではこの章は削除されることになるでしょう．

1. **新しい世代が高齢者になるでしょう**．いまの70歳代や80歳代の人々は20年後には90歳代と100歳代になります．保険会社の予測では，今から20年後には120歳代も少なくない人数がいるとのことです．いまの50歳代や60歳代の人々は70歳代と80歳代になります．30歳代と40歳代の人々は50歳代と60歳代になります．この本の定義では彼らは高齢者になります．

2. **高齢者の大部分はデジタルテクノロジーを使った経験があることになります**．パーソナルコンピュータの革命は1970年代に始まりましたが，1980年代になるまで実際には広まりませんでした．そして1990年代半ばにインターネットが急進することになりました．この本の定義によると，50歳以上の高齢者である今日の人々のほとんどは，電気掃除機やトースターなどの電気機械装置，またはステレオ，電子レンジ，ウォークマンカセットプレーヤーなどのアナログ電子装置とともに成長しました．彼らは成人期に達するまでに，コンピュータや他のデジタルテクノ

1) 「ジェネレーション X」は 1960 年代から 80 年代に生まれた世代．日本では「バブル」世代や「新人類」世代と呼ばれています．第 2 章の「命名は難しい」も参照してください．

ロジーを経験しませんでした．これとは対照的に，ベビーブーム後の世代，Gen-X[1] は 10 歳代からデジタルテクノロジーを使っています．ミレニアル世代（1982〜2004 年生まれ）ほどデジタルテクノロジーに精通しているわけではありませんが，ベビーブーマーよりも技術に精通しています．20 年後には，Gen-Xers（1965〜1981 年生まれ）は 50 歳を超えることになるため，高齢者としての資格を得ます．

3. **情報通信技術は変化するでしょう．** テクノロジーの進歩はとどまることはありません．それは過去 20 年間で非常に進歩しました．今後 20 年間でこの進歩が止まったり遅くなったりするという兆候はありません．実際には，大きな変化が起こるという兆候があります．20 年の間に，デジタルコンピューティングはおそらくニューラル・コンピューティング，バイオ・コンピューティング，そして量子コンピューティングのいずれかの組合せに置き換えられるでしょう．キーボード，ポインター，タッチスクリーンに代わる音声と生体計測によるインタフェースが登場し，直接的な思考によるコントロール方法が出現する可能性があります．自動運転の自動車やトラックは当り前のものになるでしょう．IoT（モノのインターネット）の台頭に伴い，デバイス同士が通信をします．冷蔵庫はミルク，卵，野菜が切れたときに，自動で注文するでしょう．ロボットは，カワイイものも実用的なものも，どこにでもあります．デジタルインプラント[2] は人々を「バイオニック」にするでしょう．「技術に精通している」という意味のほとんどが変わることになるでしょう．しかしながら，第 2 章で指摘したように，こうした変化を目の当たりにして生きる現代の中高年層のほとんどは，新しい技術に完全に適応することはできません．彼らは現代の技術の快適ゾーンに「固執する」でしょう．

2) 体内にデジタル機器を埋め込むこと．

高齢者のデジタルテクノロジーに関する知識のギャップ 147

私はガレージを掃除していて，古いフロッピーディスクを見つけました．
孫娘に見せると，彼女は「クール！［保存］アイコンを 3D プリントしたのね！」と言いました．　　　　　　　　　——John

こうした 3 つの大きな変化のために，20 年後にはこの章を書き直す必要があります．高齢者は知識のギャップに直面するでしょうし，さまざまな知識が不足しているでしょう．

しかし，話を現在に戻しましょう．この先 10 年かそれ以上にわたってデジタル情報通信技術を開発するデザイナーのために，この章では*現在の*高齢者がテクノロジーについて知っていることと，*現在の*テクノロジーを使いこなすために*必要な*知識とのギャップについて説明します．この章では，そうしたギャップを乗り越えて，*現在の*高齢者がデジタルテクノロジーを使うのを助けるためのガイドラインを提供します．

高齢者のデジタルテクノロジーに関する知識のギャップ

前述したように，現代のデジタルテクノロジーは加齢による衰えを考慮していないデザインなので，高齢者の利用を妨げています．それに加えて，高齢者はデジタルテクノロジーの利用経験が少ないです [Jahn and Krems, 2013]．この経験不足は，いくつかの点に現れています．

デジタルテクノロジーの用語や頭字語に慣れていない

現代の情報通信技術を使用するには，エンジニアリングやソフトウェア開発から得られる技術用語に精通している必要があることが多いのは，残念な事実です．コンシューマーは，アプリ，ギガバイト，ルーター，ダウンロード，アップロード，ダイアログ，イーサネットなどの専門用語の意味を学ぶ必要があります．コンシューマーはまた，JPEG，HDMI，MP4，URL，CAPTCHA などの略語や頭字語[3]を学ばなければなりません（図 7.1 と 7.2 を参照）．

50 歳を超えるいまの人たちは，現代の技術用語や頭字語を使用してこなかったため，その用語の意味などを身につけていない可能性があります [Leung et al., 2010; Burns et al., 2013]．この知識のギャップは，第 6 章で論じた記憶力の減衰によってさらに拡大します．

[3] 英単語の頭文字をつなぎ合わせて作った略語のこと．

4)
Credo Mobile は MVNO（仮想移動体通信事業者）です．この図は SIM を携帯電話に挿入して初期設定をするときの指示に関するリストです．ステップ 3 では，利用者が自動，CDMA，LTE/CDMA のいずれかのネットワークモードを選択することを求めていますが，選ぶためには，用語の意味や，今いる場所で，どのネットワークが選べるのかを知っていることが前提になっています．

5)
CAPTCHA は「Completely Automated Public Turing Test To Tell Computers and Humans Apart（コンピュータと人間を区別するための完全自動化された公開チューリングテスト）」の略です．スパム目的の機械アクセスを防ぐために利用されます．

6)
写真下では Captcha と赤文字で書かれていますが，頭文字なので CAPTCHA が正しいです．画面の右上部に「reCAPTCHA」とありますので，表記を揃える必要があります．

図 7.1
Credo Mobile のカスタマーサポートからの電子メールによる指示（具体的にはステップ 3）は，ユーザーが自分のいる場所で利用可能な携帯サービスの種類を理解していることを前提に説明しています[4]．

図 7.2
Pacific Gas & Electric のウェブサイトでは，一部の高齢者しか知らない「Captcha」という専門用語を使用しています．また頭文字はすべて「CAPTCHA」にする必要があります[5][6]．

　さらに悪いことに，高齢者は彼らがこれまで使ってきた言葉に，新しい意味を追加して覚える必要があります．たとえば，デジタル時代に新たな意味を獲得した，ドライブとクラウドの用語が分からないかもしれません．彼らは，ドライブは車を運転するものであり，クラウド（雲）は空にしかないと考えるかもしれません．

　高齢者のデジタルテクノロジーの習熟度の欠如は驚くべきことではありませんが，しかし皮肉なことです．高齢者は一般的に若年成人よりも語彙と言語の知識が豊富であることが多いのですから [Pak, 2009; Youmans et al., 2013]．

私がアメリカに来たとき，英語を学びました．
今では私はハイテク語という別の外国語を習
得しなければならないようです．
——Carolina

デジタルテクノロジーのアイコンに慣れていない

　現代の高齢者は，「毒物」を意味する頭蓋骨と交差した骨のシンボルや，踏切標識など，若い頃から親しんだシンボルを理解するのに問題はありません．しかし，現代の高齢者の多くは，デジタル時代の新しい記号的なラベルの意味を覚えることに，若年成人よりもより多くの困難を感じています．図 7.3 に示されている現在の一般的なアイコンは，年齢に関係なく，すべての人に理解されているわけではありません [Leung et al., 2010; Sayago et al., 2009]．

図 7.3
設定，メニュー，共有の一般的なアイコンは，現代の高齢者の多くには馴染みのないものです．

自動車整備士なので，これが歯車であること
は分かっています．しかし，私は歯車のアイ
コンの意味を知らなかったので，携帯ショッ
プで若い女性に尋ねました．彼女はこれが電
話の設定を開くためのボタンだと私に言いま
した．歯車は設定を意味するのですか？　あ
なたがそう言うならば，そうなのでしょう．
しかし私は合点がいきません．　——Stefano

　一般的な機能を示す標準的なアイコンでは，見た目と意味の関連性が不十

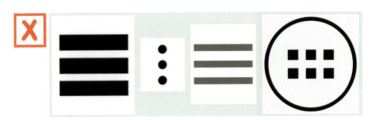

図 7.4
Google の画像検索で「Android メニューアイコン」を検索すると，少なくとも 4 つの異なるアイコンが表示されます．

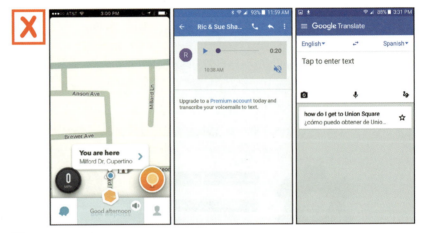

7) それぞれ異なる 3 つのアプリのスクリーンショットです．アイコンの形から，これがメニューだと想像できる人は少ないでしょう．

図 7.5
地図検索アプリ Waze (左) では，画面左下にある青い吹き出しがメニューボタンであることにユーザーが気付かない場合があります．Android のボイスメールアプリ (中) では，メニューボタンは右上に 3 つの縦のドットが表示されます．Google 翻訳 (右) は，左上に 3 行の「ハンバーガー」メニューアイコンを使用しています[7]．

分です．そのため，すべての年齢のユーザー，特に高齢者にとって，アイコンの意味を理解するのを難しくしています（図 7.4 および 7.5 を参照）．

研究者たちはまた，多くの高齢者がデジタル機器の画面上のアイコンにほとんど注意を向けないことを観察しています．彼らはアイコンよりも言葉に対してより注意を向けているのは，おそらく言葉がアイコンより彼らにとって意味があるからでしょう [Sayago et al., 2009]．

コントロールジェスチャーを知らない

パーソナルコンピュータ，ゲーム機，タブレット，または携帯電話を使用して成長した人々は，考えなくても自動的に操作できるように，さまざまな

共通のコントロールジェスチャーを十分に学習しました．大人になった後でデジタルテクノロジーに遭遇した現代の高齢者の多くはそうではありません．ダブルクリック，2本指のスクロール，ピンチとスプレッド，クリック，ドラッグ，およびその他の複雑なジェスチャーは，新しくて慣れていないため，必ずしも自動で行うことはできません [Stößel, 2012]．

iPad のテキストが小さすぎて読むことができない場合は，3本の指を2回タップして拡大表示します．このジェスチャーを学ぶのにしばらく時間がかかりました．そして今でも最初の試みで成功するとは限りません．

——John

職場でコンピュータを使用することが多い高齢者でさえ，今日の新しいタッチスクリーンのユーザインターフェースに問題がある場合があります．おそらくデスクトップコンピュータのスクロールバーに慣れているため，下にスワイプしてページをスクロールしようとします（図 7.6 参照）[Stößel, 2012]．特定の結果を達成するためのジェスチャーが自動的に「筋肉の記憶」になるまで学習されると，人（特に高齢者）は古いジェスチャーを放棄して新しいものを学習することは困難です [Newell, 2011]．

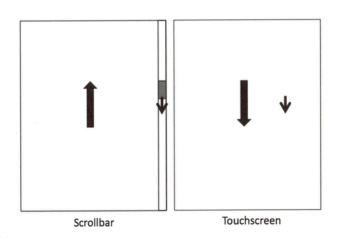

図 7.6
スクロールバーを使用すると，ユーザーはページが移動する方向と反対方向にスワイプします．タッチスクリーンでは，ユーザーはページの移動方向と同じ方向にスワイプします．

アプリケーションやデバイス間でのジェスチャーの共通化の不足は，ある
アプリやデバイスで学んだジェスチャーを他の人に伝えることを難しくして
います．例えば：

- スクロールは，アップルの iPhone と iPad のタッチスクリーンで 1
  本の指でスワイプするだけですが，アップルの Mac ノートパソコン
  のタッチパッドでは 2 本の指でスワイプしなければなりません．
- デスクトップとラップトップコンピュータでは，2 本指のスワイプで
  Google マップと MapQuest の地図がズームされますが，画面上の他
  の場所では，2 本のスワイプでコンテンツをスクロールします．
- デスクトップとラップトップコンピュータでは，トラックパッド上の
  1 本指と 2 本指のスワイプが異なる効果を持ちます．スマートフォン
  やタブレットコンピュータでも同じ効果があります．

このような不一致は，これらのシステムの作成者の間違いではない可能性が
あります．多くの場合，不整合がプラットフォームでの根本的な違いによっ
て決定されます．それにもかかわらず，一貫性のないジェスチャーは，ユー
ザー（特に高齢者）が自動的に「筋肉の記憶」としてジェスチャーを内在化
するのをより困難にします．

時代遅れの知識…

「第 6 章：認知」では，デジタルテクノロジーを使用する際のユーザーのメン
タルモデルの役割を説明しました．その章では高齢者のメンタルモデルを開
発，維持，想起する能力の低下についても触れています．本章では，ユーザー
のメンタルモデルに具体化されている特定の*知識*と，そうしたモデルがユー
ザーの世代間でどのように異なるのかを説明します．

加齢に関する研究者は，しばしば人々をテクノロジーごとの世代に分けてい
ます [Docampo Rama *et al.*, 2001; Lim, 2010; Sackmann and Winkler, 2013].
テクノロジー世代は，人々がおよそ 15 歳から 30 歳の間に，その当時，支配
的だったテクノロジーによって定義されます．主なテクノロジー世代は次の
とおりです．

- 機械（1939 年以前に生まれた）
- 電気機械（1939～1948 年生まれ）
- アナログ電子機器（1949～1963 年生まれ）
- デジタルコンピュータ（1964～1978 年生まれ）
- インターネット（1979～1989 年生まれ）

- インターネット＋ソーシャルネットワーキング＋スマートフォン（1989年生まれ）

現在 80 歳代から 90 歳代の高齢者は，電気機械技術の最盛期に成長しました．現在 50 歳代，60 歳代，70 歳代が若者だった頃の時代は，アナログ電子技術を使っていました．どちらのタイプの技術も，現在のデジタル電子機器，ソフトウェアアプリケーション，そしてウェブサイトとは異なる動作をしました．テクノロジー世代ごとに異なる背景知識が必要です [Charness and Boot, 2009; Docampo Rama *et al.*, 2001; Lim, 2010; Newell, 2011; Wilkinson, 2011; Wirtz *et al.*, 2009]．

電気機械（例えば，電気ミキサー，トースター），アナログ電子機器（ラジオ，テープレコーダー，電子レンジなど）を使用するために，人々が学習し内在化したメンタルモデルは，ウェブサイト，スマートフォン，およびタブレットコンピュータを使用するためにうまく機能しません [Docampo Rama *et al.*, 2001; Leung *et al.*, 2010; Lim, 2010; Sackmann and Winkler, 2013]．

電気機械やアナログ電子機器時代のほとんどの電気器具は，すべての機能が常に直接アクセス可能なユーザインタフェースを備えていました．すべてのボタンやノブ，ダイヤルには，1 つの機能しかありませんでした．ユーザーが望んでいる機能に到達するためにユーザインタフェース内をナビゲートする必要はありませんでした．実際，当時のインタフェースにナビゲーションの概念はありませんでした．対照的に，デジタル機器とそれらを実行するソフトウェアは，各コントロールの下に複数の機能を配置します．ユーザーは，メニューやページ，画面，ダイアログボックスからなる情報スペースを操作して，必要な機能や情報を得る必要があります [Lim, 2010; Lim *et al.*, 2012]．例えば，1950 年代のものと現代の自動車のダッシュボードを比較してみてください．結果として，デジタルテクノロジーと古い技術は，まったく異なるメンタルモデルを必要とするということが分かると思います．しかし，「第 6 章：認知」で説明したように，多くの高齢者は新しいメンタルモデルを形成するのが難しいのです．

さらに，時計やカメラ，コーヒーメーカーなど，古いテクノロジーで作られていた製品の多くが，デジタル化された家電製品として再発明されています．ユーザインタフェースデザインの専門家，アラン・クーパーは，このような状況が発生したとき，家電製品は以前のものよりもコンピュータのようなものに代わってしまうことが多いと嘆いていました [Cooper, 2004]．以前は家電製品を操作するのにうまく機能していたメンタルモデルは，もう機能

しません.

私は自動車修理工として育ちました.車については内側も外側もよく知っています.とにかく,これまではそうでした.新しい自動車――ハイブリッド,電気――などは,内部にとてもたくさんのコンピュータを持っていて,私の知識のほとんどが役に立たなくなりました.
――Stefano

このように,現代の高齢者は時代遅れの知識とメンタルモデルで活動しているのです [Carmien and Garzo, 2014; Dunn, 2006; Zajicek, 2001; Ziefle and Bay, 2005].

その結果,現代の情報通信技術に混乱したり困惑したりします [Broady et al., 2010].

しかしながら,時がたてば,高齢者も経験を積むようになり,新しい知識を身につけた人が*増え*ていくのです.スクロールの例を考えてみましょう.1990年代後半から2000年代初頭にかけて行われた研究では,年長のウェブユーザーはスクロールできるブラウザの概念が欠けていることが分かりました.若いウェブユーザーはスクロールダウンをしますが,年長のユーザーはめったにしませんでした.最近の研究では,ウェブユーザーのスクロールダウンの傾向に年齢差はほとんどありません.明らかに,*現在の*高齢者のほとんどは,すべての情報を見るためにページをスクロールする必要があることを*知っている*のです [Pernice et al., 2013].

認知能力と知識はしばしば相互作用します.これにより,高齢者がデジタルテクノロジーを使用するときに出会う困難が,加齢による認知機能の低下によって引き起こされているのか,または古くなった知識によって引き起こされているかどうかを判断することが難しくなります.

…しかし,広範な知識領域

加齢は単に下り坂だけではありません.幸いにも,高齢者には若年成人に比べていくつかの利点があります.高齢者は多くの人生経験と知恵があるので,より良い判断と常識を身につけています.高齢者はまた多くの語彙を持っています [Newell, 2011].単純に言えば,高齢者はコンピュータの仕組みを知

らないかもしれませんが，世界と社会の仕組みについては詳しい傾向があります．

高齢者は一般的に，自分の仕事や趣味，社会経験などに関する領域のタスクについて，大量の知識を蓄積してきました．「第6章：認知」で説明したように，この蓄積された知識は「流動性知能」と対比するために「結晶性知能」と呼ばれることがあります．流動性知能とは異なり，結晶性知能は，明らかな認知症の場合を除いて，ほとんどの人の一生を通じて増加する傾向があります（図7.7参照）．

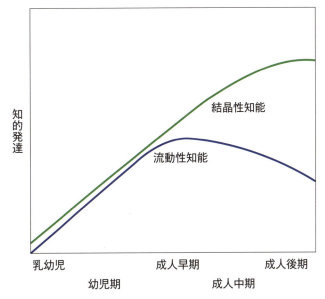

図 7.7
結晶性知能（知識）は，通常，人の生涯を通して増加しますが，流動性知能は，一般的には成人初期の後に減少し始めます [Cattell, 1987]．

前述したように，認知能力と知識は相互作用します．あるインタラクションの操作では，高齢者は認知能力の低下とデジタルテクノロジーに関する知識の不足を補うために，一般常識と，特定の領域に関する知識を使用することがあります．高齢者は，広範な一般常識と，特定の領域に関する知識を持つだけでなく，自分の強みや弱点について多くの知識を持つ傾向があります．デジタルテクノロジーを使うとき，彼らはその知識を使って若年成人とは異なる戦略を用います．

こうした戦略の違いは，高齢者がウェブを使用する場合，より明確に現れ

ます．一般的に，高齢者は若いウェブユーザーよりも慎重です．彼らはより
ゆっくりと操作します．時には操作方法を順を追って書き出した「チート（カ
ンニング）シート」と呼ばれるものを作成することもあります．彼らは操作の
間に，やり方を書き留めるので，それを覚えることができるのです．高齢者
は次の画面に進む前に，画面上にあるものを詳しく読んでいます．ときには
画面を印刷して．高齢者は危険な行動，すなわち結果が予見できない行動を
避けるのです．そのため，ウェブでは頻繁にトップページに戻ります．そし
て，彼らは自らの努力を断念し，会社や組織に電話するのです [Hansen, 2009;
Pernice *et al.*, 2013]．

高齢者（そして他の人たちも）を助ける
デザインガイドライン

どの年齢の人でも，アプリケーションやウェブサイトを閲覧することがで
きるように，このセクションのデザインガイドラインに従ってください．注
記：一般的な知識が十分にあるがデジタルテクノロジーの知識がないユーザー
をサポートするためのガイドラインは，感覚障害および認知障害を持つユー
ザーをサポートするためのガイドラインと似ています．これらのガイドライ
ンのいくつかは，他の章でも紹介しています．しかし，「第 6 章：認知」で学
んだように，繰り返しは良いことです．

7.1 ユーザーの知識と理解に合わせてコンテンツを
整理する

ユーザーに意味のある方法でコンテンツをグループ化，順序付け，ラベル付
けをします [Chisnell *et al.*, 2006; Kurniawan and Zaphiris, 2005; NIH/NIA,
2009]

- あなたの組織の構造や，業界や技術の専門家だけが知っているカテゴリ
  に従ってコンテンツを編成しないでください（図 7.8 参照）．
- ユーザーにとって意味のあるカテゴリにコンテンツを整理します．ユー
  ザーの視点から，コンテンツのカテゴリとセクションに明確なラベルを
  付けます．ユーザーにとって意味のある方法でカテゴリとセクションを
  並べ替えます（図 7.9 を参照）．
- どのコンテンツ構成がユーザーにとって意味があるのかを知るには，観

高齢者（そして他の人たちも）を助けるデザインガイドライン　　　**157**

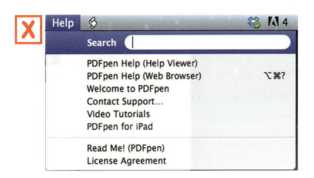

図 7.8
PDFpen というアプリケーションのヘルプを見るためには，ヘルプビューアまたはウェブブラウザのどちらかでヘルプ情報を表示するかを選択する必要があります．この選択は，多くのユーザー，特に高齢ユーザーにとっては意味がありません．

図 7.9
電話番号を見つけるための Android のオプション（履歴，お気に入り，連絡先）は，高齢者を含むほとんどのユーザーにとって合理的です．

　　　察調査，インタビュー，またはフォーカスグループインタビューを実施します．もちろん高齢者を含めること！　高齢者と一緒に仕事をするときのガイドラインについては，「第 10 章：高齢者との共同調査」を参照してください．

7.2 利用者によく知られている語彙を使用する

技術的専門用語を避ける [Arch *et al.*, 2008; Carmien and Garzo, 2014; Chisnell *et al.*, 2006; Correia de Barros *et al.*, 2014; Dunn, 2006; Miño, 2013; NIH/NIA, 2009; Silva *et al.*, 2015; Williams *et al.*, 2013]

- 利用者によく知られている言葉を使います．技術的専門用語や業界用語を学ばせないようにしてください（ユーザーのなじみのあるビジネス専門用語でない限り）．
- 全年齢層のユーザーの語彙をテストして，全員が理解できるようにします．
- 専門用語を避けることができない場合は，明確な説明や定義を提供してください（図 7.10～7.12 参照）．

言葉で表す [Campbell, 2015; Chisnell *et al.*, 2006; Dunn, 2006; Miño, 2013; NIH/NIA, 2009; Pernice *et al.*, 2013]

- ユーザーが使い慣れていない場合を除き，略語，頭字語，技術的またはビジネス上の略語は避けてください．

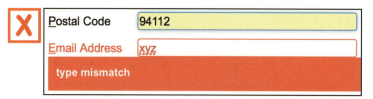

図 7.10
YesFairElections.org の登録フォームは，ユーザーが無効な電子メールアドレスを入力したことをユーザーに知らせるために，技術用語「タイプミスマッチ」を使用しています．ユーザーはこれを「mismatch」とタイプ入力する指示だと解釈することがあります．より明確なメッセージは，「あなたは有効な E メールアドレスを入力していません」または「無効な E メールアドレス」です．

7.3 ユーザーがデバイス，アプリ，またはウェブサイトの正しいメンタルモデルを持っていると仮定しない

シンプルで明確な概念モデルを設計します [Carmien and Garzo, 2014; Johnson and Henderson, 2011; Pak and McLaughlin, 2011; Silva *et al.*, 2015]

高齢者（そして他の人たちも）を助けるデザインガイドライン　　159

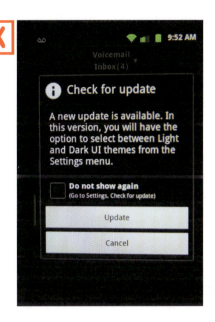

図 **7.11**
Sprint のスマートフォンのソフトウェアアップデートでは，「ユーザインタフェース」の技術的な略語である「UI」が使用されています．高齢者だけでなく多くのユーザーは，用語やその省略形にも精通していません．

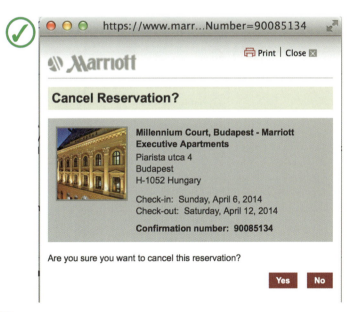

図 **7.12**
Marriott ホテルのウェブサイトは，顧客が予約を取り消そうとしたときに非常に明確な言葉を使用しています[8]．

8) Marriott ホテルのウェブサイトで予約をキャンセルする際には，「Cancel Reservation？」という分かりやすい確認メッセージと，その下に予約したホテルと日程が表示され，最後に Yes/No の確認ボタンが表示されます．

第 7 章 知 識

- ユーザーが適切なメンタルモデルを構築できるように導けるような,明確な概念モデルを設計します.
- ユーザーの既存のメンタルモデルが分かっている場合は,それらを新しい概念モデルのデザインに活用します.「電子デスクトップ」,「電子書籍」,もしくは「アドレス帳」のようなデザインのメタファーを利用します.

ナビゲーションの際のユーザーのメンタルモデルにマッチさせる [Williams et al., 2013]

- ユーザーのメンタルモデルを発見するために,ユーザー調査を実施します.
- ユーザーのメンタルモデルに合ったナビゲーションを提供します.

7.4 ユーザーがボタンの動作やリンク先を予測できるようにする

リンクラベルを記述的にする [Chisnell et al., 2006; NIH/NIA, 2009]

- リンクに明確なラベルを付けて,ユーザーがリンク先を予測できるよう

図 7.13
SF Bay Area 511 Transit Trip Planner のモバイルサイトは,リンクを明確にラベル付けしています.

高齢者（そして他の人たちも）を助けるデザインガイドライン 161

にします（図 7.13 を参照）．
- ラベルとカテゴリ名がユーザーの目標と知識に対応していることを確認します．あなたの組織構造，業界内関係者だけが知っているカテゴリ，またはあなたの製品に特有の区別では伝わりません．

7.5 説明を分かりやすくする

明確にする [Chisnell *et al*., 2006; Miño, 2013; NIH/NIA, 2009; Phiriyapokanon, 2011; Silva *et al*., 2015]

- 指示するときは，具体的かつ詳細に記述してください．ユーザーに技術

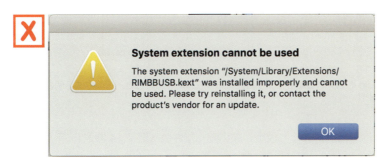

図 7.14
拡張機能が正しくインストールされない場合，Apple 社の Mac OS のソフトウェアアップデートは，不可解で複雑なエラーメッセージを表示します．メッセージが何を意味するのか，拡張機能のベンダが誰なのか，どうすればよいのかを知っている高齢者はほとんどいません．ほとんどの場合，最善を祈って [OK] をクリックするだけです[9]．

図 7.15
ビデオを再生できない場合，Vimeo はあいまいなエラーメッセージを表示します．ほとんどのユーザー，特に高齢者は「現在の設定」とは何か，次に次に何をするべきかを知らないでしょう．多くの人はこの時点でビデオの視聴をやめようとします[10]．

[9]
「システム拡張は使用できません．"/System/Library/Extensions/RIMBBUSB.kext" は不適切にインストールされたので，利用できません．もう一度インストールし直すか，開発ベンダーにアップデートするように連絡してください」．

[10]
Jeepers は「わっ」や，「おや」といった意味．「このビデオは現在の設定状態では再生することができません」．

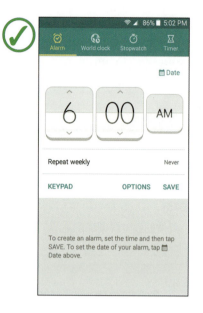

図 7.16
Android の目覚まし時計アプリは，ユーザーができることと，その方法を明確に説明しています[11]．

11)
「アラームを設定するには，時間をセットして『SAVE』をタップしてください．日付をセットするには Date をタップしてください」．

的な知識があると仮定しないでください（図 7.14 参照）．手順を飛ばしたり，ユーザーが自ら情報をとらえると仮定したりしないでください（図 7.15 参照）．ユーザーに指示が何を意味するのか推測させないでください（図 7.16 参照）．

- 操作が特定の順序で実行される場合は，番号を付けます．

7.6 新しいバージョンにしたときのユーザーへの悪影響を最小限に抑える

不必要な変更を避ける [Campbell, 2015; Finn and Johnson, 2013; Pernice et al., 2013; Phiriyapokanon, 2011]

- 変化を目的とした変更のために，またはデザインのトレンドに応じて変更を加えないでください．ユーザーに新しいインタフェースを習得させるにはコストがかかることに注意してください．費用もかかります．
- 研究者の中には，デザインを根本的に，あるいは頻繁に変更しないことを推奨している人もいます．マーケットの現状を考えると，これは必ず

高齢者（そして他の人たちも）を助けるデザインガイドライン　**163**

しも実現可能ではありません．したがって，更新の頻度と程度，範囲に注意してください．更新する場合は，既存のユーザーが新しいバージョンを習得する必要があること，そして何人かのユーザーは，それを機会に離れていってしまう可能性があることを検討してください．どうしても，ウェブサイトはいつまでも変わらないというわけにはいきません．しかし，可能なかぎり重要なタスクを，できるだけ似通ったものにすることが重要です．将来のウェブサイトの大幅な再構築の必要性を減らすために，操作の手順，情報アーキテクチャ (IA)，およびその他の基本的な側面に関して，初期の段階で広範なユーザビリティ調査を実施します．
—Pernice *et al.*, 2013

徐々に変化させる [Campbell, 2015]
● 製品やサービスに多くの変更を加える場合は，時間の経過とともに段階的に変更を加えて，新しく習得すべきことでユーザーに一度に大きな負担をかけないようにします．

新バージョンへのユーザガイド [Hawthorn, 2006]
● 新しいバージョンでは，古い UI に戻す機能を提供したり，新しいバージョンを学習するためのサポートを組み込んだりします．たとえば，ユーザーが最初に新バージョンを試すときに，簡単な「新機能」のチュートリアルを提供します．

7.7 インタラクティブ要素に明確なラベルを付ける

可能であればテキストでラベルを付ける [Chisnell *et al.*, 2006; Correio de Barros, 2014; Czaja and Lee, 2008; Phiriyapokanon, 2011; Williams *et al.*, 2013]
● インタラクティブな要素（リンク，ボタン，およびコントロール）に，スペースが許す限りテキストでラベルを付けます（図 7.17 および 7.18 を参照）．デスクトップアプリケーションでは，画像を使ったラベル（アイコン）の説明をツールチップのテキストで補足できます．

分かりやすいアイコンを使用する [Affonso de Lara *et al.*, 2010; Carmien and Garzo, 2014; Chisnell *et al.*, 2006; Czaja and Lee, 2008; Kascak and

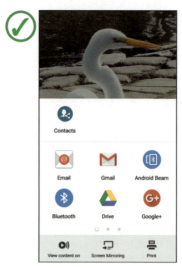

図 7.17
Android の写真共有機能は，テキストとグラフィックの両方で選択肢を提示します．

図 7.18
Bank of the West のウェブサイトのチェック画像ポップアップでは，テキストとグラフィックスの両方のオプションが用意されています．

Sanford, 2015; Kurniawan and Zaphiris, 2005; Leung, 2009; Miño, 2013; NIH/NIA, 2009; Nunes *et al.*, 2012; Or and Tao, 2012; Silva *et al.*, 2015]

- 視覚的にシンプルで，対象とするユーザーにとってはよく知られたもので，ユーザーのタスクに関連するアイコンやグラフィックラベルを使用します．
- アイコンは簡単に区別できるようにしてください．
- 可能であれば，業界標準のアイコンを使用してください．あなたの製品やサービスに固有のアイコンは避けてください．
- 高齢のユーザーをテストして，アイコンとラベルが彼らのためにも機能することを確認します．

高齢者（そして他の人たちも）を助けるデザインガイドライン　　**165**

知識に関するガイドラインのまとめ

7.1 ユーザーの知識と理解に合わせてコンテンツを整理する	■ ユーザーに意味のある方法でコンテンツをグループ化，順序付け，ラベル付けをする
7.2 利用者によく知られている語彙を使用する	■ 技術的専門用語を避ける ■ 単語で書き出す
7.3 ユーザーがデバイス，アプリ，またはウェブサイトの正しいメンタルモデルを持っていると仮定しない	■ シンプルで明確な概念モデルを設計する ■ ナビゲーションの際のユーザーのメンタルモデルに合わせる
7.4 ユーザーがボタンの動作やリンク先を予測できるようにする	■ リンクラベルを分かりやすいものにする
7.5 説明を分かりやすくする	■ 明確にする ■ 操作が特定の順序で実行される場合は，番号を付ける
7.6 新しいバージョンにしたときのユーザーへの悪影響を最小限に抑える	■ 不必要な変更を避ける ■ 徐々に変化させる ■ 新バージョンへのユーザガイド
7.7 インタラクティブ要素に明確なラベルを付ける	■ 可能であれば，テキストでラベルを付ける ■ 認識しやすいアイコンを使用する

第 8 章

検　索

「第 3 章：視覚」では，*視覚的な 検索*——ページや画面上の特定の項目のページをスキャンする——は，加齢により通常は減速すると説明しました．高齢者は一般的に，若年成人よりも物を見つけるのに時間がかかります．

この章では，ユーザーがキーワードや検索語句を入力し，ソフトウェアが結果のリストを返すほうの検索について説明します．検索対象となるのは，文書やデータベース，製品リスト，ウェブサイト，またはウェブ全体です．視覚的な検索と同様に，キーワード検索では年齢差による特徴が見られます．

キーワード検索における年齢別の差異

高齢者のオンライン検索行動は，若年成人といくつかの点で異なります．

遅い検索クエリの入力

研究者たちは，高齢者は若年成人より検索クエリを入力するのが遅いことを発見しました．これは，主に 2 つの違いが原因です．

- 高齢者は，若年成人よりも長い検索クエリを入力する傾向があります．
- 高齢者はまた，検索クエリを入力し終えるまでに若年成人よりも 4 倍も多くタイプミスをします [Pernice et al., 2013]．

なんども繰り返される検索

何かを Baidu で検索した後，私は，すでに見た結果とそうでない結果を忘れてしまうことがよくあります．　　　——Wong

短期記憶の減少（「第6章：認知」を参照）は，高齢者の検索行動に2つの影響を与えます．

- 高齢者は，若年層よりも同じキーワードの検索を繰り返す傾向があります [Fairweather, 2008].
- 高齢者は，既に確認した検索結果をもういちど見直す傾向が強くなります [Nielsen, 2013].

何度も同じ検索をやり直したり，検索結果を繰りかえし見たりすることは，自分が行ったことや見たことを忘れていることが原因である可能性がありますが，それは認知的な*戦略*であるかもしれません．自分の記憶が信頼できないと分かった場合，詳細な情報を自分の脳ではなく*外部環境*に保存することを選択するかもしれません．そうすれば，再び情報が必要なときはいつでも再検索すればよいのです．

あまり成功していない検索

概して，若年成人の大半が成功する検索を高齢者にやってもらうと，だいたい4倍くらいの時間がかかります [Pernice *et al.*, 2013].

多くの知識で補うことができます

「第7章：知識」で述べたように，加齢にはいくつかの利点があります．それは彼らが得た偉大な経験によるものです．高齢者は彼らが働いていることに関するトピックについて，若い人たちよりもよく知っている傾向があります．こうして得た特定の領域に関する知識（結晶性知能）は，記憶力の*減退*によるマイナスを補うことができます．

たとえば，「2016年夏季オリンピックを開催した国はどこですか」など，明確に定義された検索タスクがその対象になります．目標が明確に定義されていないタスクでは，より多くの忍耐力が必要とされることがありますが，そんなときに高齢者はしばしば若年成人よりもうまく検索できることがあります．たとえば「最も安いパリのレストランは？」といったタスクです．高齢者がその種の検索タスクに忍耐強く熱心であるだけでなく，彼らの優れた結晶性知能は，検索語の選択と検索結果の評価において若年成人よりも利点になります [Gilbertson, 2014].

高齢者（そして他の人たちも）を助けるデザインガイドライン　169

> 私自身の健康問題について検索した経験があるので，母親の健康上の問題の対処について，オンラインで医療情報を見つけるときも，とても役に立ちました．いまでは探している情報を正確に見つけることができます．
>
> ——Monika

高齢者（そして他の人たちも）を助けるデザインガイドライン

どの年齢の人でも，アプリケーションやウェブサイトを閲覧することができるように，このセクションのデザインガイドラインに従ってください．

8.1 ユーザーが検索ボックスを見つけられるようにする

検索ボックスを右上に置く [National Institute on Aging (NIH), 2009; Pernice et al., 2013]

- ウェブサイトまたはアプリに検索機能がある場合は，すべてのページや画面で，検索ボックスやボタンを標準的な位置である画面の右上に表示します．悪い例と良い例については，図 8.1 と図 8.2 を比較してみてください．

図 8.1
Washington Post のウェブサイトには，右上に検索ボックスが表示されず，左上に検索アイコンのみが表示されます．

170　第8章　検　索

図 8.2
Oakland Tribune のウェブサイトには，よい場所に大きくレイアウトされた検索ボックスがあります．

- 特定の種類の情報（例えば，モバイルバンキングアプリの株価情報，またはショッピングサイトの店舗の場所など）に特化した検索機能は，十分にラベル付けされていれば，他の位置に表示してもかまいません．

検索語を大きなフォントで表示する [Pernice et al., 2013]

- 少なくとも 12 ポイント以上の大きな文字サイズで，ユーザーが入力した検索語を表示します．テキストの色と背景色のコントラストを改善するには，図 8.1 および 8.2 を参照してください．

検索ボックスを長くする [Fadeyev, 2009; Pernice et al., 2013]

- 検索ボックスに十分な文字が表示されていることを確認してください．そうすれば，ユーザーは入力した内容のほとんどすべて見ることができます（図 8.2 参照）．調査によると，検索ボックスの幅を 27 文字分にすると，ユーザーの入力した検索クエリの約 90%が，ボックス内に表示することが分かっているので，これが推奨する幅です．

検索ボックスを「スマート」にする [Kurniawan and Zaphiris, 2005; National Institute on Aging (NIH), 2009; Pernice et al., 2013]

- あなたの検索ボックスにどんな文字を入力しても許容してください．合理的なキーワードならどれでも使えるはずです．
- 検索ボックスには，ユーザーが既に入力した内容に基づいて補完候補を表示してください．エラーをチェックし，修正するように提案してくだ

高齢者（そして他の人たちも）を助けるデザインガイドライン　　171

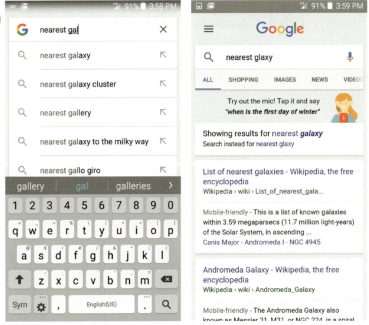

図 8.3
Google の検索機能はこれまでの入力に基づいてスペルの補完を提供し，ミスを修正します．

さい（図 8.3 を参照）．

使われそうな検索を予測する [Pernice et al., 2013]
- 高齢者を含む典型的なユーザーとのテストを実施し，可能性の高いキーワードと用語を特定します．検索機能が予測される用語に関連した適切な結果を返すことを確認してください（図 8.4 参照）．

8.2 検索結果をユーザーに配慮したデザインにする

　検索結果に関するガイドラインについて述べる前に簡単な注意をしておきます．検索機能を含む多くのウェブサイトやアプリには独自のカスタム検索エンジンがありません．代わりに，検索エンジンのベンダーが提供するものを使用しています．これにより，ウェブサイトやアプリの開発者が検索結果をどのように表示するかをコントロールに制限が加わることになります．しかし，開発者はウェブサイトやアプリの検索結果をある程度ま

第 8 章　検　索

図 8.4
AARP.org では，「会費」を検索すると，AARP の会費に関する情報は見つかりません[1]．

1) AARP は米国のシニア団体．会員に対して各種の保険や旅行商品の販売を行う他，高齢者福祉について政府へのロビー活動などを盛んに行っている団体です．入会にあたって会費は重要な情報ですが，それについての説明が見つかりません．

でコントロールできます．

　まず，使用するサードパーティの検索エンジンを選択できます．検索結果の品質と使いやすさは，検索エンジンを選ぶ上で重要な基準です．

　第 2 に，どのような検索エンジンでも，検索結果の品質は，検索するデータの品質と整合性の影響を受けます．たとえば，ウェブサイトの製品データベースに，不完全または矛盾するメタデータを含む多数の製品アイテムが含まれている場合，どのような検索エンジンでも，アイテム検索とラベルによる分類の両方で結果が悪くなります．

　したがって，検索機能がユーザーフレンドリーで加齢に優しいことを確認するための 2 つの重要なメタガイドラインは，次のとおりです．
- ユーザーフレンドリーな結果を表示する検索エンジンを使用する．
- 質の高いデータベースを維持する．

　ここでは，検索結果をユーザーフレンドリーにするためのガイドラインを示します．

スポンサーリンクであることを表示する [Pernice et al., 2013]
- 有料広告（「スポンサーリンク」）やリスティングと通常の検索結果を明

高齢者（そして他の人たちも）を助けるデザインガイドライン 173

図 8.5
検索エンジン DuckDuckGo のモバイル検索結果ページでは，ユーザーの検索結果の表示に，有料のリンクを表示するときは通常の結果と区別するために「AD」（Advertisement：広告）マークを付けます．

確に区別します（図 8.5 参照）．

検索用語を表示する [Pernice et al., 2013]
- ユーザーの検索語を検索結果とともに表示します（図 8.5 を参照）．

訪問済みのサイトをマークする [National Institute on Aging (NIH), 2009; Nielsen, 2013; Pernice et al., 2013]
- どのリンクにアクセスしたことがあるか，どのリンクにまだアクセスしていないかをユーザーに表示します（図 8.6 を参照）．「第 3 章：視覚」では，訪問済みのリンクをマークすると，あるタイプのウェブページでは役立つが，ちがうタイプのウェブサイトでは，そうでもないということを説明しています．検索結果の表示ページは，マークが役立つページの一つです．

174　第8章　検　索

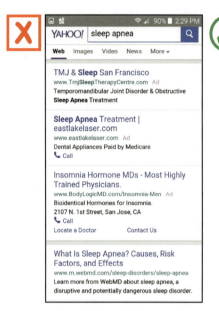 

図 8.6
Yahoo（左）は，未訪問および訪問済みのリンクを，異なる色で表示しません．Bing（右）は訪問済みのサイトの色を変えています．

検索に関するガイドラインのまとめ	
8.1 ユーザーが検索ボックスを見つけられるようにする	■ 検索ボックスを右上に置く ■ 検索語を大きなフォントで表示する ■ 検索ボックスを長くする ■ 検索ボックスを「スマート」にする ■ 利用する検索語を予測する
8.2 検索結果をユーザーに配慮したデザインにする	■ スポンサーリンクであることを表示する ■ 検索語を表示する ■ 訪済みの結果を表示する

第9章
態　度

　高齢者は最新のテクノロジーに接することなく成長しました．それはいまの世代の高齢者と今日のデジタルテクノロジーにも当てはまりますが，未来の高齢者と最新技術（その技術が何であれ）にも当てはまります．

　これまでの章で説明した年齢に関連する能力低下や知識の不足に加えて，高齢者は新しいテクノロジーに関する態度や気持ちが若い世代とは異なります．こうした態度の違いは，新しいテクノロジーに対する高齢者の快適さ，採用する意欲，そしてそれらを使用したときの成功に影響します．

　この章では，今日の高齢者がしばしば示すデジタルテクノロジーについての態度とその対応について説明します．次に，デザイナーがデバイスとオンラインサービスを，高齢者のためにより使いやすくするためのガイドラインを提供します．それはテクノロジーに対する高齢者の態度を改善するでしょう．これによって，次に高齢者がデバイスやサービスを試すときには，もっと喜んで使ってくれるかもしれません．

高齢者のテクノロジー利用への態度
リスク回避の傾向

　デジタルテクノロジーを使用している高齢者についての一般的な見解は，リスク回避的傾向があるということです．彼らは間違いを犯したり，仕事を失ったりするのを恐れていますし，それを恥ずかしいことだと考えています．彼らは「何かを壊す」ことを恐れている [Arch *et al.*, 2008; Hill *et al.*, 2015; Raymundo and da Silva Santana, 2014; Zajicek, 2001].

第 9 章　態　度

もっと簡単な方法があるかもしれませんが，私が知っているのは，このやり方です．これが私のやり方です．　　　　——Hana

　リスクを回避する傾向は，高齢者がデジタルテクノロジーを使用する方法にいくつかの影響を与える可能性があります．

- 彼らは行動する*前に*結果を確実にすることを好むかもしれません．したがって，なじみのないアプリケーションやウェブサイトを試すときは，行動する前に画面上の情報をくまなく読む傾向があります．最初のリンクをすぐにクリックするのではなく，画面全体をざっと確認してから，ゴールにたどり着く*見込みのある*リンクを見つけだすことがよくあります [Carmien and Garzo, 2014]．
- そのやり方が最も簡単でも最短でもない場合でも，*慣れたやり方を*好みます[1]．一度ゴールにたどり着くための方法を学ぶと，高齢者は新しい方法を試したり，別の手順を探すことを躊躇するかもしれません．そのため彼らがより効率的なルートを発見することはないだろうし，そのようなものが表示されていても，拒絶するかもしれません．これは，より効率的な方法を探すために，あれこれと新しい方法を試すような若い人たちとは対照的です [Pernice et al., 2013]．
- 高齢者はしばしば自分たちが間違っていないことを確認したいのです．そのため若年成人よりも，操作のたびごとに何度も結果を再確認するので，タスクを完了するのにより長い時間がかかります．たとえば，住宅ローンの計算をするために，自分で入力した値が正しいかを確認するために，データを入れ直して，2 回目の計算をしたりするのです．「第 8 章：検索」で説明したように，高齢者は若年成人よりも頻繁に検索結果の項目を再確認します [Olmsted-Hawala et al., 2013]．
- 高齢者は，若年成人よりもデジタルテクノロジーを使用することによる危険性，つまりウイルス，ハッカー，不正アクセス，スパムなどに対する不安を示しています [Arch et al., 2008; Hill et al., 2015]．例えば，

---

[1] 高齢者の嗜好は，食品，音楽，そして各種のアクティビティにも及びます [Sapolsky, 1998]．高齢者は，若年成人に比べて商品のリピート購入者である可能性が高い [Goddard and Nicolle, 2012]．

高齢者のテクノロジー利用への態度　**177**

ある研究では，高齢者は若年層よりもインターネットからファイルをダウンロードする可能性が低いことが判明しました [Dunn, 2006]. 次の研究では，誰かに情報を悪用される恐れがあるため，電子商取引やソーシャルネットワークにおいて，高齢者が若い人よりも個人情報をオンラインに開示することに消極的であることが分かりました [Grindrod *et al.*, 2014; Waycott *et al.*, 2013]. 3つめの研究では，現在の80歳以上の人は，クレジットカード，オンライン決済，その他の支払いや振込などの他の新しい方法を，まだ完全には信用しないで，小切手を手放したくないということが分かりました [Vines *et al.*, 2012].

頻繁に不満を感じると，あきらめる

　デジタルテクノロジーに関する自信が低いと，高齢者は簡単にあきらめるようになります [Leung *et al.*, 2012]. たとえば，ウェブユーザーを対象にした調査によると，高齢者は困難に遭遇したときにタスクを放棄する可能性が若年成人の2倍であることが分かりました [Pernice *et al.*, 2013]. ウェブユーザーの中で，タスクを放棄するということは，しばしば組織や会社に電話することを意味します（囲み記事：「本当の高齢者による観光ウェブサイトのユーザビリティテスト」よりを参照）.

「本当の高齢者による観光ウェブサイトの ユーザビリティテスト」より

　数年前，私たちは年配の旅行者向けの3つのツアー会社のウェブサイトに対して，ユーザビリティテストを実施しました [Finn and Johnson, 2013]. このテストに参加した高齢者は，旅行ウェブサイトに関する次のような多くの問題を抱えていました：

- トップページに戻るのが難しい.
- 項目がリンクであるかどうかを見分けることができない.
- ウェブサイトで使用されている用語が理解できない.
- 自分のタスクのゴールまでの手順を見つけるのが難しい.
- 非常に雑然なページに圧倒されている.
- プルダウンおよびプルライトメニューの操作が難しい.

　テストの参加者は，それぞれ異なる旅行会社のウェブサイトを使用して旅行を予約しようと依頼されました. 私たちが操作に立ち会わず，その間に彼らがしたことを尋ねたとき，次のような典型的な反応がかえってきました.

> 　私は早々にあきらめて電話を手に取りました…我慢できたのは時間にして 3〜4 分くらいです．こんなふうに自分のコンピュータを使うことに慣れていないので，非常にイライラしています．私はこれまでの人生でコンピュータと一緒に育ってきませんでした．—参加者，75 歳
>
> 　なんてことだ！　言わせて頂くなら，妥当なやりかたで目的に到達できなければ，私はこの会社のツアーには参加したいとは言えません．—参加者，72 歳
>
> 　この時点で，私はあきらめるでしょう．すべてにギブアップです．これは，私にとって恐るべきものです．完全におかしな作り．—参加者，68 歳

　高齢者が重要なターゲットユーザである場合は，電話による応対ができるようにする必要があります．電話のオペレーターを雇うにはお金がかかります，…しかし，高齢の顧客を切り捨てることは，もっと損をすることになるかもしれません．もちろん，あなたのウェブサイト/アプリを，すべての潜在顧客が使えるようにするのがよい方法でしょう．

責任の順番（自分，アプリ，デザイナー）

　別の観察では，高齢者が技術的な問題を抱えている場合，若年成人に比べて，より自分を責める可能性が高いということです．何かトラブルがあったとき，彼らはしばしば自分自身に責任があると感じます [Komninos *et al.*, 2014; Nunes *et al.*, 2012; Pernice *et al.*, 2013; Reddy *et al.*, 2014].

　例えば，ある研究では，ウェブの使用に問題を抱えている人の場合，高齢者はほとんどの場合，自分のせいであると感じているのに対し，そのように感じる若年成人は半分以下です [Nielsen, 2013].

　別の研究では，何人かの高齢者は次のように自分自身を強く非難しています（「自分のしていることが本当に分からない」，「それはおそらく私のせい」，「これはいつも私に起こる」，「ウェブサイトでこれをやるのが嫌い」，「ばかげている」，「それは意味がない」）．対照的に，その研究で若年成人が問題に遭遇したとき，ほとんどの人が自分自身に責任をまったく感じていなかった [Dunn, 2006].

　高齢者に自責の念が強い傾向を説明しようとする研究者の中には，高齢者が現代のデジタルテクノロジーを利用できるとは考えていないため，自信が低いことを示唆して人もいます．[Leung *et al.*, 2012].

「テクノロジーは私の味方ではありません」．スーパーマーケットのレジに並ぶ 60 歳以上の女性に，レジ係の店員が店のオンライン宝くじを試したかどうか尋ねたときの答えでした．

自分自身が「高齢」であると見なさず，「高齢者」向けにデザインされた製品を避ける傾向がある

50 歳以上の人（75 歳以上の人）の大半が，自分自身を「高齢」とは見なしていないことが研究者によって発見されても，それは驚くべきようなことではないでしょう [Durick *et al.*, 2013]．これは部分的な，知覚能力，運動能力，認知能力の低下が現れ始める年齢や，進行する速度に個人差が大きいからです．なかには人生のかなり後半まで，それほど大した身体の機能低下をせずに過ごせる人がいるが，大抵の人々は人生の早い時期に何らかの機能の低下を経験しています．50 歳，60 歳，または 70 歳を過ぎても比較的穏やかなままでいる人は，同世代の人たちと比べて自分自身が「年老いている」と考える可能性は低いです．

自分自身を「高齢者」と見なさないという傾向の，2 つ目の理由は，自分自身の変化を見たり認識したりするよりも，他人の変化や機能低下を見たほうが簡単だからです．人々は，自分自身にそのレッテルを貼るよりも，他の人に "高齢者" というレッテルを貼り付ける方を好むからです [Durick *et al.*, 2013].

私がこの場所が好きではないことの理由の一つは，老人の数が多すぎるということです．—70 歳でリタイアメント・コミュニティに移った後のジェフの叔父．

さらに，特に工業化された西欧諸国のような現代社会の多くは，若さを重視し，年齢や経験への価値をはるかに低くみています．そのような社会では，誤解も含めて高齢者はしばしば健康状態が悪く，無力で，非生産的で，依存していると考えられています [Durick *et al.*, 2013; Wilkinson, 2011]．そのような社会にいる人々が「高齢者」と見なされたくないのは当然のことです．

「高齢者」と見なされることに対する偏見のために，一部の高齢者は，特にその年齢層向けに設計されたデザインを避けています．たとえば，高齢者向けにデザインされたシンプルなコンピュータ，スマートフォン，またはウェ

ブブラウザを使用していると，そのユーザーは「通常の」製品を扱うことができない「シニア」としてマークされます（図9.1参照）．同様に，画面拡大，補聴器，または音声読み上げなどの支援技術を使用すると，ユーザーに「障害者」および「高齢者」のフラグが立つことになります [Roberts and Simon, 2009; Wilkinson and Ghandi, 2015]．さらに悪いことに，多くの福祉機器やサービスのデザイナーは外観よりも機能に重点を置いているため，高齢者にとっては魅力的でない，医療機器に似たようなデザインになっています．

1) jitterbug は大きなアイコンとシンプルなリストメニューで，簡単に操作できることをうたったシニア向けのスマートフォンです．

2) Wow!はシニア向けに特別にデザインされたシンプルに使えるコンピュータです．

図 9.1
「高齢者用に設計された」シンプルなユーザインタフェースを備えた Jitterbug スマートフォン[1] と Wow コンピュータ[2] は，想定されたユーザー中の一部にとっては，魅力的ではないかもしれません．

高齢者（そして他の人たちも）を助ける
デザインガイドライン

あなたのアプリ，ウェブサイト，またはデジタルデバイスをあらゆる年齢
の大人にとって魅力的にするために，または少なくとも相当な数の潜在的な
ユーザーに迷惑をかけないようにするには，以下のデザインガイドラインに
従ってください．

9.1 ユーザーがデータを入力，保存，表示する方法に柔軟性を持たせる

「第6章：認知」では，ガイドライン6.16（「ユーザーの入力を助け
る」）は，データ入力フィールドに，何が予想されているかを明確に示すた
めにラベルを付けるべきだと述べました．

データ入力フィールドは，無効なデータを入力できないように構造化す
る必要があります．もしくは，ユーザーがデータの形式を変更できるよう
にする必要があります．第6章では，このガイドラインの目的は学習，保
持，および運用の効率化を促進することでした．この章にも同様のガイド
ラインがありますが，ここでの目的はユーザーの主観的な体験を向上させ，
ユーザーをイライラさせて不満を持たせることを避けるためです．

スマートなデータ入力を提供する [Affonso de Lara *et al.*, 2010; Nielsen,
2013; Pernice *et al.*, 2013]

- 有効なデータの入力を容易にするために入力フィールドとコントロール
  を設計します．
- 可能であれば，一般的なテキスト入力フィールドではなく，構造化入力
  フィールド（カレンダーの日付ピッカーや書式設定済みの電話番号入力
  フィールドなど）を使用します．
- データ入力に構造化されていないテキストフィールドを使用する必要が
  ある場合は，ラベルに適切な入力形式を表示します．また，ユーザーが妥
  当な形式でデータを入力してから，内部のプログラム処理で適したフォー
  マットに変換してもよいです．
- ソフトウェアがユーザーの「入力間違い」を特定できる場合は，それを咎
  めるのではなく，修正して入力を続けさせるようにしてください（図9.2
  と9.3を参照）．その結果，より幸せなユーザー体験になるでしょう．

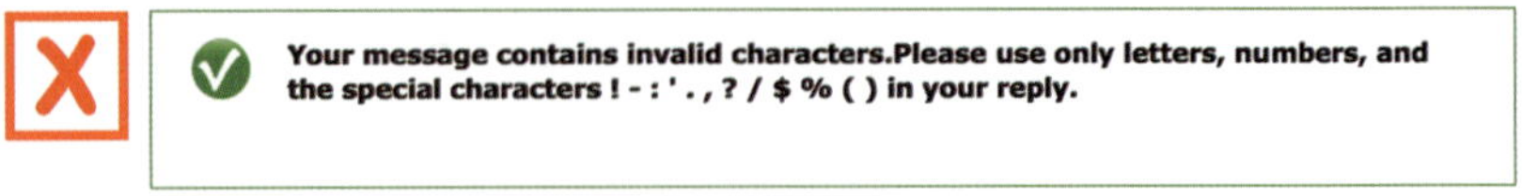

182 第 9 章　態　度

3)
「あなたのメッセージには禁止された文字が含まれています．文字，数字，特殊記号！-：'．，？／＄％（）のみを使ってください．

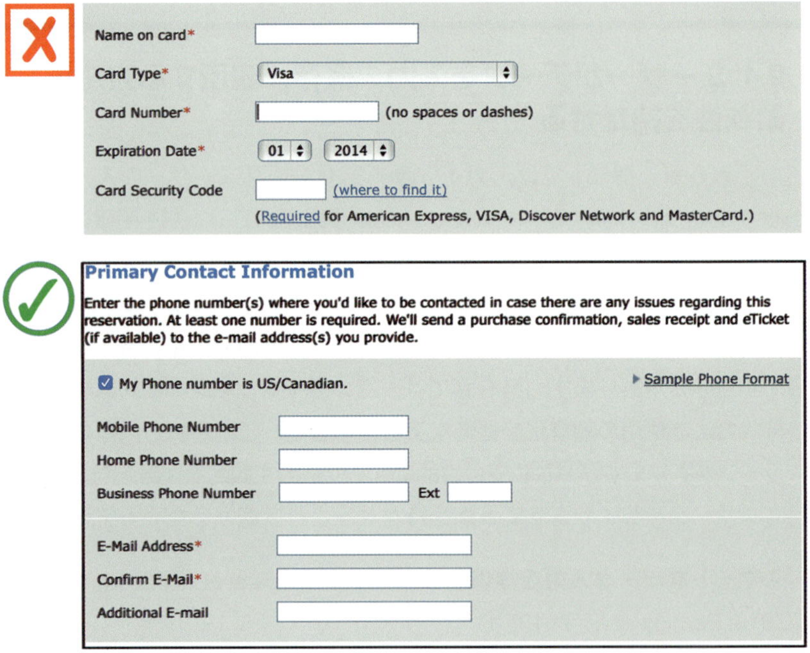

図 9.2
Kaiser Permanente のウェブサイトにある「お問い合わせ」フォームでは，メッセージに対する特殊記号の制限についての警告は表示されず，ユーザーは入力後に制限に違反していると叱られます[3]．

4)
カードナンバーは，「『スペース』や『−』は入力しないでください」．それに対して電話番号には，特に禁止事項はありません．おそらく，カード番号はクレジット会社へ渡すときのフォーマットが決まっているので，余分な文字の入力を禁止しているのでしょう．電話番号はオペレーターが連絡するときに目視で確認するので，揺らぎがあっても問題ないからチェックをしていないのだと思います．

図 9.3
Amtrak のチケット購入フォームでは，クレジットカード番号のスペースやダッシュ（上）は入力できませんが，連絡先フォームではほとんどすべての形式の電話番号（下）を使用できます[4]．

ユーザーがコントロールできる [Arch et al., 2008; Chisnell et al., 2006; Kascak and Sanford, 2015; Kurniawan and Zaphiris, 2005; Miño, 2013; Silva et al., 2015]

- フォントサイズ，色のコントラスト，スリープタイムアウトまでの時間，音量，音声読み上げの速度など，ユーザーが画面の表示を調整できるようにします．
- ユーザーが 1 回のセッションで，長いオンラインフォームに記入する必

要がないようにします．フォームの入力データを保存し，後でそこに戻れるようにしてください．
- システムがユーザーの入力を修正する場合は，ユーザーが特定の修正を拒否したり，自動修正を容易に無効にできるようにします．

9.2 ユーザーの信頼を得る

必要なものだけを尋ねる [Arch *et al.*, 2008; Czaja and Lee, 2007; Pernice *et al.*, 2013]

- 処理に本当に必要な情報だけをユーザーに要求します．ユーザー情報なしで処理を完了できる場合は，要求しないでください（図 9.4 参照）．
- なぜ情報が必要なのか説明してください．個人情報に関する質問に対する正当性を示してください．

図 9.4
フィリピン航空のマイレージ登録フォームには，不必要な情報の入力が必要です．マイレージ口座を開設するために，あなたの好きなレジャーやスポーツなどの興味を知る必要はありません[5]．

- ユーザーが提供するデータは，あなただけが使用し，第三者には販売しないことをユーザーに保証します．
- 受け取ったユーザーの情報を使って，広告や勧誘など spam になるようなメールを送信しないようにしてください．

広告だと分かるようにはっきりと印を付ける [Chisnell *et al.*, 2006; Pernice *et al.*, 2013]

- 広告を通常のコンテンツと区別できるようにする（図 9.5 と図 9.6 を参照）．

[5]「あなたのお気に入りの余暇の興味と活動は何ですか？」「あなたのお気に入りのスポーツは何ですか？」

184　第 9 章　態　度

6) ニュースは沖縄の米軍基地の兵士が起こした犯罪によって地元の支持を失ったことを報じるものです．記事の先頭部分にある広告は日本へのツアーを勧めるものですが，記事の内容に沿っていません．大きなバナー広告は Facebook への加入を促すもので，これは記事とまったく関係ありません．

図 9.5
Counter Current News のウェブサイトでは，記事内のリンクにそのリンクとは無関係の広告が表示されます[6]．

7)「died on Tuesday」のリンクをクリックすると，この記事で取り上げられている George Martin 氏が 90 歳でなくなったことを報じる関連ニュースを見ることができます．
【オリジナル記事】
https://www.nytimes.com/2016/03/10/business/media/how-george-martin-changed-pop-music-production.html

図 9.6
ニューヨークタイムズのウェブサイトでは，読者が期待するように，ストーリー内のテキストリンクは関連ストーリーにリンクされています[7]．

高齢者（そして他の人たちも）を助けるデザインガイドライン 185

- 検索結果では，どのアイテムがスポンサー付きの有料広告であるか，簡単に確認できるようにします（図 9.7 を参照）．
- 一般的なユーザーにテストしてもらって，広告表示が実際に機能することを確認します．

図 9.7
Yelp は，検索結果に「Ad (Advertisement)」シンボルを付け，売り出し中の検索結果には順番を付けます．広告のマークをより読みやすくする（例：大きくする，またはオレンジ色の白い橙色の代わりに橙色の橙色を使用するなど）ことで，ユーザーはもっと使いやすくなります[8]．

[8] Yelp は米国のローカルビジネスの口コミサイトです．ホテルを検索したところ，最寄りで評判のよいホテルがリストアップされますが，先頭のホテルは広告目的で掲載されているので，口コミのランキングと異なることが分かるように Ad のアイコンが付いています．

ユーザーにログインを強要しないでください [Affonso de Lara *et al.*, 2010; Kascak and Sanford, 2015; Pernice *et al.*, 2013; Practicology, 2015]

- サインインやアカウント登録を要求する代わりに，ゲストとしてコンテンツの視聴や購入を許可してください（図 9.8 参照）．
- サインイン，新規アカウントの作成，ゲストとしての継続のためのリンクを明確に区別します．

私は関係を結ぶためにここに来たのではありません．ただ何かを購入し

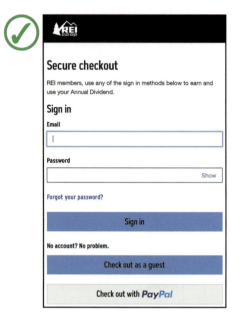

図 9.8
REI.com では，最初に REI オンラインアカウントを作成しなくても，商品を購入できます[9]．

9) REI.com はアウトドア用品のオンラインショップです．会員登録をしなくても，ゲストアカウントで購入ができます．

> えいだけです．──ユーザー調査の参加者 [Spool, 2009]．

9.3 高齢者を含むすべてのユーザーにデザインをアピールする

高齢者の持つ価値観を理解する [Hanson et al., 2010]

- 高齢者の価値観，アクセシビリティ，ユーザビリティの要件を考慮してデザインする．高齢者にインタビューして，彼らの価値観が若年成人のものとどのように異なるかを知ってください．

高齢者を見下さないでください [Campbell, 2015; Kascak and Sanford, 2015; Pernice et al., 2013]

- 高齢者を恩着せがましく扱ったり，非難したりしないでください．高齢者は愚か者や子供のように扱われることを嫌います．たとえば，デバイスやアプリが「シンプル」モードまたは「初心者」モードを持つことは問題ありませんが，「高齢者」モードとは呼ばないでください．

- 高齢者は一般に,「高齢者」だけのために設計された製品やサービスは避けています.そのため,高齢者も若年成人と同じ製品やサービスを使用するようにデザインすることが必要です.

ユーザーが若年成人であると仮定しないでください [Campbell, 2015; Kascak and Sanford, 2015; Pernice *et al.*, 2013]

- ユーザーが若い場合や特定のライフステージにいると想定するコンテンツ,機能,アンケートを避けてください.ユーザーは学生かもしれないし,働いているか,あるいはすでに引退しているかもしれません.何人かは運転免許証を持っているかもしれませんし,そうでない人もいます.彼らには,幼い子供,大人になった子供,もしくは子供がいないかもしれません.ユーザーの職業を尋ねなければならない場合は,「前職」,「退職」または「該当なし」などのオプションを提示します.ユーザーがまだ働いていると仮定すると,一部の人々を苛立たせ,他の人々を困らせることになります.

ユーザーを責めないでください [Nunes *et al.*, 2012]

- エラーがユーザーの責任であることを決して暗に伝えるようなことをしないでください.たとえば,「無効な日付!」のようなエラーメッセージでユーザーを叱るのではなく,入力データを正しい日付に変換して確認させるか,「日付を次のように入力してください「mm / dd / yy」と,入力方法を表示する.

脅さないでください [Pernice *et al.*, 2013]

- 恐ろしいまたは脅迫的なエラーメッセージを表示しないでください(図9.9を参照).

図 9.9
Windows(左)と Android(右)は,ユーザー,特にコンピュータに慣れていないユーザーが恐怖を感じる可能性のあるエラーメッセージを表示することがあります[10].

10)
(左)「壊滅的な失敗」
(右)「このアプリケーションは違法な操作が行われました」

ユーザーを急がせない [Kurniawan and Zaphiris, 2005; Miño, 2013; Nunes *et al.*, 2012; Silva *et al.*, 2015]

- 「第4章：運動コントロール」と，「第6章：認知」では，動作の遅さや，認知の反応が終わる前に，タイムアウトしてしまうことがどのようにユーザーの操作を止めてしまうかについて説明しました．操作の途中でタイムアウトしてしまうのは，とても厄介でイライラすることです．したがって，ユーザーが入力を完了する前にインタラクションを終了するような短い時間のタイムアウトを避けてください．
- ユーザーが情報を読み，操作を完了するために十分な時間をとってください．完了までの操作ステップをユーザーに知らせると，なおよいでしょう．

操作をスキップしない [National Institute on Aging (NIH), 2009; Silva *et al.*, 2015]

- 指示を行うときは，具体的かつ詳細に説明してください．詳しい説明がなくても，操作できるだろうと仮定してステップをスキップしないでください．
- 技術者以外のユーザーが理解できない，または 実行 できないような指示はしないでください．たとえば，「LAN ケーブルをコンピュータとケーブルモデムに接続する」とは，ユーザーが (1) LAN の意味，(2) LAN ケーブルの外観，(3) ケーブルが入るソケット，(4) ケーブルモデムとは何か，(5) モデムのどこにケーブルが接続されているかについて知識があることが前提の指示です．

9.4 ユーザーがすぐに問い合わせできるように準備する

簡単に連絡できる方法を提供する [Chisnell *et al.*, 2006; National Institute on Aging (NIH), 2009; Nunes *et al.*, 2012; Pernice *et al.*, 2013]

- 問い合わせ先情報を簡単に見つけることができるようにする．高齢の顧客は特に，必要に応じて実際の人に連絡できるかどうかを知りたいと思っています．カスタマーサポートの電話番号，E メールアドレス，「担当者とチャット」リンク，またはお問い合わせフォームを提供してください．
- ホームページやアプリの画面に「お問い合わせ」ボタンやリンクを目立

高齢者（そして他の人たちも）を助けるデザインガイドライン　　**189**

たせる.

- 別の方法は，連絡先情報を各ページの下部に配置することです.

電話による代替手段を提供する [Finn and Johnson, 2013]

- ユーザーがオンラインではなく電話で簡単に案内や取引を行うことができるようにする.

操作の要約を表示する [Affonso de Lara *et al.*, 2010]

- ユーザーが自分自身の行動の要約を簡単に確認できるようにします. これにより，彼らは自分が意図した行動ができたことを確認し，自信を深めます. 要約を提供することは，とくにユーザーが取り消すことが困難または不可能な手続きに誓約する前に行うことが重要です. 例としては，選挙で投票用紙を提出する，払戻しができない商品を購入する，口座振替をするなどがあります.

シニア割引を提供する場合は明確に [Pernice *et al.*, 2013]

- 「シニア割引」を提供する場合，目立つように表示し，明確に記述され，入手しやすいものでなければなりません.

190　第9章　態　度

態度に関するガイドラインの要約	
9.1 ユーザーがデータを入力，保存，表示する方法に柔軟性を持たせる	■ スマートなデータ入力を提供する ■ ユーザーがコントロールできる
9.2 ユーザーの信頼を得る	■ 必要なものだけを尋ねる ■ 広告だと分かるようにはっきりと印を付ける ■ ユーザーにログインを強要しない
9.3 高齢者を含むすべてのユーザーにデザインをアピールする	■ 高齢者の持つ価値観を理解する ■ 高齢者を見下さない ■ ユーザーが若年成人であると仮定しない ■ ユーザーを責めない ■ 脅さない ■ ユーザーを急がせない ■ 操作をスキップしない
9.4 ユーザーがすぐに問い合わせできるように準備する	■ 簡単に連絡できる方法を提供する ■ 電話による代替手段を提供する ■ 操作の要約を表示する ■ シニア割引を提供する場合は明確に

第10章
高齢者との共同調査

これまでの章とは異なり，本章では高齢者の年齢に関連した変化を記述したものではありません．しかし，高齢者を対象としたユーザビリティ調査や参加型デザインでは，若年成人とのやり方と異なる場合があるので，そのことについて説明しています．参加者の募集から評価結果の検討まで，いくつかの変更を加える必要があるかもしれません．

優れたユーザーエクスペリエンスの専門家は，自分のユーザーを知ることが，評価の高い製品やサービスを開発する上で欠かせないステップであることを理解しています．しかしどういうわけか，これは高齢のユーザーの場合は見落とされがちです．この理由付けは，通常の「時間/予算がありません」の範囲をはるかに超えています．その他によく聞く言い訳は…[Finn, 2013]：

- 私たちは高齢者を知らない．
- 高齢者はテクノロジーを使用していない．
- 当社製品/サービスを使用している高齢者は十分ではないので，高齢者のために改良する必要はない
- 一般的なユーザビリティのガイドラインで十分である．
- 50歳以上の人も，他の人と同じようなものです．

多くの点で，*高齢者は若年層に似ています*．たとえば，誰もが尊敬され，関心を持たれ，受け入れられていると感じたいものです．しかし，ここまで本書を読み進めたあなたは，高齢者が若い人や*他の高齢者*と多くの異なる点があることを認識しているはずです！

高齢者特有の多様性（「第2章：高齢者に会う」を参照）のために，高齢者はデザイナーと開発者に固有の課題を提示します．

高齢者層を対象とすることに慣れていないデザイナーや開発者は，高齢者が参加しているデザインチームやユーザビリティ調査に携わることによって成功したプロジェクトについて知って，驚くかもしれません（本書のケーススタディーや，次の論文を参照 [Davidson and Jensen, 2013; Hakobyan *et al.*,

2015; Massimi and Baecker, 2006])．高齢者と仕事をしてきたユーザビリティやデザインの研究者は，できるだけ早い段階で，彼らを巻き込むことの重要性を強調しています．研究者はまた，高齢者が直面する問題や課題，参加の意欲，そしてその貢献がどれほど有益であるかを理解する必要性があることを強調しています [Komninos *et al.*, 2014; Lindsay *et al.*, 2012]．

しかし，90歳で IDEO のコンセプトデザイナーとして働いていた Barbara Beskind のような記録的な例があるにもかかわらず，デザイン分野における高齢者の関与は明らかに足りません．自らのグループが高齢者との参加型デザインに成功したにもかかわらず，Lindsay らは [Lindsay *et al.* 2012]，は次のように報告しています．

- 他のほとんどのグループは，デザインプロセスにおいて高齢者と仕事をすることに消極的です．
- 多くのグループは，参加型のデザインを行ったり，フォーカスグループを実施したりと言いたいが，そこには高齢者を含めたくはない．そして，
- 多くの人々は高齢者とテクノロジーに対して否定的な考えを持ち，高齢者が価値ある貢献をすることはできないと考えています．

高齢者の一般的な技術的能力について，本書を読むだけでは不十分です．あなたは本当に自分自身で彼らを知る必要があります：

経験豊富なユーザインタフェースデザイナーが，ついにコンピュータで作業する高齢者に出会い，その様子を観察したとき，彼らは高齢者の能力に見合うように通常のデザインのやり方を変えてしまうほど驚きました．しかしデザイナーを驚かせたポイントはすべて，高齢者向けのデザインの豊富な経験を持つ人々によって，以前に彼らに伝えられていたことでした [Hawthorn, 2006].

Gilbertson [2015] がウェブ開発会社の調査から結論を出したように，高齢者は「隠れたグループ」なのです．

デザインと評価の参加者としての高齢者

高齢者はこれまでのところ，デザインや評価の対象として主要な部分を占めていないかもしれませんが，我々はいまその考えを改める必要があります．これまでの章では，高齢者と若年層の違いを説明し，より良いユーザーエク

スペリエンスを設計するためのガイドラインを示しました.

　参加型デザインプロジェクトや,高齢者を対象としたユーザビリティ調査を計画する場合は,他のことについても考慮する必要があります.

高齢者は,ユーザビリティ調査や参加型デザインに慣れていない可能性がある

　数年前,私たちのメンバーの一人がサンフランシスコのベイエリアでマイクロソフトのユーザビリティ調査を実施していました.クライアントは冗談めかして,ワシントン州レドモンド（Microsoft の本拠地）の外で調査を実施する必要性について説明しました.「ワシントン州のすべての人は,すでに何度も Microsoft の調査に参加しています.新たな参加者が必要なんです！」

　しかし多くの高齢者（ワシントン州を除く）は,まだ喜んでユーザビリティ調査,フォーカスグループインタビュー,または参加型デザインチームに参加するというわけにはいきません.いきなりコンピュータの前やユーザビリティラボに連れて行けません.彼らを混乱させたり,緊張させたりするかもしれません [Komninos et al., 2014].

高齢の参加者を募集する

　高齢の参加者を募集する場合には,いくつかの独特な課題があります.高齢者は,あなたのよく使うソーシャルメディアを使っていないかもしれませんし,定期的に電子メールをチェックしていないかもしれません.

高齢者から調査者への自己紹介

　ユーザビリティ調査に慣れていない人々は,何がテストされているのかについて,よく分からないことが多いです.高齢者は研究者や開発者とどのように関わっていいのか分からないかもしれません.彼らは自分たちよりもずっと若いですし,そしてどことなく「職務的」なのですから.参加者は調査のときにどのような態度をとるべきか分かりません.批判的であるべきか,それとも礼儀正しくするべきでしょうか？　あるいはカジュアルな態度でよいのかフォーマルに接するのがいいのでしょうか？　研究者らは,高齢者は明らかに苦労している場合でも,調査対象について否定的な発言をしたがらないことを報告しています [Neves et al., 2015].

　これらの不確定要素は,高齢の参加者に,無意味な反応をとらせたり,研究者を喜ばせることを意図した対応をさせたりする可能性があります [Franz *et al.*, 2015]. 一方，高齢者は，参加型デザインの場において，他のチームメンバーによって提案されたアイデアに対して有益なコメントを提供することができます [Lindsay *et al.*, 2012].

高齢者は自分の個人的な状況を議論することが不快なことがあるかもしれません．彼らは自分たち自身の虚弱さや欠点だと考えていることを認めるのを嫌がります [Lindsay *et al.*, 2012].

ユーザビリティの研究者は，しばしば高齢者がコンピュータを壊したり，間違った対応をしたりしてしまうことを恐れて，アプリケーションやウェブサイト，デバイスなどをあれこれ試してみる可能性を低くしていると言っています [Chisnell, 2011].

デザインまたはユーザビリティテストセッション中の高齢者の行動

高齢者は現在のデバイス，テクノロジー，アプリケーションに慣れていない可能性があります．そのため，多くの高齢者は技術用語に馴染みがない可能性があります（「第7章：知識」を参照）．高齢者がユーザビリティテストから得た戦略とメンタルモデルは，研究を実施している人も含め，若い人にはかなり分かりにくいものかもしれません [Chisnell, 2011; Dickinson *et al.*, 2007; Komninos *et al.*, 2014; Neves *et al.*, 2015].

高齢者は新しいテクノロジーを想像することが困難であると言われてきました（「第7章：知識」を参照）．参加型デザインの場では，高齢者は現在の状況と，自分の個人的な経験を切り離して考えるのに苦労することがあります．テストのためのシナリオで指定された問題の解決方法に，焦点を当てることができない場合があります [Lindsay *et al.*, 2012].

デザインや評価のプロジェクトで高齢者と仕事をしている研究者は，高齢の参加者はプロジェクトや研究のあらゆる段階でより多くの時間を必要とすると繰り返し述べています．研究者たちはまた，高齢の参加者が自分の所見や意見を表明するように勧めると同時に，高齢者をテストに集中させるのに問題があると報告している [Correia de Barros and Leitão, 2013; Dickinson *et al.*, 2007; Hawthorn, 2006].

高齢者とのデータ収集と評価

タスクを実行しながら参加者に声を出してもらう「思考発話法」という古典的なテクニックは，短期記憶能力の減少のために，同時に問題を解決したり，タスクを実行したり，何か新しいことを模索したりしながら話すのに苦

労するかもしれません．テストが忠実度の低いプロトタイプを含む場合，何人かの高齢者は，提示された付箋紙などで作られた仮のインタフェースと，それらが意図するもの（デジタルコントロールなど）との間で絶えず「翻訳」するために必要以上の精神作業で苦労するかもしれません [Hawthorn, 2006].

　高齢の参加者に標準的な評価手法を適用するのは難しい場合があります．高齢者は，アンケートやユーザビリティ評価フォームでよく使用される心理測定尺度を理解するのが困難な場合があります．たとえば，5段階のリッカート尺度を使用して項目毎に評価するように求められた参加者は，回答を定量化できませんでした．これは彼らにとって抽象的すぎるようでした [Franz *et al.*, 2015; Neves *et al.*, 2015].

　高齢者からの利用パターン，遭遇した困難などに関する自己申告のデータは，若年成人からのデータよりも正確性が低い可能性があります．彼らはしばしば研究者の質問に対して，回答をする前により高いレベルの確信を必要とします．それまではデータが不完全か，一部が欠落しているため，それらの回答はあまり有用でないかもしれません [Komninos *et al.*, 2014].

高齢者と共同調査するための指針

　この章の基礎になっている文献の多くは，かなり最近のものです．技術と文化が急速に変化していますが，提供されるガイドラインの多くは長年にわたって有効であり続けるべきです．

10.1 母集団に適した研究デザインまたはプロトコルを選択する

高齢者を対象としたユーザー調査を行った他の人の事例とアドバイスを参考にしてください [Dickinson *et al.*, 2007; Komninos *et al.*, 2014]

- Dickinson らによる高齢者を含む研究を計画するための優れた考察 [2007] をまとめた表 10.1 に示します．この表では，手続き上の問題（文書化された文書や認知テストなど），提案された解決策（読みやすさを保証する方法，言語，認知テストを処理する方法など），そしてその理由（小さいフォントに対する参加者の困難さ，識字率の多様性，教育レベル，参加者のための認知テストの威圧的な性質）を示しています．

196　　第 10 章　　高齢者との共同調査

表 10.1　　高齢の参加者を対象とした研究計画のためのいくつかの考察		
手続き上の問題	**推奨された解決策**	**理　由**
参加者が見る資料	読みやすさを確認してください．フォントサイズは少なくとも 14pt でなければなりません．専門用語や業界用語を避け，日常的な文章を用いて簡単にする必要があります．	高齢の参加者は小さいフォントサイズを読みにくく感じるかもしれません．
実験の指示	始める前に，参加者が指示を理解していることを確認してください．実験中は，何度も確認（必要に応じて異なる言葉を使用して）できるように準備をしてください．	実験条件の不備は，適切な行動が行われない可能性を増します．加えて，記憶力の問題により，指示を繰り返す必要が生じることがあります．
同伴者	参加者が同伴者を連れてくるかを確認し，その準備をする．同伴者を受入れる手はずを整えておけば，彼らは調査に影響を与えません．	調査会場への参加は，緊張を伴う経験になる可能性があります．同伴者は参加者の不安を軽減するのに役立ちますが，適切に対応しないと実験条件に影響することもあります．
認知テスト	はじめに手順と達成のレベルを明確に説明してください．なにか問題が生じることが予想される場合は，予め準備しておいてください．「特定の年齢を対象とした」尺度は慎重に使用してください．	高齢者は，自分の記憶力や認知力に対する加齢の影響を心配することがあります．「特定の年齢を対象とした」尺度を，想定外の年齢の参加者に実施すると天井効果[1] が起こります．

1)
天井効果とは，アンケートやテストの結果が極端に高得点に偏ってしまうことです．逆に低得点に偏ってしまうことを床効果と呼びます．これらの効果が起こると，結果を正しく判断することができなくなります．

高齢者と共同調査するための指針　197

表 10.1　高齢の参加者を対象とした研究計画のためのいくつかの考察（続き）		
手続き上の問題	**推奨された解決策**	**理　由**
思考発話法	経験不足やその他の要因が，発話から受け取れるデータに影響することに注意してください．必要なデータが収集されていることを定期的に確認してください．一対一の議論で迅速にフォローアップしてください．	記憶や処理の困難さや身体的な問題は，有用性の高い情報を記述する分量を低下させる可能性があります． 一対一のディスカッションは，通常，経験の浅いコンピュータユーザーから情報を引き出すための最善の方法です．
バランスのとれた尺度	主観的な尺度と客観的な尺度を組み合わせる．	初心者はインタフェースで問題を説明するのが難しい場合があります．また，参加者による説明は，観察者による説明とは異なることがよくあります．複数のアプローチから得られる情報が豊富であるほど，有用なデータが収集される可能性が高くなります．
タイミング	可能な限り柔軟に対応してください．正式な実験では，柔軟な対応が難しい場合がありますが，時間に余裕を持てるような予算を確保してください．	高齢の参加者は一般的に，タスクを完了するのに時間がかかり，研究者が予測するよりも自由に振る舞います．
リクルート	適切なリクルートの方法を選択してください．研究チームの外部の人々に参加者を選別させるときには注意が必要です．	方法は研究内容によって異なります．参加者を吟味するために他人に頼るのは無駄で非効率的です．

198　第 10 章　高齢者との共同調査

表 10.1　高齢の参加者を対象とした研究計画のためのいくつかの考察（続き）		
手続き上の問題	**推奨された解決策**	**理　由**
実験会場への案内	会場への道案内を明確かつ明示的にしてください．さまざまな情報と連絡先を提示してください．何を持ってくるか（例えば，老眼鏡，補聴器）を含め，電話で情報が受け入れられ理解されたことを確認してください．	高齢の参加者は，実験会場に何らかの交通手段で移動しなければならない場合があります．誤読を防ぐには，説明の内容をできるだけ明確にする必要があります．事前に電話で確認すると，参加者を安心させ，出席を促すのに役立ちます．
実験会場へのアクセス	実験会場に到達するために参加者が移動する距離を最小限に抑えます．階段を避けてください．	高齢の参加者の中には，数メートル以上歩くのが難しいと感じる人もいます．多くの人が階段を大きな障壁と感じています．
参加者の確保	参加者との関係を維持するために適切な戦略を採用する．無料のコンピュータクラスを提供することは非常に効果的です．	研究への参加と引き換えに何かを提供すると，参加者の定着率が向上し，より積極的な関係を築くことができます．
長期研究のメンテナンス	長期的な研究への参加を持続してもらうためには，セッション時間やスケジュール変更について柔軟に対応することが重要です．	参加者やその家族は病気であるかもしれないし，忙しいときもあるでしょう．研究で参加者を失うよりも時折スケジュールを修正する方が好ましいでしょう．

許可を得て [Adapted from Dickinson *et al.* (2007)] より複製．

● もう一つの非常に参考になるリソースは「表 10.2 高齢者とのデザイン手法の使用に影響を与える要因」[Komninos *et al* 2014] です．この表には，生理学的，心理的，認知的，社会的要因のカテゴリと，それぞれで発生する問題が列挙されています．

高齢者と共同調査するための指針　　**199**

表 10.2　高齢者を対象としたデザイン手法の使用に影響する要因	
要因カテゴリ	**問題点**
生理的	加齢の影響により自己申告の内容が不正確になる
	限られた持久力
	運動能力，聴力，言語表現を妨げる身体状況
心理的	デザイナーではなく，自分自身の能力の問題だとする傾向がある
	テクノロジーを使用しているあいだの自信の低さ
	コンピュータ利用に対する不安
	コンピュータは高齢者にあまり使われていないという認識
	自分にとって価値のない方向に向かっていると感じる場合，デザインプロセスに集中することが困難になる
認知的	技術的な言葉やメタファーの理解の欠如
	根本的なコンピュータ概念の理解不足
	新技術を想像することが難しい
	デザイナーによって設定されたテーマに対する深掘りを避ける傾向
	話し合いの間に無関係なテーマを掘り下げる傾向
社会的	参加型デザインミーティングは，社交的イベントとして見られる
	プロトタイプに対してポジティブな意見を出し，客観的というよりも，研究者を怒らせないように褒める傾向がある

Komninos らの許可を得て複製 [2014].

実験は個人で行うべきか，グループか？ [Dickinson *et al.*, 2007; Komninos *et al.*, 2014; Lindsay *et al.*, 2012; Silva and Nunes, 2010; Tullis, 2004]

- 時には一人だけを対象にした方が適切な場合もあります．特定の特性について詳しく調査したい，または参加者が他の参加者の意見の影響を受けないようにしたい場合や，個人のスペースをテストサイトとして使用する場合は，個々のセッションが最適です．
- それ以外の場合は，グループを検討してください．たとえば，フォーカスグループや参加型デザインチームなどです．グループ調査を実施することには多くの利点があります．参加者が大勢でいれば安全だと思う場合，または「社交的」な集まりだと見なした場合には，より積極的に申し込んでくれます．参加者同士のピアツーピアによる教え合いと学習の定着は，グループでの調査の方が頻繁に見られます．マルチセッションプロジェクトでは，長期参加のグループの方が優れています．参加者は

他のメンバーの意見から新しいアイデアを思いつくことができます．「集団思考」に気をつけ，多数派の意見や議論をコントロールしようとする性格の人に圧倒されるのではなく，各参加者が自分の意見を形成し，声を出す機会があることを確認してください

- 二人組みの場合を考えてみましょう．表 10.1 で述べたように，高齢者は時々配偶者や友人，または家族を連れてくることがあります．調査計画がこれを可能にする場合（そしてプライバシーの誓約が得られる場合），「追加の」人が横に座って参加することを検討してください．その場合，一度に 2 セッションの機会を得るかもしれません！　あるいはセッションを「共同発見法 (codiscovery)」に置き換えることもできます．ただし，「追加の」人が主たる参加者よりも技術的に熟達している（または少なくとも自分自身をそのように見ている）場合は，彼らが話すときに注意を払ってください．このような状況が発生した場合は，事前にあなたがどのように対処するかを決めてください．

研究の状況が参加者と関連していることを確認してください [Lindsay *et al.*, 2012; Newell *et al.*, 2007; Silva & Nunes, 2010]

- 現実のものにする…：高齢の参加者は，自分の実際の生活を実際に反映していない「リアルな状況」を想像するのが困難な場合があります．参加者に当てはまるシナリオ，状況，または出来事を使用してください．ロールプレイとビデオによる解説は，どちらもこの目的のためにはうまく機能しました．ロールプレイは，シナリオやスクリプトを作成し，

- 複数の参加者（またはファシリテーターと参加者）に役割を割り当てます．

- …さもなければ，それを他人の現実ということにしてください．将来の技術や状況について意見を聞くとき，参加者の現実とかけ離れていて，対応方法が分からない場合などは，誰かのふりをしてもらうことを推奨します．

- 参加者に，その状況にある人がどのように反応や対応をすると思うかを尋ねます．

- ディスカッションの導入として機能する短いビデオ（俳優が演じている）を作成します．

- スクリプトやビデオでさまざまな観点を提示します．

- 特にうまくいったユーモアを含めてください．

- これらのテクニックは，参加者の心を開き，他の人の視点に立った反応が自由にできるようになるために役立ちます．

思考発話法のタイミングはリアルタイムか回顧的かを選択する [Chisnell, 2011; Dickinson *et al.*, 2007; Olmsted-Hawala and Bergstrom, 2012; Wilkinson, 2011]

- リアルタイムか回顧的か？　コンカレントな思考発話 (CTA[2]) のプロトコルとは，参加者がタスクの作業中や，インタフェースの評価中などに考えていることを発話するように求めることです．これにより，研究者は参加者の思考過程をリアルタイムで把握し，参加者に質問して問題をさらに明確化することができます．しかし，CTA はマルチタスクに苦労している人（技術的な操作について，それを続けながら解説をするなど）には問題を引き起こす可能性があります．そのような人には，回顧的な思考発話 (RTA[3]) プロトコルがより良いかもしれません．

2) Concurrent Think Aloud

3) Retrospective Think Aloud

- ただし，RTA を使用すると，参加者が以前の思考プロセスや行動を詳細に，または正確に思い出すことができないことがあります．代わりに，彼らは自らの行動を事後的に正当化するかもかもしれません．また，RTA プロトコルを使用した場合，参加者のかすかな感情の変化や考えを捉えられないというリスクもあります．
- 研究では，CTA または RTA プロトコルのいずれを使用しても高齢者の正確性，効率性，満足度に差はないことが示されています．

ユーザーが作成した記録の利用を避ける [Dickinson *et al.*, 2007; Komninos *et al.*, 2014]

- 高齢者が参加している場合，自己報告は最良の選択肢ではありません（表10.1 を参照）．
- ユーザーに日報を求めると，参加者は課題の達成と，報告の作成に時間と注意を分け合うことになります．
- 体の自由がきかず，記憶力の低下，疲労などで苦労している参加者は，最小限の報告しか作成できないか，そもそも日報の作成を完全に無視するかもしれません．
- 電子メールやアプリなどを使った日報では，参加者はさらに別の複雑さに対処する必要があります．
- 手間がかかりますが，プロセスの進捗に合わせて，各参加者と直接また

は電話で話し合いながらデータを収集する方法があります.

高齢者の参加を容易にする [Hawthorn, 2006; Lindsay *et al.*, 2012]

- プロジェクトの早い時期に巻き込んでください. 高齢の参加者をできるだけ早く設計プロセスに取り入れてください.

- 身近な事務用品で忠実度の低いモックアップを提供します. それに加え, ポストイット, テープ, マーカー, ホワイトボードなど, デザインセッションのためによく使われる事務用品を用意し, モックアップや空白のダミーデバイス, あるいは象徴的な部分だけを切り抜いたモデルを使いながら「アイデアの素」を検討してください.

- 事前に計画を作成します. あなたがカバーしたいトピックのリストを準備し, それぞれのトピックにどれくらいの時間を費やすかという見積もりをします. 進行中のセッションの場合: 前回のセッションで取り上げた内容を確認 し, 参加者に現在のセッションの目標を 指定します . グループをトピックに集中させますが, 同時に誰もが問題を理解していることを確認してください. 生産的な議論と, うまくいけば, 解決に向かうように指示します.

被験者間[4) の実験計画法[5) を避ける [Dickinson *et al.*, 2007]

- 行動に対する変数の影響を調べる科学的研究を行っている場合, 高齢者の多様性により, すべての潜在的な変動の原因を管理することは困難です.

4)
https://www.nngroup.com/articles/between-within-subjects/

5)
効率的な実験方法を設計し, 結果を適切に解析することを目的とした統計学の手法.

10.2 潜在的なデザインまたはユーザビリティ調査の参加者を特定する

母集団を知る [Hawthorn, 2006; Silva and Nunes, 2010; Tullis, 2004]

- コンピュータ教室など, 高齢者が頻繁に訪れる環境では, 非公式のオブザーバーやボランティアとしてアシスタントになれます.

- コミュニティの連絡先に相談してください : あなたの想定した研究対象の集団のメンバーを医師や介護者, 介護事業者が知っているかもしれません.

- 地域の集会所やシニアセンター, 図書館, 成人向けのリカレント教育プログラム, 診療所, デイケアセンター, ローカル新聞, フィットネスセンター, 初心者のためのコンピュータ教室を提供する場所(YMCA な

ど）から始めましょう．

グループ生活に注意を払ってアプローチする [Franz *et al.*, 2015]

- プライバシー保護に関するルールや規制のため，あるいは空き時間の欠如やスタッフ間のトレーニングのため，グループホームに住んでいる高齢者や介護施設にアクセスするのは難しい場合があります．

10.3 参加者の募集とスケジュール調整

個人的なつながりを持つことが役立つ [Chisnell, 2011; Ostergren and Karras, 2007; Tullis, 2004; Wilkinson, 2011]

- 「コールドコール[6]」を避けてください．電話であろうとインターネットであろうと，高齢者との共同研究に，これは通常ありえません．不道徳な詐欺師は，しばしば高齢者を標的にします．
- 参加者の候補に連絡する際には，その人の連絡先と名前をどのように取得したかについて説明してください．
- 高齢者はあなたや彼らの家族，友人，介護者からのプレッシャーや説得を受けやすい場合があります．高齢者が調査に参加することを同意した場合は，それが自分の意思に基づいた結果であるかどうか，理由をよく確認してください．

[6]
見込み客のリストを作成するために，誰彼かまわず電話をかけまくること．

参加者との連絡に最も適した方法を選択してください [Chisnell, 2011; Lindsay *et al.*, 2012]

- 耳が聞こえにくくなっている人にとっては電話が難しく，テクノロジーへのアクセスが制限されている人や，テクノロジーの利用に困難を感じたことがある人にとっては，eメールやチャットなどの電子通信は難しいかもしれません．
- 高齢者は，あまりよく知らない人からの電話をそれほど受け入れらないかもしれませんが，誰かと電話することは，継続的なつながりを確立するのに役立ちます．高齢者はしばしば「（機械ではなく）本物の人から話を聞けてうれしい」と喜びます．
- そして電話で彼らと話すことは，彼らを調査する機会も与えてくれます．
- 電子メールやソーシャルメディアによる採用は，メールやソーシャルメディアを頻繁にチェックしない可能性のある高齢者では時間がかかり

ます.

早期にリクルートし，抑えの人員も募集する [Dickinson *et al.*, 2007; Lindsay *et al.*, 2012]

- 高齢の参加者の募集は，若い参加者の場合よりも早く開始してください（例：8 週間前）.
- 健康，交通，介護の問題による土壇場でのキャンセルに対応できるように，実際に必要な人数よりも 20%多くの人を採用するように計画してください．これは参加者グループの年齢が上がるにつれて，ますます重要になります たとえば，80 代の人々と仕事をしている場合は，余裕のある人数の参加者を募集してください.
- フォーカスグループインタビューの場合，推奨される人数は 4~5 人の参加者です.

多様性の範囲を事前に決定しておく [Dickinson *et al.*, 2007; Komninos *et al.*, 2014; Lindsay *et al.*, 2012; Neves *et al.*, 2015; Newell *et al.*, 2007]

- 個人の多様性の範囲を念頭に置いてください．多様性は「一般的な」要因にも存在します：年齢，居住地域，教育レベル，職業経験，リテラシー能力，流暢さ，収入レベル，テクノロジー経験と適性など.
- そして 50 歳以上の人々の「特別な」多様性を忘れないでください．技術の精通度，健康状態，身体能力，リスク回避傾向，生活状況，社会的態度（プライバシー，セキュリティ，妥当性）には，より多くの，そしてより広範な差異があることが多いのです.

スクリーニングツール[7] の調整を計画する [Chisnell, 2011; Tullis, 2004]

[7) 高齢者の IT リテラシーなどの能力を調べ，調査対象としてふさわしいか，振り分けるためのアンケートなど.]

> **温故知新**
>
> この本のペルソナを開発するのに使ったアンケート結果を編集するときに分かったことは，多くの高齢者はあなたが期待するレベルの詳細な回答を提供してくれません.
>
> 最初に，オンラインで何をしたのか，もしくは彼らのデバイスを何に使用したのかを高齢者に尋ねると，彼らは単に「電子メール」と「電話」と言う傾向がありました．私たちが事例のリストを提供したとき，よりよい反応を得ました（しかし，一部の人々がリスト全体を丸ごと囲みました）.

また，使用頻度（毎日，毎週など）と使用期間が，熟練度を判断する
上で役に立たないことも発見しました．1980 年代からコンピュータを
使っていたと答えた人もいます．しかし，それは彼らの実際の専門知識
とは相関していませんでした．もっと明確なスクリーニングツールが必
要かもしれません．

- アンケート，スクリーナ，またはアセスメントフォームを事前に「テス
  ト」します．それによって，対象となる参加者がオンラインで行うこと
  や，彼らがテクノロジーをどのように利用しているのかを誤って判断し
  たことに気付くかもしれません．ニュースを読んだり，ゲームをしたり，
  健康に関する情報を探したりして，ただソーシャルメディアやテレビを
  ずっと見て時間を費やしていることを，習慣としているだけかもしれま
  せん．言い換えれば，彼らの習慣はあなた自身のものと一致しないかも
  しれませんし，あなたの仮定とも一致しないかもしれません．
- スクリーニングを始める手助けになるように，図 10.1 と図 10.2 に，
  Chisnell [2011] が作成したよく考えられて作られた 2 つの評価表を示します．

ウェブでこれらの活動を，どのくらいの頻度で行っていますか？　最も近い回答
を 1 つ選んでください．

[採用担当者または研究者：該当する欄に○をつけてください．たとえば，「電子メールの
送受信」を選択し，参加者が「週に 1 回」を選択した場合は，そのボックスに○をつけま
す．[合計] 列で，その行の○の数に，左側の列に表示されているポイント数を掛けます．

ポイント	メールの送受信	ウェブサイトの ニュース記事を読む	合　計
未経験(0)			○の数 × 0
月に 1 回程度(1)			○の数 × 1
週に 1 回程度(2)			○の数 × 2
毎日(3)			○の数 × 3
1 日に何度も(4)			○の数 × 4
			各行の計算結果の 合計

初心者 — 0 〜 2 ポイント
十分に利用している — 3 〜 5 ポイント
熟練者 — 6 〜 8 ポイント

（Chisnell [2011] から，許可得て複製）

図 10.1
一般的なウェブ活動の頻度を測るスクリーニングツール．

ウェブでこれらの活動を，どのくらいの頻度で行っていますか？　最も近い回答を1つ選んでください.

[採用担当者または研究者：該当する欄に○をつけてください．たとえば，「電子メールの送受信」を選択し，参加者が「週に1回」を選択した場合は，そのボックスに○をつけます．［合計］列で，その行の○の数に，左側の列に表示されているポイント数を掛けます.

ポイント	ウェブで健康状態, 治療法, 薬など, 健康に関する情報を調べる	オンラインオークションに参加	ウェブサイトでゲームをひとりで, もしくは複数人で遊ぶ	ウェブサイトを通じて支払いを行う	合　計
未経験(0)					○の数 × 0
年に1, 2回程度(1)					○の数 × 1
年に3, 4回程度(2)					○の数 × 2
毎月(3)					○の数 × 3
毎週(4)					○の数 × 4
					各行の計算結果の合計

初心者 ― 0 ～ 4 ポイント
十分に利用している ― 6 ～ 8 ポイント
熟練者 ― 9 ポイント以上

（Chisnell [2011] から，許可を得て複製）

図 10.2
特定のウェブ活動の頻度を測るスクリーニングツール.

あなたのニーズではなく，参加者のニーズに基づいてスケジュール設定してください [Chisnell, 2011; Dickinson *et al.*, 2007; Ostergren and Karras, 2007; Tullis, 2004]

- スケジュール変更には柔軟に対応してください．柔軟性が高いほど良いです．多くの高齢者は積極的な生活を送っており，調査への参加を待っているだけではなく，さまざまな活動をしています．そして彼らは若年成人よりも健康や介護，移動の問題の制約を受ける可能性が高いのです.
- 短いセッションは長いセッションよりも優れています．参加者の疲労を避けるために，1回の長いセッションではなく，短いセッションを週に2回実施するスケジュールを検討してください．セッションが短いほど，調査対象に繰り返し触れる機会が増え，よりよい調査になるでしょう.

ただし，週に何度もセッションを実施すると，スケジューリング上の問題が発生する可能性があります．その場合，セッション数を増やすことと引き換えに，各セッションの時間を短くすることを検討してください．

- 移動の問題に注意してください．高齢の参加者は混雑する時間帯に外出することを嫌う傾向にあります．これはまた，彼らを送り届けるために運転を肩代わりする友人や家族に当てはまることでしょう．公共交通機関のラッシュアワーには，一時的に運賃が上がることがよくあります．公共交通機関を介してアクセス可能な地域の，中心的な場所で研究を開催することを検討してください．

- 早起きの人のための準備をしてください．午後の開催でも問題ない人もいますが，多くの高齢の参加者は午前中のほうが都合がよい傾向があります．夕方のセッションをスケジュールしないでください．また，開始の予定時刻よりも早く到着する傾向があることに注意してください（1時間前など）．そして，移動の介助やあるいは単に心配をして，参加者のそばに誰かが付き添っていることがあります．参加者の早い到着を歓迎するときに，そこに他の誰かがを待っていないかを確認してください．付き添いの人がいれば，セッション中に待機できるような快適な場所を用意するべきでしょう．

- パイロットセッションを用意してください．他の研究と同様に，研究の本番を実施する前に試験的なパイロットセッションを一回以上予定することをお勧めします．これにより，計画どおりに進行できない場合に備えて，手順を修正する機会が得られます．

約束を思い出してもらう [Chisnell, 2011; Dickinson et al., 2007]
- 参加者に対してさまざまな方法でリマインドするように心がけてください．参加者に電話や郵便，または電子メール（必要に応じて）でリマインドしてください．

- リマインドするときは，具体的にしてください．少なくともメールと郵便の場合は，次の情報を含めてください：実施日，開始時刻と終了時刻．通常の連絡先に加え，緊急時の連絡先と方法についての詳細，住所，地図，駐車場と公共交通機関の詳細．

- 不愉快な驚きを防いでください．複数の入り口がある場合，どれを使用するかを指定します．参加者に，老眼鏡，補聴器，そして移動のための補助具など，調査の間に必要なものを持ってくるように頼んでください．糖

尿病の発生率は，高齢者の方が若年成人よりも数倍高い [CDC, 2015] ので，参加者に事前に食べてきてもらうか，食事を提供するかどうかを参加者に必ず伝えてください．どのようなセッションの形式になるかを教えてください（1 対 1 またはグループ）．セッションを録画するかどうか，他にオブザーバーが存在するかどうかについても言及してください.

参加者の出席を増やすために特別な措置を講じる [Dickinson *et al.*, 2007; Komninos *et al.*, 2014; Lindsay *et al.*, 2012; Silva and Nunes, 2010]
　スケジューリングの柔軟性に加えて，次のようにして出席率を高めることができます.

- 契約書を作成してください．事前に正式な支払い契約を結びます．契約の効果により，出席率が向上します.
- 事前の宿題を割り当てます．これは，マルチセッションのときに特にお勧めです．宿題をすることで参加者の関心が高まり，セッション中の学習と集中力が向上します.
- 社交的なイベントにする．グループ調査を実施しているのであれば，これは登録された参加者が実際に出席する可能性を高めることに気がつくでしょう．理由は，会場まで相乗りしたり，無料の食事の約束をしたり，グループに対する義務感などがあります．また，グループのイベントが個々のセッションよりも楽しく，脅威の少ないものと見なされる可能性は無視できません.

10.4 高齢者を中心に，細かな注意を払って計画する

辛抱強く，親切であれ [Chisnell, 2011; Correia de Barros and Leitão, 2013; Dickinson *et al.*, 2007; Komninos *et al.*, 2014; Lindsay *et al.*, 2012; Ostergren and Karras, 2007; Pernice *et al.*, 2013; Silva and Nunes, 2010]

- 研究のあらゆる段階で時間の余裕を見込んでください．多くの高齢者は物事をやり遂げるのに時間がかかります．一つの提案として若年成人よりも，最大 25% 長い時間の余裕を持ってください．もう一つは各セッションの始めと終わりに余分に 10〜20 分の時間を追加することです.
- 参加者にはタスクを続けさせてください．一部の高齢者はおしゃべりになる傾向があります．緊張しているか，昔を思い出し始めているか，ま

たは単に話が本題からそれているだけかもしれません．あなたは彼らを研究トピックに集中させたい（特にグループで実施しているとき）でしょうが，そのときは丁寧に敬意を持って接してください．参加者の研究に対する貢献に対して，とても興味があることを伝え，彼らに自信を持たせてください．参加者に指示を出す前に，長い時間待機する必要がある場合，参加者が不満を持たないようにしてください．

- 開始と終了の時間を守ってください．先に述べたように，多くの高齢者はかなり忙しい日々を過ごしています．彼らはまた，他の誰かに依存されているかもしれないし，他の人を頼っているかもしれないので，高齢者はその相手のスケジュールを非常に意識しています．参加者の時間を尊重してください．
- タスク数を減らし，セッション数を減らし，休憩をはさみ込みます．できるだけ１つのセッションに多くのタスクを詰め込まないようにします．各タスクに集中できるように，それを短く設定しておきます．
- 「魔法」が解けるまでの時間制限はありませんが，一般的に高齢者とのセッション時間は短い方がよいでしょう．若い人たちとの典型的なセッションよりも短い時間でセッションを設定してください．
- これが不可能な場合は，高齢者の中には，若い人たちよりも早く疲れて，簡単に注意力を失うことがあることを忘れないでください．長いセッションが必要な場合は，アクティブティの間にできるだけ休憩を設けてください．必要に応じて（社交とおやつのためではなく），自由に追加の休憩を取ってもよいことを参加者に確認してください．
- 参加者の健康を維持することが，あなたのデータよりも重要であることを覚えておいてください．

交通アクセスの問題は注意してください [Chisnell, 2011; Dickinson *et al.*, 2007; Lindsay *et al.*, 2012; Ostergren and Kraas, 2007; Silva and Nunes, 2010]

　参加者の住居以外の場所でセッションを行う場合は，特別に注意を要することがあります．どのような年齢の参加者にとっても大切なことですが，高齢者にとってはさらに重要です．

- 移動可能な場所を選択してください．理想的なのは，参加者に既になじみのある場所を使用することです．交通機関の手配を手伝ってください．サイトが車椅子でアクセス可能であることを確認してください．参加者

が階段を使用したり，長い廊下など，長距離を歩き回ったりする必要がない場所を使用してください．近くにトイレがあると非常によいです．

- 各参加者に合うようにワークスペースを調整します．机，椅子，デジタル機器の高さや距離，入力機器の角度などを調整します．タブレットなどのデバイスを支えるスタンドを用意して，参加者が常にそれらを保持する必要がないようにします．参加者が読みやすいように十分な大きさのフォントサイズを設定します（自分でやり方を見つけられるかどうかをテストしている場合は除きます）．

- 注意をそらすものを取り除きます．セッション中に歩いている人の靴音や，電話の呼び鈴，外部からの騒音などのようなバックグラウンドノイズがない，静かな場所を使用してください．

- 最適な照明を提供してください．使用しているスペースの明るさが十分であることを確認してください．できれば自然光が望ましいです．その一方で，明るすぎる光を避けてください（反射面に注意し，光に過敏な参加者に十分に注意してください）．いくつかの光源と，それらをコントロールする方法（調光スイッチやブラインドなど）があると役立ちます．

- 参加者をできるだけ快適にしてください．常に参加者が快適で安心しているかを確認してください．彼らを外で待たせてはいけません．また一人にしないでください．

- 温度を調整します．部屋が寒すぎないことがないよう特に注意してください．

物品と安全を管理する [Franz *et al.*, 2015; Komninos *et al.*, 2014; Tullis, 2004]

- 官僚的な手続きに備えてください．先に述べたように，グループホームなどに住んでいる人たちは，ネットに接続するのが難しい場合があります．グループホームの Wi-Fi，パスワード，デバイスへのアクセスを要求すると，グループホームの管理者は不安になる傾向があります．研究者のデバイスやネットワークへのアクセスとコントロールは，管理上の問題を引き起こす可能性があります．

- 特別なサポートを提供する準備をしてください．あなたの研究に参加している人が，自宅にデバイスを持ち帰って，何かを自分で操作するような場合は，特別なサポートが必要になります．これは，シンプルなユーザマニュアルを用意することや，あるいはサポート担当者の名前と連絡

先を提供するような簡単なことかもしれません．または，参加者の身近な友達，家族，あるいは施設のスタッフを研究に参加させてトレーニングする必要があるかもしれません．そうすれば，参加者はすぐにリアルタイムでサポートを受けることができます．

- 使い慣れた設定を提供する．これは必ずしも実現可能ではないかもしれません．しかし，合理的な範囲で，参加者がすでに見知ったものとよく似たテスト環境を提供してください．新しいシステムに適応する能力をテストしているのでなければ，なじみのないコンピュータ，マウス，キーボードなどを使用することによってもたらされるであろう余分な「ノイズ」を避けてください．
- 参加者を一人だけにしないでください．モデレーターやファシリテーターが同じ部屋にいて，参加者がモデレーターの顔を見ながら，肉声を聞くことができる場合，参加者がモデレーターの指示を聞いて理解する能力が上がり，フィードバックの結果はよりよくなります（第 5 章参照）．

データ収集のプレッシャーを取り除く [Dickinson *et al.*, 2007; Franz *et al.*, 2015; Neves *et al.*, 2015; Silva and Nunes, 2010]

　このセクションのガイドラインのほとんどは，データ収集のプロセスを高齢者に適したものにすることと，参加者が感じる可能性のある無言の圧力を軽減することに重点を置いています．

- 参加者に合ったデータ収集方法を使用してください．参加者のリテラシー，能力，技術レベルに合わせたデータ収集を目指します．
- 直接質問をする方が，参加者が文書やオンラインフォームに自分で記入することを期待するよりも，参加者にとって簡単で，より有益な回答を得ることができます．ガイド付きインタビューはこれに適しています．
- ユーザーが提供するデータよりも，観察結果に重きを置いてください．Silva and Nunes [2010] で使用されているようなユーザーフレンドリーな評価フォームを使用してください（図 10.3 を参照）．
- 参加者がストレスを感じないようにしてください．タスクを実行している間，思考発話法をさせる代わりに，タスクを実行した後に思考のプロセスについて話し合う方が良いかもしれません（リアルタイムか回顧的かについてはガイドライン 10.1 で議論しています）．
- 間接的な質問方法を検討してください．参加者に対して直接質問をするのではなく，自分の知っている人が，その質問に対してどのように回答

図 10.3
参加者の気分や疲労を評価するために使用されるスケール．(Silva and Nunes [2010] に基づく)．

するかを尋ねます．または他の人にどのように説明するか，その方法を尋ねます．

- 選択を簡単にします．彼らが A より B を好むかという質問をしてください．たとえば，タップ操作よりもスワイプ操作が好ましいか，などです．
- 「コミュニティ」評価を行うことを検討してください．これは個々の参加者が感じるストレスをいくつか軽減できるかもしれません．これはフォーカスグループだけのものではありません．参加者の友人，家族，または介護者にフィードバックを求めることができます．

私が見出した高齢者に対するアイスブレイク[8]の一つは，デザイン機能の代替案を提示し，どちらがより優れているか選択してもらい，その理由を説明してもらうというものでした．私はまた高齢者の困難さを前向きなものとして表現するためにリフレーミング[9]を使用しました—「あなたはこれを少し難しいと感じています—素晴らしい—あなたは我々が変える必要があるものを見つけてくれました，ありがとう．」—[Dan Hawthorn, personal communication, 2016]．

8) 相手をリラックスさせ，会話の糸口になるようなテクニック．

9) 物事の見方を変えることで，意味を変える方法．

10.5 高齢の参加者と一緒に活動するときに特に注意が必要なこと

礼儀正しく，思いやりを持ち，相手に敬意を表する [Chisnell, 2011; Correia de Barros and Leitão, 2013; Silva and Nunes, 2010]

高齢者と共同調査するための指針　　**213**

- それぞれの参加者に，どのように呼称してもらいたいのかを尋ねます．たとえば，ファーストネームで呼んでよいのか，敬称を付けた方がよいのか，または他の呼び方がよいかなどです．
- 丁寧な表現を使ってください．「お願いします」，「ありがとうございます」といった言葉に加え，いつもより礼儀正しく振る舞ってください．
- エルダースピークを使用しないでください[1]10).
- テクノロジーに関することだけでなく，何かに対する彼らの信念は，あなた自身や若い参加者の信念とはかなり異なる可能性がありますが，それらは等しく尊重する価値があります．
- 参加者に個人的な質問をしないでください．
- より詳しい情報を知るために説明を促したり，話題を変えさせたりするかもしれないことを，あらかじめ参加者に伝えておいてください．
- 説明を促すときや，話題を変えるときは優しくしてください！
- コミュニケーションを促しながら，参加者にタスクを続けさせてください．
- 間違った答えや正しい答えがないことを思い出させて安心させてください．
- 参加してくれたことへ感謝の意を表します．

できるだけ明確にする [Chisnell, 2011; Lindsay *et al.*, 2012; Silva and Nunes, 2010]

- 高齢者と向き合いながら，合理的な量と妥当なペースで話してください．
- コミュニケーションを助けるためにアイコンタクトをしてください．
- 資料が読みやすくなっていることを確認します（12 ポイント以上の通常のフォント，普通の太さ，淡い背景に濃い文字色，行間は 1.5 または 2）．
- 質問と指示の内容を簡潔にしてください．
- どんなによく知られた用語であっても，参加者が理解していることを確認してください．

期待しているものを確認する [Correia de Barros and Leitão, 2013; Komninos *et al.*, 2014; Lindsay *et al.*, 2012; Pernice *et al.*, 2013; Silva and Nunes,

10)
日本語では，相手を「おじいちゃん」「おばあちゃん」などの呼称で呼ぶことなどが相当します．

---

[1] "ElderSpeak"：簡単な言葉と誇張された表情を使って，そして子供と一緒に使うような愛情表現の言葉（「Sweetie」，「Dearie」，「Baby」，「Honey」）を使って，ゆっくりと，大声で，慎重に話すこと．

2010]

- 参加者ではなく，ソフトウェアやデバイス，アプリケーションをテストしていることを（必要なだけ頻繁に）強調します．参加者のパフォーマンスについて判断されることはないことと，「間違った」答えなどというものはないことを繰り返し説明してください．
- 複数のセッションを行う場合は，各セッションの始めに参加者に研究の現状，現在のセッションの目標，次のセッションについて（割り当てられた宿題があればそれも）何を期待するかを説明してください．
- 参加者に現在のセッションの終了時間や休憩，トイレのこと，録画中であるかどうか，セッション中に何をするか（たとえば，何かを操作したり，発話思考法をしたり，コードを記入するなど）について再確認します．

最初にウォーミングアップ [Chisnell, 2011; Komninos *et al.*, 2014; Pernice *et al.*, 2013]

- あなたの自己紹介から，始めてください．
- 結果に影響しない場合は，デモンストレーションをおこなったり，簡単なウォームアップや練習をすることを 検討してください．関連するものを見ることができれば，参加者を安心させるのに役立ちます．

10.6 高齢の参加者のために倫理的な「出口」を持つ

まとめ [Finn and Johnson, 2013; Silva and Nunes, 2010]

- どんな研究でも，デブリーフィングを行います．研究の背景や目的，具体的な研究の仮説についてまだ説明していない場合は，参加者とのセッションの最後に説明してください．
- 参加者に感謝の意を表するとともに，各個人がセッションに貢献した具体的な方法，あなたが気づいていなかった発見，次のセッションに役立つこと，そして新しい解釈などについて説明します．
- 参加者があなたの連絡先情報を持っていることを確認し，質問や懸念事項ある場合はフォローアップするように促します．

参加者に何か新しいことを教わる（教える） [Chisnell, 2011; Finn and Johnson, 2013; Pernice *et al.*, 2013]

- セッションの最後に，参加者に何か新しいことについて教えてくれるよ

高齢者と共同調査するための指針　　**215**

うに提案します．それはセッションに関連しているかもしれない，彼らの自宅のシステムや，持っているスマートフォンや携帯電話についてかもしれません．彼らがセッション中に苦労したもの，あるいは彼らがいつも疑問に思っていた何か，あるいは楽しんだり役に立つと思うものかもしれません．

- 彼らがセッション中に何かを教えてくれるように頼んだら，データを収集した後，最後に伝えることを約束してください．

原状復帰する [Finn and Johnson, 2013]

- 参加者のスペースで調査が行なわれた場合は，すべてを元の状態に戻してください．

危害を与えない [Waycott et al., 2015]

- あなたが医療倫理審査委員会に報告していなくても，最大限の誠実さで対処するべきです．身体的・社会的に弱い立場にいる人たちとともに働くときは，彼らを利用しないように特に注意する必要があります．
- 高齢者の中には，社会的に孤立している人もあれば，ケアプランとあなたの研究やデザインとの境界を理解できない人や，研究やデザイン活動の条件を把握していない人もいます．あなたは，訪問する前よりも彼らを悪化させたくはないはずです．
- 参加者の期待を管理する．調査期間中にソフトウェアやデバイスを提供している場合，調査が終了したらどうなりますか．彼らはそれが好きだったと仮定します：それを無償か，もしくは低コストで手元にとどめておく方法はありますか？　長期間にわたって参加者と多くの時間を過ごしてきた場合，彼らはあなたとの関係が単なる職業上のもの以上であると思うかもしれません．あなたは彼らと連絡を取り合うつもりですか？　後で参加者がお互いに連絡を取り合う方法はありますか？　これらの問題に確実に対処する必要があります．

研究が終わるとどうなりますか？

　　高齢者がデジタルテクノロジーをどのように使用し学習するかについての研究に参加すると，次のような問題が起こります．これは一例です．

　　Waycott らは [2015]，Enmesh と呼ばれる高齢者の孤独を減らし，友情を育むための iPad アプリについて調べるための調査を実施しました．参加者はすべて，ケア事業者によって推薦された社会的に孤立した高齢者でした．調査の終わりに，参加者は iPad とプロトタイプの Enmesh アプリを返さなければならないという倫理上の問題が生じました．参加者の移行を容易にするために，研究者は参加者が iPad を受け取って保管できるように手配しました．さらに研究者は，参加者同士が電子メール，電話，および社交イベントを通じて互いに連絡を取り合うのを助けました．

高齢者と協働するためのガイドラインのまとめ

10.1 母集団に適した研究デザインまたはプロトコルを選択する	■ 高齢者を対象としたユーザー調査を行った他の人の事例とアドバイスを参考にする ■ 実験は個人でおこなうべきか，グループでおこなうべきか判断する ■ 研究の状況が参加者と関連していることを確認する ■ 思考発話法のタイミングはリアルタイムか回顧的かを選択する ■ ユーザーが作成した記録の利用を避ける ■ 高齢者の参加を容易にする ■ 被験者間の実験計画法を避ける
10.2 潜在的なデザインまたはユーザビリティ調査の参加者を特定する	■ 母集団を知る ■ グループ生活に注意を払ってアプローチする
10.3 参加者の募集とスケジュール調整	■ 参加者の募集とスケジュール調整 ■ 参加者との連絡に最も適した方法を選択する ■ 早期にリクルートし，抑えの人員も募集する ■ 多様性の範囲を事前に決定しておく ■ スクリーニングツールの調整を計画する ■ あなたのニーズではなく，参加者のニーズに基づいてスケジュール設定する ■ 約束を思い出してもらう ■ 参加者の出席を増やすために特別な措置を講じる
10.4 高齢者を中心に，詳細に注意を払って計画する	■ 辛抱強く，親切であれ ■ 交通アクセスの問題に注意する ■ 物品と安全を管理する ■ データ収集のプレッシャーを取り除く
10.5 高齢の参加者と一緒に活動するときに特に注意が必要なこと	■ 礼儀正しく，思いやりを持ち，相手に敬意を表する ■ できるだけ明確にする ■ 忍耐強くあれ ■ 期待しているものを確認する ■ 最初にウォーミングアップ
10.6 高齢の参加者のために倫理的な「出口」を持つ	■ まとめをする ■ 参加者に何か新しいことを教わる（教える） ■ 原状復帰する ■ 危害を与えない

第11章
ケーススタディ

概　要

219

　この章では5つのケーススタディを取り上げます．最初の3つは参加型デザインと応用研究の例です．本編で提示されているユーザビリティガイドラインのいくつかは，部分的にこれらのケーススタディに基づいています．

　残りの2つのケーススタディは少し異なります．自動車の「インフォテイメント」システムをデザインしているヒューマンインタフェースエンジニアが，顧客のほとんどが高齢者であることに気がつき，デザインと評価を彼らに合わせて修正したケースに関するものです．このケーススタディには，タイムテーブル，人口統計，デザインプロセスの各ステップで行った手順の概要を示します．最後のケーススタディでは，加齢による身体の変化がユーザーエクスペリエンスに及ぼす影響をシミュレートし，デザイナーの理解と共感を得るためのプロジェクトについて報告します．

eCAALYX テレビユーザインタフェース　最初に紹介するのは eCAALYX です．Francisco Nunes と Paula Alexandra Silva は，彼らが情報通信支援ソリューションのための Fraunhofer ポルトガル研究センター (Fraunhofer AICOS) と提携している間にプロジェクトを開始しました．2009 年から 2012 年にかけて研究された eCAALYX は，Ambient Assisted Living プログラム (AAL)[1] の成果です．このケースは，テレビをもちいたヘルスケア監視システムへのユーザインタフェースを提供するものです．eCAALYX の目的は，慢性的な病気を抱えて暮らしている高齢者が，自立して生活するのを支援することでした．病院内の臨床医につながる家庭内システムです．チームメンバーは臨床医と患者の両方と協力して，さまざまなステークホルダーの視点とニーズについて理解を深めることができました．患者はプロトタイピングを繰り返すプロセスに関与していました．テクノロジーに関するリテラシー

[1]
高齢者の生活を IT でさりげなく支援する技術の総称．EU の中長期的な成長戦略である The Europe 2020 Strategy の中で提唱されました．EU では研究推進のために欧州委員会の研究開発プログラム FP7 を通じて研究資金を提供しています．現在では Active Assisted Living プログラムに名称変更されています．

の低い参加者も，ユーザインタフェースを評価に参加しました．ここで紹介するケーススタディでは，チームが参加者からのフィードバックに基づいて「ビデオを見る」という意味のアイコンのデザインを選択したり，理解が不十分な表示オプションを削除したりしたときの方法について説明します．

GoLivePhone のための Smart Companion　Ana Correia de Barros と Ana Vasconcelos は，2 番目のケーススタディである Smart Companion を共同で研究しました．Smart Companion の作成者は，eCAALYX プロジェクトのように，Fraunhofer AICOS をベースに研究を行っていました．eCAA-LYX と同様に，この調査は，プロジェクトの初期段階から高齢者の広範な参加を示しています．このプロジェクトは，機能を省いたシンプルなスマートフォンを中心とし，ユーザーのメンタルモデルとゴールをサポートするために最適化されたタスクフローを備えていました．基本的なメタファーからアプリケーションの選択と表示に至るまで，すべてが利用者の注意をそらさず，複雑さを最小限に抑えるようにデザインされていました．時間の経過とともに，ユーザインタフェースの一般的なルックアンドフィールは進化しました．ユーザーの経験もそうでした．プロジェクトの最初の段階では，対象となるユーザーはプロジェクトの終わりの頃に比べて，一般的にスマートフォンに慣れていませんでした．2013 年以来，AICOS は Smart Companion の技術を Gociety にライセンス供与し，Gociety は GoLivePhone としてマーケティングを開始しました．

「ASSISTANT」，公共交通機関を利用する高齢者のための支援ツール　この章の 3 番目のケーススタディでは，Ambient Assisted Living の成果によって高齢者が公共交通機関を利用するために開発された ASSISTANT について，Stefan Carmien と Samuli Heinonen が寄稿してくれています．ASSIS-TANT は，パーソナルナビゲーションデバイス (PND) と呼ばれるスマートフォンと，ウェブベースの旅行プランニングアプリを組み合わせたものです．PND は，目的地の選択，ルートの計画，正しいバスへの乗車方法，正しい停留所でのバスの降車方法，そしてバス停から目的地までのアクセスを支援しました．プロジェクト全体を通して，ユーザーの代表である高齢者を含めるというチームのコミットメントは，フォーカスグループインタビューやヒューリスティック評価，参加者とのフィールドテストに反映されました．プロジェクトの研究は 2012 年から 2015 年まで続きました．本書の執筆時点で商品化

が進められています.

SUBARU 自動車インフォテイメントシステム　4 番目のスタディの SUB-ARU 自動車インフォテイメントシステムは, インプレッサの 2017 年モデルで使用されるインフォテイメントシステムのユーザインタフェースのデザインプロセス全体の概要を示します. 著者の Sean Hazaray は, SUBARU Research and Development に所属しています. 彼は, ほとんどの顧客が高齢者であることを知り, ヒューマンマシンインタフェースチームが驚いたこと, そしてそれが全体的なデザインアプローチをどのように変えたかについて説明します. よくあることですが, デザインチームのメンバーは若年成人である傾向があり, 高齢者層のことに詳しくありませんでした. 調査の対象に高齢者を含めた後, デザインチームは, 年齢だけがインタフェースを使用可能かどうかを決定する要因ではないことを知りました. もっと重要なのは, ユーザーが慣れ親しんだ, 既存のインタフェース (スマートフォン, Google マップなど) でした. 自動車メーカーがしばしば狙う革新的なものよりも, ユーザーはすでに慣れ親しんだユーザインタフェースを好んだのでした.

ウェブアクセシビリティのためのバーチャル高齢者シミュレーター　最後に, Loughborough University で 2014 年に博士論文を発表した Teri Gilbertson が開発した Virtual Third-Age[2] Simulator について学びます. Gilbertson の最初の調査では, 多くの開発者やプロジェクトマネージャは (1) 加齢に関連したアクセシビリティガイドラインを知らず, (2) 老化をアクセシビリティの問題とは見なしていなかったことが判明しました. 博士論文では, バーチャル学習環境 (VLE) の経験を生かして, 開発者にとって「斬新で魅力的な意識向上ツール」を作成しました. 他にも視覚障害のシミュレーターは開発されていますが, Gilbertson の開発したものは, 同時に複数の条件をシミュレートできることや, リアルタイムに効果を反映させるために視線検知のアイトラッカーを使用すること, そして実際のウェブサイトを使用することなどの特徴があります. Virtual Third-Age Simulator は, デザイナーを教育し, 高齢者のための共感を高めるための実際の学びを提供するという点でも異なります. 結論として Virtual Third-Age Simulator は, 開発者にいくつかの加齢に関連した変化や状態についての教育を提供し, 彼らがそれらの変化や状態のシミュレーションを体験することを可能にします. シミュレーターを使用した参加者は, 多くのことを学び, 高齢者がテクノロジーを使用するとき

[2]
サードエイジは人生を 4 つの時期に分け, 3 つめにあたる熟年期を全盛期とする考え. イギリスの Peter Laslett が 1980 年代に提唱した概念. 一般的には, 高齢期をポジティブに表現した言葉として使われる.

に経験していることへの共感を高め，その学びが楽しいと感じていると述べました．

　これらのケーススタディは，他の研究者やデザイナーが高齢者に優しいデジタルインタフェースの問題に取り組んできた方法のいくつかを示しています．程度はさまざまですが，これらのプロジェクトはすべて，ユーザビリティについて考慮すべき事項とデザインガイドラインを扱っています．ここにケーススタディを含める主な目的は，あなたを鼓舞するためです．

eCAALYX テレビユーザインタフェース

Francisco Nunes, Vienna University of Technology
Paula Alexandra da Silva, Department of Design Innovation, Maynooth University, Ireland

背　景

　2009 年から 2012 年にかけて開発された eCAALYX (Enhanced Complete Ambient Assisted Living Experiment) は，高齢者が自立した生活を続けられるようにすることを目的としていました．慢性的な疾患を持つ高齢者のための遠隔監視ツールを開発するために，Ambient Assisted Living Joint Program として欧州委員会から資金を提供され，研究が押し進められました[1]．

　Fraunhofer AICOS (Fraunhofer Portugal Research Center for Assistive Information and Communication Solutions) は，eCAALYX を担当する 11 のコンソーシアムパートナーの一つでした．Fraunhofer AICOS チームには，ヒューマンコンピュータインタラクションの研究者，ソフトウェアエンジニア，ビジュアルデザイナーが参加しました．私たちは，慢性的な健康状態をヘルスケアの専門家が遠隔監視することができる高齢者向けのテレビベースのユーザインタフェースの設計と実装を担当しました．

　患者の自宅での技術的な設定は，テレビベースのユーザインタフェース，ルーター，ワイヤレスセンサー（体重計，血圧計など）で構成されていました．病院では，臨床医がウェブインタフェースを使ってデータを視覚化し，自宅にいる高齢者と交流することができます．中央のサーバーを介して 2 つのコンポーネントが接続されているのです．このレポートで報告されているの

---

[1] 2014 年以降，Ambient Assisted Living Joint Program は，Active and Assistive Living (AAL) と改称された．Horizon 2020 傘下の第 2 段階の資金調達のためにリニューアルされました (www.aaleurope.eu/)．

は，高齢者が家庭で使用するためのテレビベースのユーザインタフェースの部分です．プロトタイピングとデザインの開発は，循環器疾患と糖尿病に合わせて調整されました．

TVベースのユーザインタフェースの開発を担当するデザインチームの作業は，3つのフェーズで展開されました．

ユーザー調査フェーズ

ユーザー調査の段階では，遠隔治療技術に関する文献，慢性期医療，および慢性疾患の患者の将来への見通しについて徹底的なレビューを行いました．慢性疾患とともに生活する人々の問題をよりよく理解するために，プロジェクトメンバーの臨床医にもインタビューしました．収集したデータに基づいて，ユーザーの要件とゴールを定義し，主要なユーザータイプのペルソナを作成しました．

プロトタイピング，評価，再デザインフェーズ

プロトタイピング，評価，再デザインのフェーズは，6つの主なタスクを対象とした，忠実度の低いペーパープロトタイプを繰り返し開発することで構成されています．

1. 健康状態を確認する
2. 医者に問い合わせる
3. 予定を確認する
4. 健康に関するビデオを見る
5. アンケート
6. 緊急通話

合計で，15人の参加者がこのフェーズに参加しました．参加者の年齢は54歳から92歳まで（平均79歳）で，各テストには平均8人の参加者がいました．参加者は多様な経歴と教育レベルでした．そのうちの4人は慢性疾患の状態で暮らしていました．2人は高血圧で，2人は糖尿病でした．全員が毎日テレビを使用していましたが，コンピュータを使用していたのは2人だけでした．システムの主な機能をテストするとき，研究者はWizard of Oz法[3]を使用しました．

また，ナビゲーション構造を改善し，最適なアイコンとラベルを選ぶために，参加者にカードソートタスクを実施してもらいました．

3)
オズの魔法使いテスト：ペーパープロトタイピングで画面のインタラクションを再現するために，黒子役の人が，紙の部品を操作しながらテストを行う方法．

4) 好みや分類方法の傾向を調べるテクニックの一つです．調べたい項目を複数のカードに記入し，参加者に提示します．参加者はカードを並び替えて，優先順位やグループ分けをします．

例 1. 適切なアイコンを選択するためのカードソート[4]

一例として，参加者は，「健康情報に関するビデオを見る」機能を示すいくつかのアイコン（図 11.1）に優先順位を付けるよう求められました．参加者の選択は「映写機」と「VHS カセット」の間で 2 等分されました．他のアイコン——映画のフィルム，カチンコ，フィルムリール——には誰も投票しませんでした．チームは，映写機のアイコンを使用することを選択しました．これは，ビデオカセットが一般的でなくなり，将来のユーザーがカセットのアイコンを正しく解釈できない可能性があるためです．

図 11.1
「健康に関する動画を見る」メニュー項目で使用するアイコンの選択

正式なユーザビリティ評価

プロジェクトが試行による検証に進む前に，ユーザインタフェースを評価するために，正式なユーザビリティ評価のフェーズが実施されました．評価にはシステムの主な機能とセンサーの使用が含まれていました．

このフェーズでは，以前のバージョンのユーザインタフェースを試していない新しい参加者がいました．さまざまな背景を持つ 61～78 歳（平均 69.5 歳）の 10 人が参加しました．そのうちの 7 人が高血圧を患っており，3 人が糖尿病患者でした．参加者全員がテレビを毎日使用していました．6 人の参加者はこれまでコンピュータを使用したことがありませんでした．3 人はコンピュータを定期的に使用していました．残りの一人は過去にコンピュータを使ったことがあると話しています．

私たちが徹底的にテストしたユーザインタフェースの一つは，テレビ画面上に隠されたコントロールパネルにうまくアクセスして使用できるかどうかについてです．

例2. テレビ画面上の隠しビデオコントロールパネルにアクセスできるかを確認するテスト

テクニカルセットアップ：XBMC2[2] の修正版を実行している STB（セットトップボックス）に接続された 42 インチのテレビと通常のリモコンは，リビングラボ5) のあるアパートに設置しました．テレビ画面は，テスト参加者が座る椅子から 3 m 離れたところにあります．リモコンの eCAALYX 以外のボタンを紙で覆ったため，リモコンのデザインに起因するユーザビリティの問題を除外することができました（図 11.2 を参照）．参加者はタスクのあいだ中は自分の考えたことを口に出す発話思考法をするように求められました．

5) リビングラボ (Living Lab) はユーザー参加型の共創活動と，その活動拠点を指します．1990年代にアメリカで始まり，その後ヨーロッパで多くのラボが作られました．

図 11.2
無関係なボタンをカバーする紙のリモートコントロール

　参加者は健康に関するビデオを見るために招待されました．最初は，ビデオコンテンツとコントロールパネルは両方とも見えていました（図 11.3）．ただし，ビデオを開始してから数秒後，コントロールパネルはアニメーションしながら下にスライドして消えます．

　この時点で，参加者はビデオを一時停止するように求められました．テレビ画面にコントロールパネルを再表示させるためにリモコンを使用し，パネルがもう一度消える前にコントロールパネルの［一時停止］ボタンを押す必要がありました．

　改造されたリモコンには，ホーム，上，右，下，左，戻る，および情報の 7 つのボタンを選択できます．参加者は，上キーを押す前に複数のリモコンボ

---

[2] XBMC はオープンソースのメディアプレーヤーソフトウェアで，高度にカスタマイズ可能です．その後，XBMC は Kodi に改名されました．

図 11.3
大画面テレビでの健康に関するビデオ．コントロールパネルが下部に表示されます．

タンを試してみたところ，ビデオコントロールパネルが再び表示されました．10 人の参加者のうち 4 人だけが一時停止ボタンを押すことができましたが，その後の人は非常に困難でした．

　私たちは，高齢者がビデオを見やすいように表示エリアを最大にするために，コントロールパネルを隠して使うのが良いことだと考えていました．しかし，これは大きなユーザビリティの課題であるため，私たちはコントロールパネルを常に見えるようにしておくことにしました（フルスクリーンモードの時は除いて）．

　私たちのチームと参加者は，プロジェクトのすべての過程において協力しました．コラボレーションの成果の一つは，メニューの選択肢の並び順です．図 11.4 にメニューの進化を示します．

　その他には，次のようなユーザビリティの問題があります：

- 健康データのグラフ：
- 健康データのグラフに表示する内容

図 11.4
eCAALYX メニュー項目：プロトタイプ，中間版，最終版

- さまざまなタイムスパン（1日，今週，最後の4週間）を操作する方法
- 血圧値の表示（10のスケールを使用するポルトガルと100のスケールを使用するドイツの違い）
- 予約カレンダーに表示する内容
- 薬のリマインダに表示するもの

eCAALYX の現状

最後の改訂作業の後，ユーザインタフェースはプロジェクト CAALYX-MV（www.caalyx-mv.eu/project）内の追跡調査として検証されました．それ以来，チームは新しいブランド名の下に，ケアソリューションとして eCAALYX の商業的な可能性を模索してきました．ブランド名：Care-Box（https://www.youtube.com/watch?v=pFGJloXIyW0）.

eCAALYX プロジェクトの詳細については，www.aal-europe.eu/projects/ecaalyx/および www.ecaalyx.org/ecaalyx.org/index.html を参照してください．

Smart Companion と GoLivePhone

Ana Correia de Barros と Ana Vasconcelos,
The Fraunhofer Portugal Research Center for Assistive Information and Communication Solutions (Fraunhofer AICOS)

概　要

スマートフォンはすでに世界のモバイル機器の65%を占めており [GSMA, 2015]，この市場シェアは拡大し続けています．最も増加が著しい人口統計グループである高齢者にとって，これらのますます強力になるツールへのアクセスは，自立，尊厳，そして幸福と生活の質の向上を意味します．

Fraunhofer AICOS（Fraunhofer Portugal Assistive Information and Communication Solutions 研究センター）が開発した Smart Companion は，高齢ユーザーのゴールとニーズに対応するよう特別にデザインされています．これはデフォルトの Android ランチャー[6]をカスタマイズ可能な Android アプリケーションに置き換えるものです．一度インストールすれば，それは彼らの日常的な活動でユーザーをサポートし，親類や介護者と結びつけます．これは十徳ナイフのようなもので，ユーザーは必要な機能を選択できます．

[6]
スマホのホーム画面（ロック解除した際に，最初に表示される画面）.

第11章 ケーススタディ

　2010年に始まったSmart Companionのプロジェクトは，高齢者，特にテクノロジーに関して初心者のユーザーが，一般的な携帯電話のタスクを実行し，日常の活動を支援するコンパニオンを持つことを可能にしました．また，ユーザーとその親類，介護者，そして医師が常にリモート接続できるようにすることができます．これにより，ユーザーの自信と安心感が向上するとともに，介護者は常に情報を受け取ることができます．

　Smart Companionの研究者は，参加型デザインの原則と，将来のテクノロジーを自らデザインしている高齢者との共創に頼ってきました．チームは，すぐれたエンパワーメントを目指して，並外れたレベルのアクセシビリティとユーザビリティを実現するよう努めています．高齢者は，要件の収集，フォーカスグループインタビュー，観察，アンケート，インタビューなどのプロセスに初期段階から関わってきました．

　一般的な開発サイクルは，ユーザーの調査段階から始まり，続いて低忠実度のプロトタイプが作成されます（図11.5）．プロセスの初期段階で収集されたデータは，結果として生じるデザインに対して情報を提供するために非常に重要です．その後，プロトタイプを作成します．プロトタイプは繰り返し改善され，高齢の参加者とともに評価されます（図11.6）．

図11.5
さまざまなペーパープロトタイプ[7]

---

7) ユーザインタフェースの評価のために，画面を紙上で再現したプロトタイプ．

図 11.6
ペーパープロトタイプを試す高齢者

COLABORAR ユーザーネットワーク

　高齢者との緊密な協力の必要性は，ユーザーネットワーク「COLABORAR」の創設につながりました．医療機関，デイケア機関，または在宅医療機関との間に締結された協定により，研究者が継続的に高齢者とコンタクトするための条件が確保されました．このユーザーネットワークの恩恵を受けて，Smart Companion はオフサイトまたは Franhofer AICOS の施設で，250 以上のユーザビリティセッションを通じて評価されました．

　このユーザビリティセッションは，コンテンツ，ナビゲーション，インタラクション，そしてグラフィックデザインに焦点を当てています．これによりコンポーネントアプリケーションの効率性，学習性を向上させ，操作やタスクパフォーマンスのエラーを減らし，ユーザーの満足度を高めます．

　Fraunhofer AICOS の研究者の洞察と，高齢者の創造力を結集して，どのようなアプリケーションや機能をソリューションに含めるかを決定しました．このプロセスを通じて私たちは，広く拡大するユーザーの活動や変わり続ける環境において，ユーザーを支援するツールの概念に到達しました．コア機能から，より具体的なアプリケーションまで，あらゆるディティールが実際のユーザーのフィードバックをもとに作成，議論，設計，評価されています．過去 5 年間で，スマートコンパニオンの画面は，バージョンごとに大きな違いがありました．

基本的なメタファーを開発する

　プロジェクトが始まった 2010 年の頃は，スマートフォンは現在よりも普及していませんでした．高齢者は，最初にタッチスクリーンデバイスを操作するときに困難を感じる傾向がありました．スマートコンパニオンのチームは，高齢者が初めてスマートフォンの画面のロックを解除してアクティブにしたときに，すぐに理解できるメタファーを使用することで成功の可能性を高めることができると考えました．

　私たちのユーザビリティ調査では，最初にジッパーを開くメタファーを使ってみました．次に，針に糸を通したり，ゴールを決めたりするなどのメタファーなどに徐々に発展していきました．その後，現在のバージョンでは，デザインは鍵と錠の組合せを使ったデザインを使用した，シンプルなものになりました．メタファーベースの画面は，高齢者のフィードバックに対応し，新しいお知らせや機能を紹介するために開発されました．図 11.7 は，ロック解除画面のさまざまなバージョンを示しています．

図 11.7
ロック解除画面の初期バージョンから現在のバージョンまで

連絡先アプリケーションの進化

　連絡先やメッセージなどの基本的なアプリケーションは，高齢者がいま実行しているタスクに簡単に集中できるように設計されています．タッチスクリーンでのスクロールは，ほとんどの高齢者にとってまだ新奇で困難なものだったので，連絡先のリストにはナビゲーションのための矢印が表示されていました．選択した連絡先を拡大表示した画面が，画面上部に表示されます．連絡先の詳細を表示するためのボタンでもありました．

Smart Companion と GoLivePhone

図 11.8
連絡先リストの初期およびスクロールバーに修正した後の画面

　ターゲットユーザーがタッチスクリーンの操作に慣れてきたため，上下の矢印をスクロールリストに置き換えました（図 11.8）．

　必要最小限の選択肢だけをユーザーに提供したので，ユースケースの完成までに段階的にガイドラインに従うことができました．たとえば，連絡先では，［連絡先の表示］または［連絡先の追加］を選択できます（図 11.9）．

　時間が経つにつれて，私たちの高齢者は，連絡先リストにアクセスする操作は複雑すぎるという指摘がありました．よりよい解決策は，連絡先の表示画面と連絡先の追加画面をマージすることでした（中央の画像，図 11.10）．

Smart Companion のルックアンドフィールの変遷

　開発が進むにつれて変化したのは他にもあります．それはいくつかの操作要素，特にボタンの外観です．色は図 11.11 に示すように，Smart Companion の最後のイテレーション[8]で導入されました．これにより，全体的なデザインがリフレッシュされ，ユーザーにとってより魅力的なものになりました．

　アプリケーションのメイン画面（ランチャー）も，ユーザーの経験に基づくフィードバックを反映して変更されました．一例を挙げると，ナビゲーションをスクロールジェスチャーを持つ矢印に置き換えたことです．ランチャーの2回目の反復デザインでは，タブが導入されました．しかし，高齢者がそ

[8] イテレーションはソフトウェアの開発手法の一つであるアジャイル開発の中で使われる言葉です．小さな単位で実装とテストを繰り返すことで，従来の手法よりも開発期間を短縮できるため，アジャイル（素早い）と呼ばれています．ざっくりとした仕様と要求を決めたら，イテレーション（反復）と呼ばれるサイクルで「計画」→「設計」→「実装」→「テスト」の開発フェーズを回していきます．イテレーションごとに機能を追加していき，何度も繰り返しながら，細かく開発を進めていきます．

232 第11章 ケーススタディ

図 11.9
［連絡先の表示］および［連絡先の追加の選択肢の表示画面の，1回目と2回目のデザイン

図 11.10
連絡先スクロールバーのリスト，［表示］と［追加］をマージしたバージョン，および最終の色つきバージョン

れらを完全に理解していなかったので，タブは削除されました．ランチャーボタンのサイズが拡大され，アイコンの色がアプリケーショングループに関連付けられました（たとえば，ヘルプまたは緊急用には赤，通信用には青など）．直近のイテレーションでは，邪魔にならないステータスバーが特徴でし

Smart Companion と GoLivePhone

図 11.11
イテレーションで作成した主なランチャー画面のデザイン

た（図 11.11）．

現在のステータス

オランダのアイントホーフェンで開催された AAL フォーラム 2012（Active and Assisted Living Forum）で AICOS が Smart Companion を発表した際に，Gociety（www.gociety.eu）が興味を持ちました．Gociety は，"Best Ager"（55+）市場のビジネスチャンスに興味を持つオランダ企業です．

2013 年には，AICOS と Gociety が協力して Smart Companion をベースにした具体的なソリューションを作り出しました．GoLivePhone として商品化されている現在のソリューションは，エンドユーザーに対して徹底的にテストされており，エンドユーザーとセカンダリユーザー（介護者）の両方のニーズを満たしています．GoLivePhone には，ブランド名を変更して改良した Smart Companion と，連携ウェブサイトである GoLiveAssist が含まれています．

とりわけ GoLiveAssist は，介護者が高齢者のスマートフォン設定，連絡先，写真，アラートを管理できるようにします．

Smart Companion の詳細については，smartcompanion.projects.fraunhofer.pt を参照してください．

ASSISTANT，公共交通機関を使用している高齢者のための支援ツール

Stefan Carmien, Tecnalia, San Sebastian, Spain

Samuli Heinonen, VTT, Espoo, Finland

ASSISTANT (www.aal-assistant.eu) は，公共交通機関の利用を支援することで，ヨーロッパの高齢者が自立生活を維持するのを助けます．ASSISTANT は，すでに高齢者に馴染みのあるプラットフォームである PC と携帯電話で構築されています．ウェブベースの旅行計画アプリとパーソナルナビゲーションデバイス (PND) を組み合わせることでユーザーを目的地に誘導します．PND は，電話をかける機能と ASSISTANT アプリを実行するだけのシンプルなスマートフォンです．

ASSISTANT は，旅行者にタイミングよく適切な情報を提供します．搭乗する車両を特定し，車両の到着や，いつ車両が出発するかをユーザーに知らせてくれます．このデザインは，ヒューマンエラーとシステム障害の両方に対処するために，障害発生を前提としてシステムを設計する「Design for Failure」アプローチによって導かれています．私たちのデザインモットーは「物事はいつもうまくいかない．なぜこの考えを中心にシステムを構築しないのか？」．

このプロジェクトの主な対象グループは，移動する高齢者，特に不慣れな場所への移動や公共交通機関の利用を始めたばかりの人たちです．例えばバス停を探す，バスを降りるタイミングを知る，バスを降りた後に目的地に向かうなど，交通手段を使うときに少し助けを必要とする人々を指します．

ASSISTANT は，活動的で健康的な高齢化のための情報通信技術に関する Active and Assisted Living (AAL) プログラムによって資金提供されています．コンソーシアムはフィンランド，イギリス，フランス，オーストリア，そしてスペインからの研究者で構成されていました．私たちは，公共交通機関，エンドユーザーアドボカシー[9]，ミドルウェアおよびシステムプログラミング，モバイルおよび分散システム開発，組み込みシステム，そしてヒューマンコンピュータインタフェースデザインの専門家を擁していました．

このプロジェクトは 2012 年 6 月から 2015 年 6 月にかけて行われました．エンドユーザーと利害関係者の最初の要件収集は，サンセバスチャン（スペイン），パリ，ウィーン，ヘルシンキで行われました．パイロット版（初期評価）と試作版（総括評価）は 2014 年と 2015 年に同じ都市で実施されました．

[9] ユーザーとデザイナーの間に入ってコミュニケーションを促進させる専門家．

ASSISTANTは，オープンなユーザー中心設計と共創デザインの手法に従いました．ユーザインタフェースを短期間に反復デザインすることによって，最終的なアウトプットはユーザーから承認を得ることができました．

ASSISTANTと他の公共交通システムとの違い

ASSISTANTは，バッテリーの消耗，電話の紛失，寝過ごして目的の出口を過ぎていないかなどの状態を監視，識別，解決することで，旅行者に安全性を提供します．ユーザーはワンタッチでスマートフォンのルートを再検索（自宅またはルートの出発地に戻る）したり，ヘルプを呼び出したりすることもできます．電話機自体が動作しない場合，ASSISTANTシステムは，介護者（たとえば，家族，医者，緊急サービス）へと段階的にSMSメッセージを送信することができます．

ASSISTANTは，バス停を降りた後，目的地までの最後の道のりのガイダンスも提供します．歩行者用GPSナビゲーションによるガイダンスシステムは信頼性が低いことで有名です．ASSISTANTのデザインチームは，次の3つの仕組みで堅牢なガイダンスシステムを構築しました．(1) 停留所から最終目的地までのスマートフォンサイズの地図の提供，(2) 目的地の大まかな方向を示す「カラスが飛ぶ」コンパス，(3) ユーザーの位置をモニタリング（彼らが1分以上間違った方向に向かった場合，コンパスが正しい方向を指して警告する）．

ASSISTANTサーバーの2つのバージョンは，小規模の運輸会社で発生する可能性があるデジタルデバイドの解消に役立ちます．一つは，大手機関のAPI（アプリケーションプログラムインタフェース）から取得したデータを使用します．もう一つは，より小さな中継システム用のオープンソースシステムを使用しています．

ASSISTANTは，ユーザー設定の選択画面を通じて，簡単に設定可能なルートエディター，スマートフォンアプリケーション，ルート選択動作を提供します．ユーザーが選択するのが難しいと感じた場合は，あらかじめ用意してある典型的なユーザータイプのセットからテーマを選択できます．

ASSISTANTは，ユーザーと車両の両方のリアルタイムの位置データを使用します．どちらも使用できない場合，システムはユーザーに通知し，予定を元にしたガイダンスに切り替えて，乗り換えなどの各段階でユーザー確認を要求します．

デバイスはASSISTANTで簡単に接続できます．デザインガイドライン

は，双方のデバイスが使いやすく，インタフェースとデータ転送の両方がシームレスで透過的なことを保証することです．

段階的で反復的なアプローチ

運用の予備概念は，プロジェクトのシナリオ中に実行する一連の実用的なタスクで構成されていました．ユーザーアンケートとユーザーの観察記録が予備テストを補い，そこからヒントを得てプロジェクトのアーキテクチャとツールを，試験レベルにまで発展させました．

試験レベルでの評価は，システムの基本的な機能とインタフェースをテストし，アプリケーションの改善とデバッグのための情報を収集するためのものでした．利便性のほかに，この評価段階では人間工学的な側面にも焦点が当てられました．このフェーズのユーザーテストの結果を使用して，設計仕様を検証し，ASSISTANT のシステムをプロトタイプレベルまでさらに開発しました．

プロトタイプの段階では，システム設計とアーキテクチャがさらに改良され，最終的な ASSISTANT の統合システムが開発されました．2 回目の フィールドテストは総括的なもので，当初の設計要件とユーザーのニーズに関してシステム全体を評価しました．このトライアルはユーザーの自由な環境でおこなわれました．参加者は ASSISTANT アプリケーションを自宅に持ち帰り，実際の条件でテストしたのです．

テスト条件を揃えるために，ユーザーは ASSISTANT を家に持ち帰る前に，地元のテスト会場で同一のトレーニングを受けました．トレーニング中に，参加者はシステムとスマートフォンの紹介が書かれた短い説明書を受け取りました．その後，参加者は翌週まで毎日，公共交通機関の利用に ASSISTANT システムを使用したのです．週末には，テストトライアルの結果を収集するためのフィードバックセッションが開催されました．

参加者は，ルート検索を利用するために試用評価版を用いました．さらに，開発チームのメンバーが各評価者をサポートしました．開発チームは，総括的評価の数週間前にシステムのテストを行い，その結果，新しいシステムモジュールの統合による問題の発見とデバッグを行いました．

PND を通じたスマートフォンとシステム間のやりとりは，すべてログファイルに記録され，参加者はトライアル後にアンケートに回答しました．これらのデータは，プロジェクト終了直後に開始されることになっていた商業化の準備段階において貴重な洞察を提供してくれました．

ASSISTANT，公共交通機関を使用している高齢者のための支援ツール   **237**

最初のフォーカスグループには，PND とルートエディターの 3 つのモックアップが示されました．参加者の反応は，試験的なインタフェースを構築するために収集されました．高齢者向けの小型デバイスインタフェースに関する研究ベースの設計ガイドラインを収集した結果，メタ・ガイドラインが作られました [Carmien and Garzo, 2014]．このガイドラインは，PND 試験インタフェースのヒューリスティック評価の基礎として使用されています．同様に，ルートエディターのブラウザベースのインタフェースは，WCAG と高齢者向けウェブサイトの調査結果を使用して評価および改良されました．表 11.1 は，プロトタイプ試用の前にシステムに対して行われた一連の更新の事例です．

表 11.1　パーソナルナビゲーションデバイスおよびウェブベースのルートエディターで観察され，対策したユーザビリティ上の問題

観察結果	対策結果
パーソナルナビゲーションデバイス	
コンパスは必ずしも正確ではありませんでした．	スマートフォンの再起動後に調整が必要．
リアルタイムの情報は正確でしたが，GUI でのユーザーへの提示は十分に明確ではありませんでした．リアルタイムの情報は，トラムや一部のバス路線で完璧に機能しました．	GUI のリアルタイム情報表現に調整をした．GUI の情報フォーマットの指定をした．
デフォルトの歩行速度は，都市環境では適切ではなかった．	ルートを作成する際にデフォルトの歩行速度を遅くする必要がある．
メトロではシステムが動作しません．	ナビゲーションモジュールが改善された．
エラー処理：バス停を逃すなど．テストして処理済み．	これについてはさらなる開発の必要はありませんでした．
GUI： 1. ヘルプ画面のレイアウトを改善する必要があります． 2. 現在表示されているルートに不要な終了ボタンがあります．以前調べたルートを開いて詳細を確認することができるかどうか不明です． 3. 設定画面のボタンが多すぎます．	GUI： 1. ヘルプ画面が改訂され，通話とショートメッセージサービスのボタンが追加されました． 2. 現在表示されているルート画面のレイアウトが再設デザインされました． 3. 不要なボタンが設定画面から削除されました．

238 **第11章** **ケーススタディ**

表11.2 パーソナルナビゲーションデバイスおよびウェブベースのルートエディターで観察され，対策したユーザビリティ上の問題（続き）	
観察結果	対策結果
いくつかの路面電車の停留所が互いに近すぎて，アプリが常に正しい路線を認識しているとは限りません．	停車中に現在の停車地 ID を知らせるテキストを画面に追加する必要があります．
地図/コンパスボタンがナビゲーション画面にうまく配置されていません．	通話ボタンは Map / Compass ボタンに置き換えられました．通話ボタンがヘルプ画面に移動しました．
ウェブベースのルートエディター	
翻訳エラーが発生しました．	翻訳エラーが修正されました．
最初のバス停までの所要時間が短すぎました．	研究に基づいて改善されました．
さまざまな方法で連絡先に SMS を送信するためのテスト．スペインでは機能しませんでした．	スペインでは特殊文字（アクセント）を使用していたからでした．開発者によって修正されました．
バスを降りる際のメッセージは混乱しました．「あなたは次の停留所で下車しなければならない」は明確ではありませんでした．	メッセージを「これは 2 番目に乗り換える停留所です」に変更しました．

ウェブベースのコンポーネント

　図 11.12 と図 11.13 に，ASSISTANT に使われているウェブベースのコンポーネントを示します．図 11.12 に示すルート編集のプリファレンスタブでは，PND とルートエディターのインタフェースと機能をカスタマイズすることができます．同じタブにはテンプレートや，一般的なエンドユーザー向けに複雑なプリセットが設定済みの「テーマ」が用意されています．

　図 11.13 に示すルート作成ページから，ユーザーは出発地と目的地，そして（到着または出発）日時を入力すると，ルートを自動生成することができます．パネルの右側には，ルートの詳細な地図が表示されます．

パーソナルナビゲーションデバイス (PND) の画面

　図 11.14 に，PND のいくつかの画面を示します．説明と写真の対応は左から右へ：

ASSISTANT，公共交通機関を使用している高齢者のための支援ツール　　239

図 11.12
ASSISTANT ルートエディターのプリファレンスタブ[10]

[10] この画面で ASSISTANT の設定を変更できます．USER THEMA を選ぶと，典型的なユーザーの好む見た目に変更することができます．また，各自の視力や移動能力に合わせて調整することが可能です．

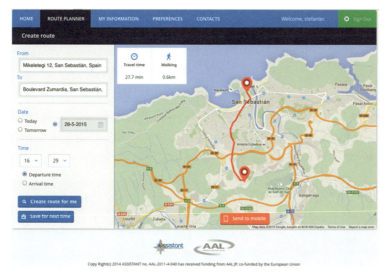

図 11.13
ウェブベースのルートエディターのルート検索ページ

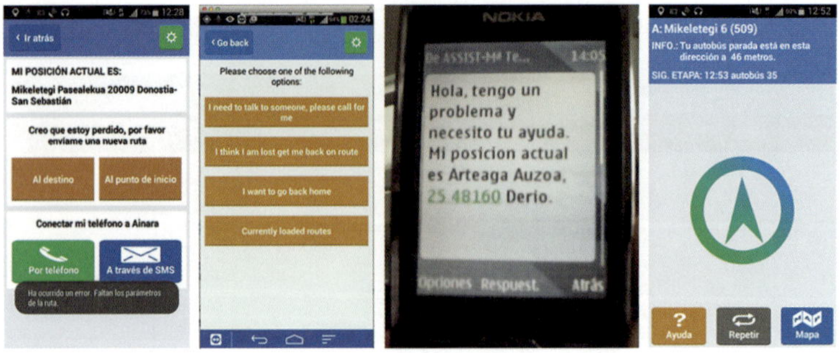

240 第11章 ケーススタディ

図 **11.14**
パーソナルナビゲーションデバイスの画面サンプル

- ユーザーの移動中に PND にエラー画面が表示される：これは，ユーザーがルートから外れている可能性があることを通知し，新しいルートを作成したり，SMS や電話でヘルプを要求したりする選択肢を提供します．

- ヘルプの要求画面：起動すると，ユーザーに関連する選択肢が表示されます．

- 連絡先の携帯電話に送信される一般的な SMS メッセージ．この場合，システムは，エンドユーザーに問題がある可能性があることを検出したことを介護者に通知しています．システムはまた，潜在的な問題が検出されたときにエンドユーザーがどこにいたかを介護者に知らせます．

- コンパスガイダンス：これは，移動の最初と最後の 1 キロメートルの間に表示されます．

図 11.15 に ASSISTANT の使用中の様子を示します．説明と写真の対応は左から右へ：

- 地下鉄のためのガイダンス画面．地下鉄のスケジュールに基づいてユーザーにガイダンスを与える．

- スペインのサンセバスチャンで使用されている PND の写真．

- フィンランドのヘルシンキにおける ASSISTANT システムの実地試験の様子．

ASSISTANT の成功にとって重要なのは，入り組んだシステムのさまざまなパーツの調整です．これに続くのはルートエディターとスマートフォンアプリケーションの慎重な設計です．高齢者のための小さなグラフィカルインタフェース画面をデザインする重要な作業です．その他の課題には，情報を

図 11.15
ASSISTANT の利用状況

必要最小限に選択すること，広範囲のニーズに対応するために情報のパーソナライズ機能の提供，そしてデジタルデバイドの「正しくない」側にいるかもしれない人がアプリケーションを使用中のものと十分な類似性を保持することです．

SUBARU 自動車インフォメーションシステム

Sean Hazaray, Subaru Research & Development

本当に，最下位はどれくらい悪いものでしょう？

2013 年に JD パワーは，26 のブランドの車載インフォテインメントシステム[11]の比較に焦点をあてた年次報告書でナビゲーションシステムに関する満足度結果を発表しましたが，その結果 SUBARU の評価は最下位でした．他のいくつかのメディアでも同様に低い評価がありました．TheStreet は，SUBARU の Forester のレビューで，大部分をインフォテインメントシステムについて「致命的な欠陥」だと批判していました．[Wahlman, 2015]．顧客は，インフォテインメントに関する記録的なクレームを SUBARU のディーラーに出していました．

Consumer Reports の 2015 年度の自動車信頼性調査でも，インフォテインメントシステムは新車所有者から報告された最も重要な問題の 1 つでした」[Hard, 2015]．疑いもなく，（直感的な）インフォテインメントシステムは自動車のオーナーにとって重要です．これらのことから，車内技術とインフォ

[11] インフォテインメントはインフォメーション（情報）とエンターテインメント（娯楽）の語を組み合わせた造語．

テインメントについてなんとかすべきであるという微塵も疑いのないような指摘がありました.

SUBARU の購入者にとって「直感的な」とはどういうことですか？

しかし正確には，車のインフォテイメントシステムを「直観的」にするということはどういうことでしょうか？　答えは顧客，より具体的に言えば，私たち SUBARU の顧客とともにあります．しかし私たちは SUBARU のお客様について何を知っているでしょうか？

約2万件の顧客調査を通じて得られたデータを調べると，SUBARU の購入者は私たちの予想よりも年齢が高いことが分かりました．年齢の中央値が50才で，かなりの割合で退職していることを示しています．私たちにとってこの発見は，まったく間違いではないにしても，奇妙に思えました.

結局のところ，スバルのマーケティングはロッククライマーやカヤック乗りなどの冒険家に向けられていたのではないのですか？　言い換えれば，強力でセクシーなミレニアル世代？　対象となる人たちの人口統計を見逃したのは，私たちの問題だけではなく，業界全体で共通したものでした．これは非常に近視眼的に思えるかもしれませんが，次のように説明することができます.

- SUBARU のチームメンバーもサプライヤーのチームメンバーもどちらも比較的若かったので（平均年齢は20代後半〜30代前半），テクノロジーに詳しい．私たちがテクノロジーに依存していない人々と関係性を持つことは困難でした.
- SUBARU のアウトドアや冒険家のコマーシャルへの強い偏重により，私たちは車を購入している人たちが，若い人たちだと「感じる」傾向がありました．（しかし，マーケティングデータが証明しているように，私たちはかなり間違っていました.）
- 最新の自動車機能は技術的に非常に複雑です．私たちの中でも "年長の" チームメンバーも，現役のエンジニアであり，機能に関する実際的な知識を蓄えていました．彼らは単に，コンシューマーがなぜその機能を理解することができなかったか，もしくは喜んで学ぶことができなかったのかを理解できなかったのです.

私たちはこのデータを得てから，自動車業界では前例のないことをしまし

た．20代前半のコンシューマー向けではなく，高齢のコンシューマー向けにインフォテインメントシステムをデザインしたのでした．

画期的な方法論（少なくとも自動車業界向け）

　私たちのデザインプロセスはユニークで，高齢者に焦点を当てただけではありません．私たちの最も重要な決断の一つは，「最先端」や「ユニーク」ではなく，使い慣れたなじみのあるデザインを採用することでした．

直感的＝慣れ親しんでいる：「直感的」は定義が難しく，その定義は誰にとっても違います．しかし，「直観的」に近づける一つの方法は，すでにユーザーによく知られているデザインに焦点を当てることです．既存の（そして人気のある）デバイスに類似したデザインモチーフやアニメーションを使用することによって，システムはもっと「直感的」になるでしょう．このような理由から，今日の社会の至る所で使われているスマートフォンの優位性に類似した「スマートフォンのような」デザインを推進しました．

　しかし，直感的なデザインはパズルのピースの一つに過ぎませんでした．もう一つの重要な点は，なぜ使いやすい製品が，実際に使いやすいのかを理解することでした．

使いやすさ＞機能の優先順位：誰もが直感的なデザインを望んでいますが，本当に機能を取り去っても構わないのですか？　これは，顧客層へのチャレンジです．私たちの顧客のすべて100％を対象とする場合，異なるユースケースを加えることが正当化されるかもしれません．しかし，私たちは単に大多数のコンシューマー，特に年配の人とテクノロジーに精通していない人に焦点を当てていました．インフォテインメントシステムをコア機能に絞り込むことで，非常に簡単に操作できるユーザインタフェースにできました．これは「パワー」ユーザーやミレニアル世代を満足させるものではないかもしれませんが，私たちのユーザビリティ調査では，ミレニアル世代の全員がパワーユーザーではないという一般的な誤解が示されています．

一貫性，一貫性，一貫性：直感的なデザインは一貫性があります．インタフェースがiPhoneのインタフェースに似ている場合は，ユーザーはシステムをもっと早く学ぶことができます．これは，高速での運転や天気の悪いときの運転など，潜在的に危険な運転条件のときなど，車内テクノロジーを利

用する際に特に重要です．

「ウォーターフォール型」開発を併用した「アジャイル」開発：自動車の設計では，一般的にサプライヤーに仕様書を渡すために明確な期限を設けた「ウォーターフォール型」のタイムスケジュールを使用します．しかし，ここでは，「アジャイル」開発を選択しました反復テストに重点を置いた開発スタイルです．デザインの各段階でコンシューマーとテストを実施し，次のテストの結果を改善するために仕様を修正しました．

継続的なテストを伴う反復プロセス

デザイン上の決定を下すことは，私たち固有の偏り（年齢やテクノロジーに関する知識）のせいで困難でした．実際，偏った意見がデザイン上の最大の障害でした．これに対処するために，さまざまな段階でさまざまなプロトタイプを多数作成し，潜在的なコンシューマーとの主要なユーザビリティテストを完了しました（図11.16）．

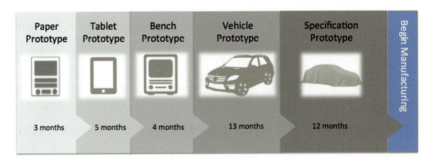

図 11.16
開発中に使用されたプロトタイプの進行の大まかなスケジュール

ペーパープロトタイプ：デザインプロセスの初期段階では，紙片や切り抜きを使用した簡単なクイックモックアップを始めました．これにより，UIの操作の流れの問題に対する独創的なソリューションをブレーンストーミングしながら，コストを非常に低く抑えることができました．忠実度[12]の低いプロトタイプを使用して，私たちは米国の主要な研究施設（約20人）でSUBARUの社内スタッフの大半にわたってテストを行い，デザインの方向性を確認しました．このテストは安価で簡単でしたが，SUBARUの社内スタッフがSUBARUのコンシューマー層を代表していないため，懸念が高まって

---

12) 忠実度とは実際の製品とどれだけかけ離れているかの度合いです．低い場合は，まだ本当の試作品で，高くなるにつれて実際の製品に近くなります．

内部テスト

参加者の経歴：およそ12人の内部スタッフ
- 約75%が男性
- 年齢層ができるだけ均等になるように調整
  - 20－29歳：2名のスタッフ
  - 30－39歳：3名のスタッフ
  - 40－49歳：4名のスタッフ
  - 50－53歳：3名のスタッフ

手順：プリントアウトを切り抜いて作ったプロトタイプを用いて，各テスト参加者にユースケースに関するクイックテストを行う．

図 11.17
ペーパープロトタイピングは低コストで迅速でしたが，大きな制限もありました．

いました．図 11.17 に，内部テストに使用された年齢層の内訳を示します．

タブレットのプロトタイプ：プロトタイプの明確なイメージが完成したら，タブレットアプリでシミュレートバージョンを開発しました．忠実度は高くなく，多くの画像が不足しており，いくつものバグがありました．しかしながら，これは複雑なユースケースのいくつかを視覚化するのに役立ち，私た

内部テスト

参加者の経歴：およそ12人の内部スタッフ
- 約75%が男性
- 年齢層ができるだけ均等になるように調整
  - 20－29歳：2名のスタッフ
  - 30－39歳：3名のスタッフ
  - 40－49歳：4名のスタッフ
  - 50－53歳：3名のスタッフ

手順：Powerpointに似た低忠実度のモックアップをタブレットで表示し，各テスト参加者にクイックテストを行う．

図 11.18
タブレットを使ったテストはフローを改善するのに役立ちましたが，ジェスチャーや複雑なユースケースが使用できないため，範囲が限定されていました．

ちはこれを使って主に内部スタッフに対してテストを続けました．図11.18に，タブレットを使用した評価手順の概略を示します．

ベンチプロトタイプ：自動車用プロセッサとディスプレイスクリーンを使用して，私たちは車内をシミュレートする「ベンチ」プロトタイプを開発しました．これは，インタフェースがタブレット上ではなく車内にあることを参加者に明確に示すことができました．

　図11.19に，ベンチユニットを使用した最初のコンシューマー評価の背景を示します．この評価は，著しく異なるプロトタイプを，それぞれ同様に比較して実施しました．各プロトタイプを評価する前に，4台のベンチマーク車両が用意され，さまざまなテストが実施されました．評価は1プロトタイプ当り約10分と非常に短かったのですが，UXのための主要なフレームワークとグラフィックデザインの両方の，全体的な方向を決定する助けになりました．図11.20は，開発の初期段階で使用されるベンチユニットのレンダリングを示しています．

図 11.19
ベンチプロトタイプを使用していくつかの致命的な間違いが確認されました．

車両プロトタイプ：デザインがさらに洗練され，ユースケースとグラフィックをシミュレートするために車両プロトタイプが開発されました．これは最も実際のシステムに近いバージョンです．それによって，コンシューマーの行動や好みは，コンピュータの画面ではなく車両のコンセプトを見たときに

図 11.20
ベンチユニットの初期段階でのレンダリング例

変化しました．たとえば，安全性がはるかに重要になり，車両内でのジェスチャー操作がユーザーにとって実行しにくくなりました．試作車の写真を図 11.21 に示します．プロトタイプは車両としての完全な技術的機能を備えていませんでしたが，FM ラジオやナビゲーションなど，すべての機能をシミュレートすることができました．この車両は，外部のコンシューマーにまるで製品版であるような錯覚を与えたのでした．

図 11.21
プロトタイプ車の外装と内装は「ベイダー」と呼ばれています．

図 11.22 は，2 回目と 3 回目のコンシューマー評価の参加者の内訳と手順を示しています．SUBARU チームの潜在的な偏りを最小限に抑えるために，異なる方法論を用いて 2 つの企業によって評価が完了し再デザインされました．参加者の年齢層は，以前調べた SUBARU 車の最近の所有者の年齢データと一致しています．

2 回目のコンシューマー評価では，ユースケースごとに車両のプロトタイプを自由に操作することができました．テスターはプロトタイプシステム内の

第11章　ケーススタディ

Consumer Evaluation #2
Demographic: 24 participants
- 12 male, 12 female
- 12 Subaru owners, 12 non-Subaru owners
- Balanced by gender, age, income, and education

Procedure: Each consumer is asked to operate through a set of 10 use-cases. The consumer will perform the same tasks through a competitor benchmark vehicle either before or after.

Consumer Evaluation #3
Demographic: 24 participants
- 12 male, 12 female
- 50% over 50 years old
- 100% recent car buyers (within last 2 years)
- Balanced income

Procedure: The vehicle and 3 competitor vehicles are masked and anonymized. Each consumer is walked through a set of 4 main use-cases by an administrator. The consumer will rate how they feel each vehicle's use-case. After the conclusion, the 3 consumers will enter a focus group discussion, and explain their reasoning on why they liked or disliked certain aspects of each vehicle.

13)
コンシューマー評価#2
デモグラフィック：参加者数24名
・男性12名，女性12名
・スバル車オーナー12名，非オーナー12名
・性別，年齢，収入，学歴などのバランスをとった
手順：コンシューマーに操作しながら10のユースケースについて質問した．コンシューマーは同じ操作を競合他社のベンチマーク車にも同様の操作を行った．

コンシューマー評価#3
デモグラフィック：参加者数24名
・男性12名，女性12名
・参加者の50％以上が50歳以上
・全員が2年以内に自動車を購入している
・収入のバランスをとった
手順：試作機と，覆いを掛けて社名を伏せた競合3社の車両を用いた．コンシューマーは案内に従って4つの主なユースケースを，4つの車両で順に試す．コンシューマーはどのように感じたかそれぞれのユースケースを車両毎に採点する．評価が出た後，3人にフォーカスグループディスカッションをおこない，コンシューマーにそれぞれの車両のどこが好きか/嫌いかを説明してもらった．

図 11.22
車両プロトタイプは最も現実的な体験を提供しました．コンシューマーのコメントは，車両環境において顕著に異なっていました[13]．

多くのバグをすぐに発見して，非常に有益でした．プロトタイプの多くのバグは，テスターの気分や経験に大きな影響を与えました．特に，最終版の安定したソフトウェアを搭載した競合他社の車両と比較した場合に顕著でした．

　3回目のコンシューマー評価では，プロトタイプのバグによるバイアスを防ぐことを目指しました．プロトタイプ車両と3つのベンチマーク車両をユーザーが識別しないようにしました．今回の評価では，車内の管理者が実演した各ユースケースを各テスターに見せましたが，触れることはできませんでした．その後テスターは，覆いで隠された3台の車両を参照して各ユースケースを評価しました．評価の後，テスターは小グループ（3人のテスターと1人のモデレーター）になり，彼らの推論を議論しました．これはバグのバイアスを防ぐのに役立ちましたが，テスターが実際にプロトタイプを操作しなかったので，理想的とは言えませんでした．車両の人間工学的な原因により，それがユーザーの障害になりました．

仕様のプロトタイプ：次に，最終的な生産品とほぼ同じ仕様のプロトタイプを開発しました．この時点からソフトウェアやハードウェアにさらに変更を加えると，追加の費用が非常にかかるため，デザインはこの時点でかなりロックされます．仕様プロトタイプは，主にデザイン上の決定を検証するために役立ちました．

　図 11.23 は最終的なコンシューマーテストを示しています．これは3番目のコンシューマー評価とほぼ同じですが，競合他社の新車を使用しています．これには最も現実的なプロトタイプを提供しましたが，セットアップの制限

SUBARU 自動車インフォメーションシステム

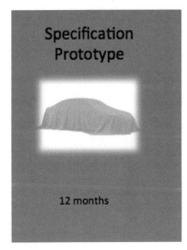

図 11.23
最終コンシューマーテスト[14]

14)
コンシューマー評価#4
デモグラフィック：参加者数 36 名
・男性 18 名，女性 18 名
・参加者の 50％以上が 50 歳以上
・全員が 2 年以内に自動車を購入している
・コンシューマーの収入のバランスをとった
手順：試作機と，覆いを掛けて社名を伏せた競合 3 社の車両を用いた．コンシューマーは案内に従って 4 つの主なユースケースを，4 つの車両で順に試す．コンシューマーはどのように感じたかそれぞれのユースケースを車両毎に採点する．評価が出た後，3 人にフォーカスグループディスカッションをおこない，コンシューマーにそれぞれの車両のどこが好きか/嫌いかを説明してもらった．

から多くの教訓を得ました．このプロトタイプはシステムと接続するための多くのワイヤーがつながっていたので，テスターからは完全に機能する自動車のように見えませんでした．インフォテイメントシステムは生産ユニットと同じハードウェアを使用していましたが，多くのユーザーは「プロトタイプのフィーリング」を拭い去れませんでした．

テストから学んだ教訓

自動車メーカーは，典型的な自動車購入者が高齢であるという事実にもかかわらず，若いミレニアル世代の購入者のために車をデザインし続けています．SUBARU のインフォテインメントシステムは，自動車業界向けの独自の提案であるラボテストとユーザビリティテストを通じてデザインされました．コンシューマーテストから得られたいくつもの注目すべき洞察が，インフォテインメントシステムを形作るのを助けました．

高齢のコンシューマーは若いコンシューマーと根本的な違いはありません：40 歳以上のコンシューマーが，20〜30 歳の若いコンシューマーよりもテクノロジーに苦労しているという印象があります．これはテストで明らかになっていますが，ユーザビリティの信頼できる予測因子ではありませんでした．

より信頼性の高い予測因子は，テクノロジーに精通していることでした．iPhone からタブレット，スマートテレビまで，今日の一般的なガジェットに

精通していたユーザーは，他のユーザーよりもユースケースを成功させる可能性が非常に高かったのです．

　高齢のコンシューマーは，多くの人に苦情を言うか，より苛立つか，またはあきらめる可能性が高くなります．しかし彼らの年齢だけでは，システムを操作するのに影響があるとは，あまり言えませんでした．

ノブとボタンは適切な環境では重要です：「ベンチプロトタイプ」フェーズでは，ノブとハードボタンの有無にかかわらずデザインをテストしました．家電製品のトレンドは，ノブとボタンを減らしたり無くしたりすることです．コンシューマーは，以前の紙とタブレットのプロトタイプにはつまみやボタンがないことを気にしませんでした．しかし，完全な車両を備えたプロトタイプでは，コンシューマーこれらの機能を要求しました．これは，開発サイクルで可能な限り早期に現実的なプロトタイプを提示することの重要性を示しています．

使い慣れた UX フレームワークは直感性に最も重要です：使いやすく直感的なデバイスをデザインするためには，対象となるユーザーに既になじみのあるモデルを使用するのが役立ちます．SUBARU のインフォテインメントインタフェースの場合，私たちはターゲットオーディエンスが iPhone と Windows PC に慣れ親しんでいることを活用しました．これは非常に明白で妥当な判断と思われるかもしれませんが，革新性を求めることに傾向している自動車メーカーにとっては難しい方向です．

　　ディスプレイは分かりやすく感じます—私のスマートフォンを思い出させる—ラボテストの参加者

コンシューマーはスマートフォンのようなデザインを好みました：私たちは iPhone のようなアイコンを使い，iPhone のような UX のフローを確立しました．コンシューマーはそのような使い慣れたデザインを強く好みます．図 11.24 は，iPhone のようなアイコンを好むコンシューマーの例を，システムの全体的なテーマに沿ったものにした例を示しています．

カラーコーディングはコンシューマーにとって極めて重要であることが証明されました：各エンジニアが独自のホームスクリーンアイコンをデザインし

SUBARU 自動車インフォメーションシステム

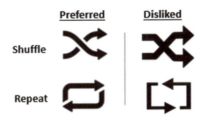

図 11.24
コンシューマーは，システムの一般的なデザインの方向性を具体化するアイコンよりも，iPhone や Mac に似たアイコン（左）を好みました．

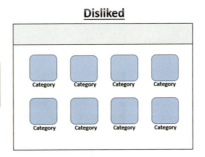

図 11.25
色付きおよび無色のカテゴリー表示の図表

て作成し，コンシューマーが自分のお気に入りに投票できるようにしました．コンシューマーは圧倒的に図 11.25 に図示した，カテゴリーを区別するために色を使用したデザインを選択しました．主なトレードオフは，色分けによってデザインが「Fisher-Price[15]」などの子供のおもちゃに似てしまうため，高級車には最適ではない可能性があることです．

> 色は素晴らしいです―非常に直感的です―テストラボでの参加者の意見
> アイコンが安っぽく見える―少し Fisher-Price っぽい―テストラボでの参加者の意見

米国のコンシューマーは，Google Maps や Garmin[16] の古典的な UI に似たマップインタフェースを信頼していました：コンシューマーは，Google Maps や Garmin のスタイリングの特長に圧倒的な反応を示しました．ユーザーとこれらの成功した地図サービス会社との間には信頼関係がすでに確立されています．コアとなるナビゲーションのアルゴリズムは完全に異なる場

[15] アメリカの子ども用の玩具メーカー．

[16] アメリカの GPS 機器のメーカー．

合であっても，コンシューマーは，緑色のボックスとベージュ/グレーのマッピング配色の，Google Maps と同様のスタイリングが好ましいです．

これは，A/B テストを実施する際に特に明らかでした．Google Maps のスタイル設定は，Apple Maps（21％）や TomTom[17] よりも 75％も好まれていました．

私たちの内部評価から，この理由は Google Maps と Garmin が米国で大きなマーケットシェアを持っているためであると考えています．米国ではこれらの製品はナビゲーションのデファクトスタンダードと見なすことができます．ただし，Google マップの市場占有率が非常に小さい中国では同じ結果を再現できないと考えています．図 11.26 は車内で使用するソフトウェアの最終版を示します．

17) オランダの GPS メーカー．

図 11.26
ナビゲーション UI は，Google のような操作体験を求めるコンシューマーの好みに合ったものでした．

コンシューマー評価に関するデザイン上の意思決定

この開発戦略の最も重要な側面の 1 つは，コンシューマーテストの価値を検討することでした．そうすることによって，私たちは自分たちの意見が本質的に偏っていることを認識し，実際のユーザーが経験した UX の問題を見つけることを決意しました．

偏った意見を減らす：建設的な批判を切望している中で，私たちが偏見のない意見を得るために行った最良の方法は，2 つの異なる第三者の企業を利用してユーザビリティテストを行うことでした．ベンチプロトタイプと車両プロトタイプの間に，主要なコンシューマーテストの調査を 3 回実施しました．

さらに雑誌ジャーナリスト，大学の研究者やUXコンサルタント，自動車専門家など，約10人の「エキスパートコンサルタント」がシステムを評価しました．多くのコンシューマーや専門家が同じ問題を抱えていたり，同じ苦情を話し合っていたら，それらのUXの問題を解決する必要があると理解しました．

低コストの社内調査は最初の内は素晴らしいが「やや偏っている」：社内調査は確かにこれらの問題の多くを予測しました．しかし重要な発見は私達の内部スタッフが実際のSUBARU車のオーナーを完全に反映したものではなかったということでした．具体的には，私たちの内部スタッフと現地スタッフは，ほとんどのSUBARU車のオーナーよりも車について多くのことを詳しく知っていました．これは当り前のようなことに聞こえるかもしれませんが，あまりにも頻繁に，自動車メーカーから見落とされている点です．

調査結果と教訓

ユーザーテストに基づいた，私たちのデザインには非常に自信があります．プロセスの各ステップでテストを行うというこだわりのおかげで，私たちはいくつかの素晴らしい成果を得たと本当に信じています．この記事の執筆時点ではまだリリースされていないので，私たちは自分の製品の市場での結果を共有することはできませんが，ここに私たちが学んだ重要な学びを書き出します：

「顧客は常に正しい」：必要であれば調査とテストを実施して，顧客が誰であるかを真に理解します．あなたのユーザビリティテストの参加者の行動や態度を無視しないでください．彼らは本物です．

「機能」ではなく「ユースケース」を考えてください：顧客を理解したら「機能」に焦点を当てないでください．代わりに，顧客が重要なユースケースを完了させるのに役立つ機能を決定してください．

"使いやすい" というのはトレードオフです："使いやすい" デバイスは退屈で幼稚なものとさえ考えられます．しかし，シンプルさは本当にポジティブであり，ハイウェイ上で時速70マイル以上の速度で駆動するデバイスにとっては間違いなく重要です．

コンシューマーを知り，"馴染みのある"デザインに基づいてインタフェースを構築しましょう：最終デザイン（図11.27）はApple iPhone，Google Maps，Garminのナビゲーションシステム，そしてWindows XPから明確なインスピレーションを得ています．これらの機器はSUBARUのコンシューマーと強く共鳴しているので，私たちのコンシューマーはすでにシステムの使い方を知っている車を購入することができます．ただし，別のコンシューマー向けにデバイスを構築する場合は，そのコンシューマーの大多数が慣れ親しんだデバイスを知ることが重要な戦略になります．

図 11.27
このデザインは2017年製のImpreza（左）にされています．コンシューマーに親しみやすいようにデザインされたボタンのレイアウトを使用しています（右）．

コンシューマーの期待は絶えず変化しています：コンシューマー評価の結果は，絶対的な原則ではなく，現在のコンシューマーの「スナップショット」として捉えるべきです．たとえば，最初のテストでは，1本の指でドラッグしてリストをスワイプするなど，多くのコンシューマーがジェスチャーを理解できませんでした．しかし，後のテストでは多くのコンシューマーがジェスチャーについてよく理解していました．実際，高齢者の何人かはジェスチャーを*期待*していました．

　この期待の変化は，米国市場でのスマートフォンの普及によるものと思われます．環境は常に変化しているため，ターゲットの人口も常に変化しています．新しいガジェット，最新のアプリ，そしてより未来的な動画など．

　調査時点では，スマートフォンの市場シェアはAppleとAndroidのユーザー間で均等に分かれていました．ただし，最近の市場シェアの拡大によるAndroidの急増は，将来の開発に対するコンシューマーの期待に影響を与える可能性がある変数です．

最後に

　この記事を書いている時点では，2017年製のImprezaに搭載されたシステムはまだ発売されておらず，コンシューマーと直接対面していないため，実際の反応は不明です．ラボテストに基づいて，私たちは確かにコンシューマーの第一印象に関するデータを持っていますが，ラボでの10分間の評価は，製品を長期間所有したときとは異なる反応を生み出す可能性があります．いずれにせよ，私たちのテストにはメリットがあると楽観視しています．そして，どんなに否定的なフィードバックでも楽しみにしています．そう，ネガティブでも（！），私たちはその情報をもとにユーザーの懸念事項に対応し，より良い次の世代を構築することができるのです．

ウェブアクセシビリティのためのバーチャル高齢者シミュレーター

Teresa D. Gilbertson, PhD, Loughborough University, UK

序　論

　ウェブコンテンツアクセシビリティガイドライン (WCAG 2.0) [W3C-WCAG2.0, 2008] は，アクセス可能なウェブサイトを作成するためのベストプラクティスに関するアドバイスを提供しています．ガイドラインはWorld Wide Web Consortium (W3C) から無料で入手することができます．ただし，これらのガイドラインは，スクリーンリーダーなど，AT (Assistive Technologies)[18] を使用している人々がウェブサイトを確実に使用できるようにすることが中心になっています．多くの場合，それらもまた非常に複雑で入り組んでいます．

　W3Cはまた，ウェブアクセシビリティイニシアチブ：加齢に関する教育と協調 (Ageing Education and Harmonisation) に関するプロジェクト (WAI-AGE) [W3C-WAI-AGE, 2010] において，WCAGガイドラインが高齢者にどのように適用されるかについて具体的なアドバイスを行っています．残念ながら，元のガイドラインの構造上，高齢者に最も適したアドバイスの多くは優先されません．その結果，せっかくのアドバイスは，初心者のウェブデザイナーや，加齢に関連した能力の変化に関する人々のニーズに精通していない人々には，ややアクセスが難しい状況です．

　ウェブアクセシビリティのためのバーチャル高齢者シミュレーターは，博

---

[18]
障害による物理的な操作上の不利や，障壁（バリア）などを解消するための機器や用具のこと．日本語では障害者支援技術と訳されます．

士論文 [Gilbertson, 2014] の一部と，それ以前 [3] の研究 [Gilbertson, 2015] によって構築されており，次のようなことを示しています．

1. デザイナー（実際にはウェブ業界のほとんどの人）は，加齢に関連する変化についての理解が低く，
2. そしてそれは，インタフェース/ウェブサイトをどのように捉えるかに影響します．

ウェブの専門家やデザイナーは，ユーザーの年齢や過去の経験のどちらも，加齢に関連した変化をアクセシビリティの問題と関連付けて考えていませんでした．バーチャル高齢者シミュレーターの目標は，シミュレーションを利用することによって加齢がユーザーに与える影響に対する専門家の態度や理解を向上させることができるかどうかを確認することでした．

シミュレーターの概要

このシミュレーターには，加齢に関連する感覚の変化と，いくつかの一般的な加齢に関連する状態を扱う 6 項目の課題と，さらに 7 項目にまとめの課題が含まれていました．

1. 加齢に伴う視力の変化（老眼/遠視）
2. 加齢に伴う色とコントラストの視野の変化
3. 加齢関連の疾患が視力に影響を及ぼす変化（例えば，糖尿病性網膜症，加齢黄斑変性症）
4. 加齢に伴う聴覚の変化（例えば，高い音が聞き取りにくくなる難聴，耳鳴り）
5. 加齢に伴う動きの変化（運動緩慢/運動の遅れ，振戦など）
6. 加齢に関連した認知の変化（注意を妨げるものを無視する能力の低下，認知負荷の増加など）
7. まとめ．すべての課題のまとめ．複数の身体的変化を同時に体験することで，それぞれの変化の影響がどのように拡大されるかを知る

各課題ではまず加齢による変化について紹介し，その変化のシミュレーションを含むアクティビティを提示します．ウェブの専門家が提示されたアクティビティについて知っておくべき理由を説明し，彼らが良いデザインプラクティスを使用して，そのような変化の影響を改善する方法を指導しました．サンプル課題の一部を図 11.28〜11.31 に示します．

---

[3] ギルバートの論文は 2014 年に完成しましたが，彼女の以前の研究についての論文は，2015 年まで出版されていませんでした．

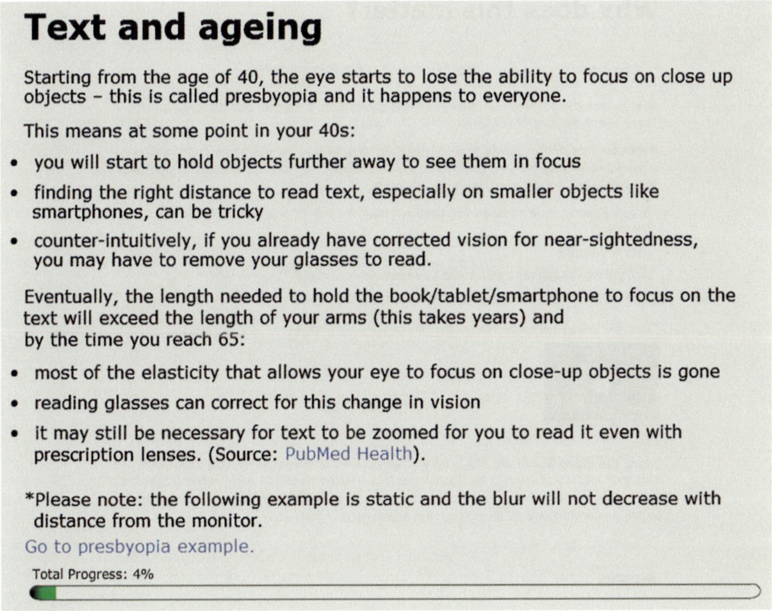

Text and ageing

Starting from the age of 40, the eye starts to lose the ability to focus on close up objects – this is called presbyopia and it happens to everyone.

This means at some point in your 40s:

- you will start to hold objects further away to see them in focus
- finding the right distance to read text, especially on smaller objects like smartphones, can be tricky
- counter-intuitively, if you already have corrected vision for near-sightedness, you may have to remove your glasses to read.

Eventually, the length needed to hold the book/tablet/smartphone to focus on the text will exceed the length of your arms (this takes years) and by the time you reach 65:

- most of the elasticity that allows your eye to focus on close-up objects is gone
- reading glasses can correct for this change in vision
- it may still be necessary for text to be zoomed for you to read it even with prescription lenses. (Source: PubMed Health).

*Please note: the following example is static and the blur will not decrease with distance from the monitor.
Go to presbyopia example.

Total Progress: 4%

図 11.28
課題「文字と加齢」の導入部[19]

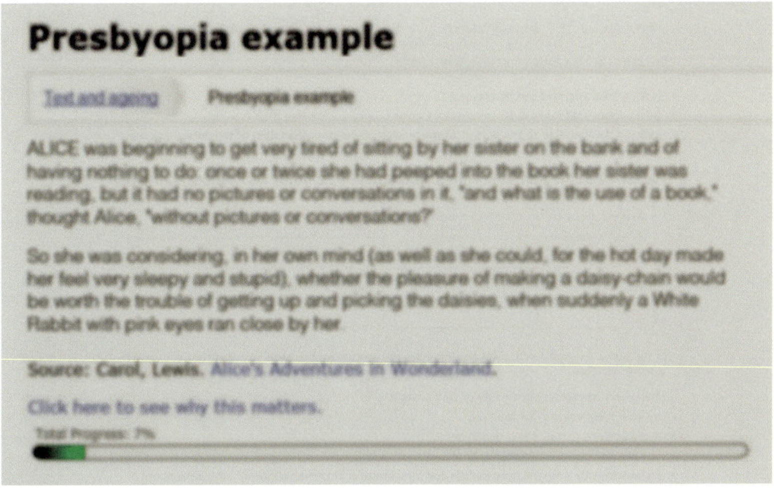

Presbyopia example

Text and ageing　　Presbyopia example

ALICE was beginning to get very tired of sitting by her sister on the bank and of having nothing to do: once or twice she had peeped into the book her sister was reading, but it had no pictures or conversations in it, "and what is the use of a book," thought Alice, "without pictures or conversations?"

So she was considering, in her own mind (as well as she could, for the hot day made her feel very sleepy and stupid), whether the pleasure of making a daisy-chain would be worth the trouble of getting up and picking the daisies, when suddenly a White Rabbit with pink eyes ran close by her.

Source: Carol, Lewis. Alice's Adventures in Wonderland.

Click here to see why this matters.

Total Progress: 7%

図 11.29
課題「文字と加齢」の老視（遠視）の例　注：ぼかしは意図的です.

19)
文字と加齢
40歳から，目は近くの物体に焦点を合わせる能力を失い始めます-これは老眼と呼ばれ，誰にでも起こります.
つまり，40代のある時点で：
・あなたはモノを遠ざけて焦点を合わせるようになるでしょう
・特にスマートフォンのような小さなモノで，文字を読むための適切な距離を見つけるのは難しいことがあります
・既に近視の視力矯正をしている場合は，眼鏡を外して読む必要があるかもしれません.
最終的に，文字に焦点を合わせるために，本/タブレット/スマートフォンを保持するのに必要な距離は，65歳になるまでに腕の長さを超えます（これには数年かかります）.
・近くのモノを見るための目の順応性のほとんどが失われます
・老眼鏡はこの視力の変化を矯正できます
・度付き眼鏡を使用した場合でも，文字を読むにはズームする必要がある場合があります（参考：PubMed Health）.
*注意：次の例は静的であり，モニターからの距離に応じてぼやけが減少することはありません. 老眼の例に進みます.

Why does this matter?

Text and ageing | Presbyopia example | Why does this matter?

Why is this the problem for designers and developers if people can just buy glasses? There are a number of reasons.

Presbyopia develops slowly and can take up to a decade for you to go from having no presbyopia to you needing glasses to help you read. Reasons for not getting glasses when you first notice presbyopia may include:

- If you already wear glasses you may not want to buy bifocals until absolutely necessary
- cost of bifocals
- worry that the glasses will make you **look** weak and old
- worry that the glasses will make you **feel** weak and old.

Click the image below to play video about reading glasses:

Read the transcript here

So, in the video above we see a very strong character given pause due to his own sense of weakness caused by the simple fact that he needs to wear reading glasses. While this is a fun example, the idea that needing reading glasses can cause people to feel uncomfortable is an all too real experience.

Go to next page: How can I help?

Total Progress: 11%

図 11.30
“何が問題ですか？” 課題「文字と加齢」の画面[20)]

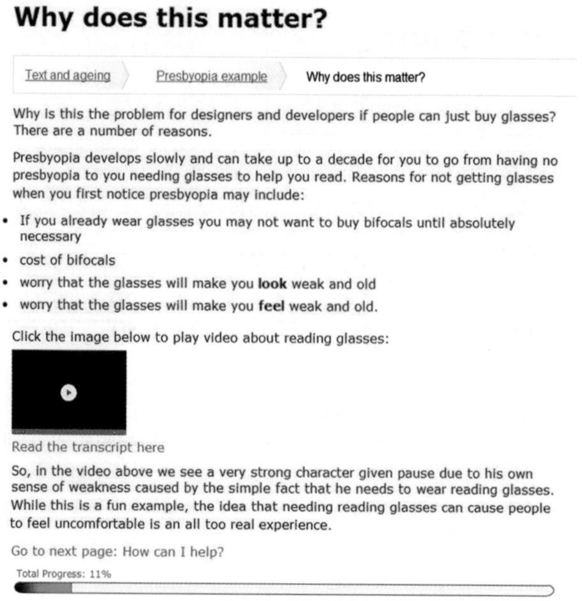

20)
なぜこれが重要なのですか？ メガネを買えば済むことなら，なぜデザイナーと開発者にとって問題なのですか？
いくつかの理由があります．
老眼はゆっくりと発達し，老眼がない状態から老眼鏡が必要になるまで，最大で10 年かかります．老眼に最初に気付いたときに眼鏡をかけない理由には，次のものがあります．
・すでに眼鏡をかけている場合は，絶対に必要になるまで遠近両用レンズを購入したくないかもしれません
・遠近両用レンズは高い
・メガネをかけることで年老いたように見えるのを心配します
・メガネをかけることで年老いたように感じるのを心配します
以下の画像をクリックして、老眼鏡に関するビデオを再生します．そのため上のビデオでは，老眼鏡を着用する必要があるという単純な事実に対して，自身の弱さのために，非常に強い意志を持つ人でも，思考が停止してしまうことがわかります．これはおもしろい例でしたが，老眼鏡が必要になった人々に不快感を与える可能性があるというのは，あまりにも現実的なことです．
次のページに進む：どうすれば助けになりますか？

How can I help?

Text and ageing | Presbyopia example | Why does this matter? | How can I help?

You can help reduce the effects of presbyopia by:

- Making sure that text can be zoomed.
- Being aware that many older people don't know how to zoom using their browser
- keeping the font size to the default of the browser or no lower than 85% of the default setting (Source:WebAim).

Arial 12 point text and Times New Roman 12 point text with presbyopia

In the above example, although both fonts are the same size, the even shape of the sans-serif font is more readable.

Other ways to improve readability of your content is to:

- avoid writing words in all capitals.
- avoid overuse of italics and underlines.
- use san serif fonts ex. Verdana, Arial
- leave text with a ragged right margin due to limitations of computer-based text justification.

図 11.31
“どうすれば助けになりますか？” 課題「文字と加齢」の画面[21)]

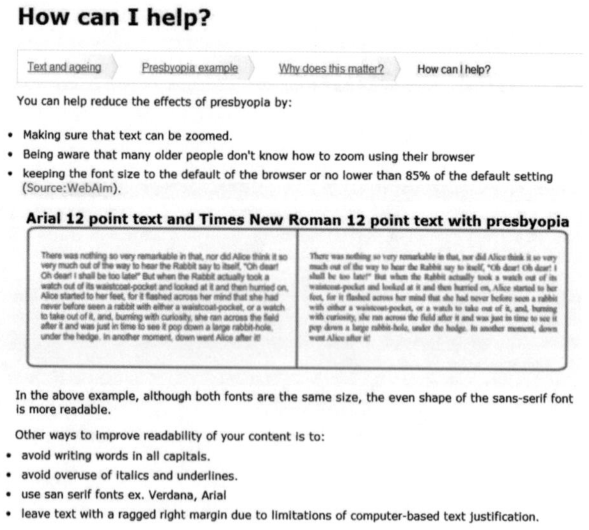

21)
どうすれば助けになりますか？次の方法で老視の影響を軽減することができます．
・文字を拡大できるようにします

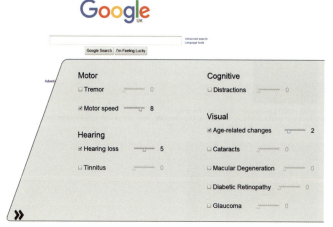

図 11.32
ウェブブラウザでシミュレーターを使用するためのインタフェース

　このシミュレーターにはウェブブラウザ（図11.32）も含まれており，ユーザーはネットに接続して，任意のウェブページに複数の加齢の影響を適用することができます．課題で取り上げたすべての加齢による変化は，ブラウザ内でシミュレートすることができます．また，シミュレートされた状態の厳しさを増減させることもできます．

　アイトラッカー（視線計測器）を較正するためのオンラインマニュアルを図11.33に示します．較正の際に表示される，視線の向きに合わせて動くアニメーションを図11.34に示します．アイトラッカーは，ユーザーの視線に合わせて加齢の影響による視覚効果を移動させるために使用されました．

　つまり，シミュレートされた結果は，ユーザーが見ている画面のどの部分にも表示されます（図11.35）．アイトラッカーを使用したのは，視覚的なシミュレーションを可能な限り実際の見え方に近づけるためです．これにより，ユーザーの視線に合わせて動かすことができなかった以前のシミュレーター（シミュレーション結果はスクリーンの固定された画像上にのみ表示された）に比べ，より忠実な結果を表示できるようにステップアップしました．

　バーチャル高齢者シミュレーターによる評価は，ウェブ業界で働く人々（プロジェクトマネージャやコンテンツ作成者，デザイナーや開発者を含む）と，ウェブデザイン/開発のコースを受講していた学部生もしくは修士の学生の両方を対象としていましたこのプロジェクトはLoughborough大学の博士課程の在籍者と，2014年初頭にEast Midlandsの企業で実施されました．彼ら

・多くの高齢者がブラウザでテキストをズームする方法が分からないことが知られています
・フォントサイズをブラウザのデフォルトまたはデフォルト設定の少なくとも85％以上を維持します

Arial 12 ポイントテキストと Times New Roman 12 ポイントテキストのそれぞれ老眼での見え方上記の例では，両方のフォントが同じサイズですが、sans-serifフォントの均等な形状の方が読みやすくなっています．
コンテンツの読みやすさを向上させる他の方法は次のとおりです．
・すべて大文字で単語を書くことは避けてください．
・斜体と下線の過剰使用を避けます．
・sans-serif フォントを使用する．例：Verdana, Arial
・コンピューターのテキスト均等割付けの制限により，右マージンをテキストが不揃いのままにします．

図 11.33
アイトラッカーの較正手順[22]

22) アイトラッカーの校正の方法
スクリーンから約 60cm 離れて，正面を向いて座ってください．
緑の円の中央に 2 つの目のグラフィックが出るようにしてください．キャリブレーション中は頭をできるだけ動かさないでください．
開始する準備ができたら，「Callibrate」ボタンを押します．
白い丸のターゲットを見て，目だけでそれを追ってください．
現在のポイントが較正されると，円は次のポイントに移動します．合計で 9〜12 ヶ所です．
完了したら，校正結果を確認します．「Good」または「Perfect」未満のスコアだった場合は再度調整してください．

図 11.34
較正の際に表示される視線の向きに合わせて動くアニメーション画像

図 11.35
AMD (age-related macular degeneration) の人に Google のホームページがどのように見えるかのシミュレーション

は，以前に大規模なウェブおよびバーチャル学習環境 (VLE) プロジェクトに取り組んだ経験がありました．シミュレーターは，ユーザビリティ検証段階と評価段階の2つのフェーズに分けて評価を実施しました．

　ユーザビリティ検証段階では，3名の医師と，高校でメディアを教える教師1名がシミュレーターをテストしました．テストにかかった時間は，それぞれ議論の時間を含めて40分から1時間くらいでした．評価のためにシステムを立ち上げ，開発者が同席しました．テスト参加者には，デバイスを操作しながら，形式張らない思考発話法のやり方で，インタラクションや再現度に関する懸念について話すことを推奨されました．

　シミュレーションの後に，テスト中の記録に基づき，シミュレートされた障害が彼らの医学的知識と齟齬がないかどうかをテスト参加者に確認しました．プログラムのバグや，操作性の難しさに関する問題など，指摘を受けたあらゆる問題について記録しました．テスト参加者からのコメントはまた，アイトラッカーの較正結果を5つの星の数で表示するとき，利用可能な最低限度の評価（「良い」または「完璧」）を決めるのにも役立ちました．テスト参加者からのコメントはすべて記録され，ソフトウェアの次の改良フェーズに引き継がれました．テスト/検証はスパイラル型反復開発モデルに準拠し，ユーザビリティテストの度にシミュレーターのインタフェースが更新されました．

テスト参加者同士は，これまで得た知識や経験が，シミュレーターの提示する医学的な知識と一致するについて議論しました．教師は，若者が興味をそそるような魅力的な学習教材としての要素を備えているかについて質問されました．検証のために医師の参加を得られた副次的なメリットとして，彼らが良好なITリテラシー（現在の医療トレーニングはVLEの使用を含んでいます），生涯学習へのコミットメント，そして同僚同士で教え合うピアティーチングでの経験を持っていたことです．この議論では，コンテンツのUIを検証し，主なインタラクションのバリアーを特定しました．

テストの実施後，以下のユーザビリティに関する改善が行われました．

- プログレスバーの追加
- 現在のページをより明確にするためのパンくずリストの組み込み
- アイトラッカーの指示の改善

テスト参加者が直面した主なバリアーは，シミュレーターから提示される情報の量にありました．医師全員が提示された情報を読み飛ばしていたことを指摘していました．その結果，テキストコンテンツは約半分に，箇条書きは短文に置き換えられました．提示されたテキストやメディア情報は，シミュレートされた加齢の影響を紹介するために，そして加齢の影響をウェブ業界で働く人々が経験し理解することがなぜ重要なのかを詳しく調査するために使用しました．さらに，アクセシビリティを高めるための簡単な方法についての提案を追加しました．

このようにして，各シミュレーションの導入部分と加齢の影響に関するまとめがソフトウェアの中に含まれました．シミュレーションの導入部分は，ユーザーがシミュレーションを続行するかどうかについて判断する上で重要でした．また，参加者がシミュレーターの目的を再認識するという意味で，まとめを提供することは重要でした．高齢者に対する哀れみを助長するのではなく，加齢による能力の変化の影響を知り，それを改善するための情報とテクニックを提供するためです．

評価フェーズ

評価段階では，シミュレーターがアクセシビリティと加齢に対する態度，そして将来のプロジェクトで年齢に配慮したデザイン手法を使用するかどうかという参加者の意思に何らかの影響を与えたかをテストしました．加齢やアクセシビリティに対するユーザーの態度に関するアンケートは，シミュレーターを使用する前後に実施されました．

調査結果は，シミュレーターが加齢とアクセシビリティに対する態度を変えることに効果があることを示しました．技術とアクセシビリティは現在の高齢者世代にとってのみ問題であるという考えから，加齢による変化がテクノロジーの利用に継続的な影響を与えるということを理解することで態度が変わりました．

何人かの参加者は，シミュレーターを楽しんだと感想を述べました．概して参加者らはこれが「有用」で「啓発的」であると感じていました．このシミュレーターは，高齢者に配慮したガイドラインと優れたデザイン事例に対する認知度を向上させるのにも役立ちました．

> 40歳を超えて年を取るということは，素晴らしく，そして恐ろしいことです．—研究参加者

シミュレーションの影響に関して，参加者は「いくつかの良い実例」があると答えました．別の参加者は，シミュレーションを高齢者が直面する可能性があるものについて気づかせる「アイオープナー」と呼びました．2人は，高齢者にとってのアクセシビリティの観点から，自分たちのデザインについてもっと考えさせるようになるだろうと話していました．アイトラッキングを用いた視覚シミュレーションについては頻繁に言及されました．

> ポジティブな経験—さまざまな障害を自分自身で体験するまで，それがどのような影響を与えるかを完全には理解していませんでした．—研究参加者

他の意見では，参加者らが高齢者に対して「共感」したと具体的に述べました．シミュレーションは「何かを読むことよりもはるかにインパクトがある」こと，そして参加者が「単純なことがどれほど難しいことであるかを理解する」ことを助けていると評価されました．

ある参加者は，一般的なアクセシビリティガイドラインについては知っていたが，それらのガイドラインでは特に加齢の影響については触れていないと，シミュレーションの課題を好意的に受け入れていました．別の人はその意見に対して，シミュレーションが「詳細」を教えてくれたと言って，同意しました．

264　第11章　ケーススタディ

"私は今"，さまざまな人々の奮闘に感謝しています．私が気づいていなかったものがたくさんあります．—研究参加者

第12章
まとめと結論

　第1章では，高齢者のためのデザインの事例を紹介しました．特に先進国では，高齢者の人数と割合の両方が増加しています．高齢者のテクノロジー利用は若年成人の利用とは異なり，現在のデジタルテクノロジーを使用する際に，多くの課題に直面しています．年齢に関連した特性を知ることは，こうした課題の解決に貢献できるでしょう．高齢者は自立した生活を維持したいと望みますが，社会的孤立，健康上の問題，テクノロジーへのアクセス制限などによる危機にさらされているため，デザイナーは彼らとデジタルテクノロジーとのつながりを築いていくことが重要なのです．現在の世界では，デジタルテクノロジーが機能することがますます重要になっているので，私たちはあらゆる年齢や能力の人々が使えるアプリケーション，ウェブサイト，そして電化製品をデザインする必要があります．

　第1章では，他の著者によってまとめられた加齢の影響に関連する一般的なデザインガイドラインについても言及し，それらのガイドラインが高齢者に優しいユーザビリティのために必要であるが，十分ではないことを説明しました．第1章の最後で，本書の戦略について次のように述べました．年齢に関連した特性を提示することで，読者は高齢のテクノロジーユーザーの経験に関する問題をしっかりと理解することができます．数百もの関連論文から導き出したユーザビリティガイドラインは，ガイドラインを使うデザイナーに自信を与えてくれることでしょう．

　「第2章：高齢者に会う」では，どのような人を高齢者と呼ぶのか，そしてなぜ50歳を境界線に選んだのかについて説明しました．インターネットやさまざまなデジタル機器の使い方は年齢によって異なることを示しました．対象となるユーザーの経験，スキル，および知識を理解しやすくするために，彼らの生まれた世代と，その当時のテクノロジーの概念を紹介しました．本章ではまた，本書の最初で記したように，高齢者が非常に多様な年齢のグループであるということを紹介しました．第2章の最後には，6人の架空の高齢

者の写真と彼らの簡単な説明があります．架空のものですが，これらの個人は，いくつかの先進国のデジタルテクノロジーを利用している高齢者を代表しています．彼らは私たちのペルソナであり，高齢者のデジタルテクノロジーに関する経験を説明するために各章の中で使用されています．

第3～10章では，年齢に関連した一般的な変化や，高齢者と若年者が異なる点について説明しました．第3～5章では，視覚，運動制御，聴覚，発話など感覚の変化に焦点を当てました．第6～9章では，認知，知識，検索，そして態度という目に見えない変化と若年者との相違点について説明しました．第10章では，高齢者を研究やデザインプロジェクトに参加してもらうための方法を説明しました．年齢別のカテゴリごとに，高齢者がデジタルテクノロジーを生産的で楽しく利用できるようにするためのガイドラインを提供しました．

第11章のケーススタディでは，5つのプロジェクトを紹介しました．ほとんどのプロジェクトは，研究者が反復型の参加型デザインやユーザビリティ評価を通じて高齢者とどのように関わりながら，彼らに使いやすいさまざまなデバイスやアプリケーションのユーザインタフェースを開発しているかを示しました．インフォテインメントのケーススタディでも，プロジェクトのさまざまなフェーズにおいて，非常に明確な結果が得られました．最後のケーススタディでは，高齢者のユーザエクスペリエンスに与える影響について，デザイナーやマネージャーを教育するために開発された，高齢者シミュレータの著者による研究について詳しく説明しました．この最後の章では，加齢に応じて現れる変化がどのように相互に作用するか，高齢者をさまざまな方法で理解するために，全体を俯瞰できるように「ズームアウト」します．

最後に，この本のガイドラインをどのように使用すれば，高齢者に使いやすい製品やサービスを提供できるかについて，いくつかのアドバイスをして締めくくりたいと思います．

加齢の影響の相互作用

年を取るにつれて私たちのほとんどは，第3～9章に記載されている能力や態度について，多くの変化を経験します．ただ視力が落ちるだけではありません．それに加えて耳が聞こえにくくなり，運動神経が鈍くなり，体力が減少し，認知能力の衰えを感じています．新しいテクノロジーに関する知識と理解，そしてそれに対する私たちの態度も変わります．

「第4章：運動コントロール」で説明したように，視力低下と運動能力の

加齢の影響の相互作用　　**267**

低下は，高齢者の手の協調作業を妨げるように相互作用し，さまざまなコンピュータ関連の操作を困難にする可能性があります．たとえば，プルダウンメニューを開いてその中から選択肢の一つを選択するには，読み取り，視覚的な検索（ユーザーがメニューを記憶していない場合），そして手の運動のコントロールが必要です．同じく，文書をスクロールするには，視覚と手先の両方の協調が必要です．

　同様に，「第6章：認知」では，短期記憶，長期記憶，注意力，推論，およびその他の認知の側面に関する衰えが，デジタルテクノロジーを使用しようとする高齢者にとって多面的な困難を生み出す可能性があることを説明しました．たとえば，高齢者が競合する選択肢で迷って時間がかかる場合は，処理速度が遅くなっていたり，短期記憶が低下していたり，またはその2つの組合せが原因である可能性があります．

　加齢による能力低下の相互作用はさらに複雑になる可能性があります．ディスプレイをざっと眺めてそこからゴールまでの道筋を見つけるには，私たちの視覚，短期記憶，集中力，そして長期記憶のすべてが，タスクを完了させるのに必要になります．研究者は，若年成人がウェブタスクを完了するのに要する時間と比べ，高齢者は約50%長くかかり，成功率も低いことを発見しています [Pernice *et al.*, 2013]．

　加齢に伴う変化がどのように相互作用する可能性があるかについて別の例を挙げると，デジタルリマインダー，カレンダー，もしくは目覚ましアプリによるアラートなどがあります．このようなリマインダーは，2つの理由から，高齢者にはほとんど役に立ちません．

　　1. 高齢者の多くは聴力低下を起こしているため，特に高音のアラームは聞こえません．
　　2. 高齢者の中には，コンピュータや携帯端末を携行していない人や，使用していないときに電源を切る人もいます [Grindrod *et al.*, 2014]．

　いずれにしても，アラートやリマインダーは役に立ちません．そのため，多くの高齢者は自分のコンピュータやスマートフォンにアラームやアラームを設定することはありません．テキストが小さすぎるため，携帯電話のスケジュールアプリで予定を読むことができず，後で予定を思い出すためにアラートを設定しても報知音が聞こえません．それなので私はそれを使用しません．

第 12 章　まとめと結論

私は台所の壁の上にカレンダーを置き，毎日それを見ています．それでうまくいっています．
——Monika

　加齢による能力低下が相互作用して，高齢者がデジタルテクノロジーを利用する時のユーザビリティを悪化させる可能性には，次のようなものがあります．

- 視覚＋聴覚．多くの高齢者は，聴力障害と視力障害の両方を抱えているため，ビデオ（字幕付きのビデオ）の理解が困難です．
- 視覚＋知識．ぼやけた視界，暗い照明や，もしくは眩しいライトのために画面上の単語を読むのが困難な場合，しばしば文脈に基づいて単語のいくつかを推測することができます．しかし，テキストが専門用語でいっぱいであれば，専門用語に慣れていない人々（多くは高齢者）はそれを理解できず，単語の意味を推測することができません．
- 聴覚＋認知．一部のコンピュータ，タブレット，スマートフォンでは，テキスト読み上げ機能を使用して，ユーザーが情報を聞き取ることができます．読み上げ速度が速すぎる場合，聴覚能力が低下しているユーザーは，読み上げの内容を聞き取ることができません．一方，読み上げ速度が遅すぎると，短期記憶が低下したユーザーは情報の処理に問題が発生します [Nunes, 2010]．
- 視力，運動，聴覚，認知＋態度．コンピュータやスマートフォンを使用して何かを買うときに，視力，運動能力，聴覚，認知能力の低下によって，苦労していることを想像してください．次に起こることは，その人のデジタルテクノロジーに対する自信のレベルと態度によって変わります．自信があり，新技術に対して積極的な姿勢を示し，リスクを受け入れるのであれば，おそらくこれからも努力を続けるでしょう．しかし，自信を失ったり，否定的な態度を取ったり，リスクを回避するようであれば，彼らはあきらめて店舗に行くか，購入しようとしているものが本当は必要でないと決めつけるでしょう．高齢者は後者のグループに属する傾向があります．

ダメなデザイン＋ひどい視力＋震える手＝不幸な顧客

私たちの一人が医者の診察室に並んでいたとき，前に並んでいた 70 代半ばくらいの患者の女性は，訪問診療の代金の支払いをしていました．若い受付係は，彼女が自分でクレジットカードをリーダーに読み取らせるように求めました．手の震えにもかかわらず，どうにかしてカードにリーダーを通すことができました．次に，画面に請求金額と OK ボタンが表示されます．そのとき，彼女は自分の眼鏡を持っていなかったので，表示された文字を読むことができませんでした．煩わしさを感じた受付係は彼女にその金額を伝え，リーダーの画面に手を伸ばし，OK の文字を押して署名欄を表示しました．しかし患者は次に何をすべきか分からなかった様子でした．受付係は「あなたはサインしなければなりません」と苛立たしげに言いました．「どこにサインすればいいの？」と女性は尋ねました．「その画面が表示されています」．「私は見ることができません」と，女性は言いました．受付係は大きな声で「署名してください」とただ繰り返しました．かわいそうな患者は，最終的に震える指で画面に走り書きのようにサインをしたのでした．受付係はもう一度画面を見て，OK ボタンを押し取引を終了させました．これを見た私たちは，受付係も患者も共に不快な経験をしていると考えています．

おわりに

最後に，デジタル製品やサービスをより良いものに，つまりもっと年齢に優しいものにデザインするために，いくつかご紹介します．

高齢者とのデザインとテスト

絶対に，実際のユーザーに対して製品やサービスをテストしてからリリースしてください．「市場でテストする」という誘惑や予算のプレッシャーに負けないでください．これはあまりにも危険です．多くの場合，顧客を失い，サービスコストが増大し，評判の低下につながります．

あなたの意図したユーザーに高齢者が含まれる場合は，ユーザビリティテストの参加者に含めてください．ログイン，ログアウト，インストールと削除，ワークフロー，一般的なタスク，データのバックアップ，不完全なトランザクションの対応，トラブルシューティング，カスタマーサポートなど，ユーザーエクスペリエンス全体をテストします．OS や開発プラットフォームで提供されるコンポーネントや，製品が依存するバックエンドサービスなど，自

第12章　まとめと結論

分たちが手掛けていない製品のテストも含まれています [Campbell, 2015].

振り返り

ここまで読んだ内容が, あなたにとって価値あるものでありますように！
もしそうであれば, 同僚にこの本を貸して読ませてください. そして彼らと
議論してください. あなたのチームの製品やサービスが, 本書に記載されて
いるガイドラインに従っているかを評価してください. 高齢者に, 自分たち
の製品やサービスを高齢者にやさしいものにするには, 少なくとも敵対する
ものにならないようにする方法についてのアイデアを出し合います.

それで次は？　経営陣は製品やサービスを, より高齢者に優しいものにする
ために時間とリソースを費やすというアイデアを考慮に入れてくれるでしょ
うか？

早くガイドラインを読んで導入したいと思って, 第1章をスキップした場
合は問題ありませんが, いま戻って読み直すにはよいタイミングです. 第1
章では, 高齢者を考慮に含めてデザインすることでいくつかの点で効果があ
ることを, 経営陣に納得させるのに役立つ事実と数値を示しました.

- より高い, 市場での受け入れと市場シェア
- より良い会社の評判と, より高い顧客ロイヤルティ
- トレーニングとカスタマーサポートのコストを削減

OK, 十分に説明しました. すべての年齢の人のためにデザインしましょう！

付録：デザインガイド

視　覚

視覚に関するガイドラインのまとめ

3.1 必須のテキストの読みやすさを最大化する	■ 大きなフォントを使用する ■ プレーンなフォントを使用する ■ 大文字と小文字を組み合わせて使用する ■ テキストを拡大可能にする ■ 情報を探しやすくする ■ プレーンな背景を使用する ■ 変化しないテキストを使用する ■ 十分なスペースをとる
3.2 単純化：不要な視覚要素を削除する	■ 行動を促す要素を提示する ■ グラフィックスの関係性を維持する ■ 集中を邪魔しない ■ 乱雑さを最小限に抑える
3.3 ビジュアル言語：効果的なグラフィカル言語を作成し，それを一貫して使用する	■ 視覚的な一貫性を維持する ■ コントロール要素を明確にする ■ はっきりと強く指示する ■ ホバーしたときのリンク表示を変更する ■ 訪問済みのリンクにマークを付けるかどうかを検討する ■ ラベルに冗長性を持たせる
3.4 慎重に色を使う	■ 色を控えめに使う ■ 色を組み合わせるときは慎重に ■ 識別可能なリンク色を使用する ■ 色を他の識別要素と組み合わせる ■ ハイコントラスト ■ コントラストを調整できるようにする
3.5 ユーザーが見つけやすい場所に重要なコンテンツを配置する	■ 要素を一貫して配置する ■ 重要な情報を前面と中心に配置する ■ エラーメッセージを明確に伝える

視覚に関するガイドラインのまとめ（続き）

3.6 関連性のあるコンテンツを視覚的にグループ化する	■ 関連する項目のグループ化
3.7 スクロールしなければならないときは注意する	■ 垂直スクロールを最小限に抑える ■ 水平スクロールは使用しない
3.8 非テキストコンテンツの代替テキストを提供する	■ 画像と動画を代替テキストで補う

運動コントロール

運動コントロールに関するガイドラインのサマリー

4.1 ユーザーがターゲットをクリック/タップできることを確認する	**デスクトップ/ラップトップコンピュータ**	**タッチスクリーンデバイス**
	■ 大きなクリックターゲット ■ クリック可能な領域を最大化する ■ クリックターゲットの間隔をあける ■ 大きなタップターゲット ■ タップターゲットを最大化する	■ 大きなスワイプターゲット ■ タップターゲットの間隔をあけるかは，サイズに依存する ■ ユーザーの手の近くに重要なタップターゲットを配置する ■ スワイプターゲットを下または右に配置する
4.2 入力ジェスチャーをシンプルに保つ	■ ダブルクリックは避ける ■ ドラッグを避ける ■ メニューを開いたままにする ■ マルチレベルメニューを避ける	■ マルチフィンガージェスチャーを避ける
4.3 ターゲットが選択されたことがハッキリと分かるようにする	■ フィードバックを明確にする ■ すぐにフィードバックを提供する	
4.4 キーボードの使用を最小限に抑える	■ ジェスチャー入力を優先する ■ ユーザーの入力を構造化する	

付録：デザインガイド **273**

運動コントロールに関するガイドラインのサマリー（続き）

4.5 タッチスクリーンデバイスの場合，可能であれば，アプリ内でジェスチャーについてのトレーニングを提供する	■ アプリ内デモを提供する
4.6 ユーザーが操作を完了するのに十分な時間を与える	■ タイムアウトを避ける
4.7 身体的な負荷を避ける	■ ユーザーの姿勢を自然に保つ ■ 反復作業を最小限に抑える ■ 移動を最小限に抑える

聴覚と発話

聴覚および音声ガイドラインの要約

5.1 オーディオ出力が可聴であることを確認する	■ 高周波音は避ける ■ 音が十分に大きいことを確認する ■ 音声信号を長くする
5.2 バックグラウンドノイズを最小限に抑える	■ 気が散る音を出さないようにする
5.3 重要な情報を複数の方法で伝達する	■ 画像にテキストを補足する ■ 警報をマルチモーダルにする ■ 音声読み上げを提供する
5.4 ユーザーが機器の音量を調整できるようにする	■ 音量を調節できるようにする ■ ユーザーが音声を再生できるようにする ■ 再生速度を調整できるようにする ■ ユーザーに警告音を選択させる ■ 音声読み上げの声は，選択できるようにする
5.5 音声出力を可能な限り自然にする	■ 発話速度をあまり速くしない ■ ロボットのような発話を避ける
5.6 主な入力方法を利用できない人のために，代わりのデータ入力方法を提供する	■ 音声入力を許可する ■ しかし，音声入力を必須にしない

認　知

認知に関するガイドラインのまとめ	
6.1 デザインを単純化する	■ 刺激を最小限に抑える
6.2 ユーザーが集中できるようにする	■ 一度に1つのタスクに注意を集中できるようにする ■ 気が散る要素を取り除く ■ 現在のタスクを明示する
6.3 ナビゲーション構造の単純化	■ 最も重要な情報を前面に表示する ■ ナビゲーションを統一する ■ 構造を明確にする ■ 階層を浅くする ■ カテゴリーをユニークにする
6.4 作業の進捗と状況を明確に示す	■ ユーザーを段階的に誘導する ■ ユーザーがどのステップにいるのかを表示する ■ 進行状況を表示する ■ 迅速で明確なフィードバックを提供する
6.5 ユーザーが既知の「安全な」開始地点に容易に戻れるようにする	■ トップページへのリンクを提供する ■ 「次へ」と「戻る」を提供する ■ 元に戻す（Undo）を提供する
6.6 自分がどこにいるかを一目で分かるようにする	■ 現在のページを表示する ■ サイトマップを提供する ■ ページの外観を維持する
6.7 複数のウィンドウの利用を最小限に抑える	■ ウィンドウの数を最小限に抑える ■ タスクをまとめる
6.8 ユーザーの記憶に負担をかけないようにする	■ ワーキングメモリに負担をかけない ■ 認識をサポートし，想起に頼ることを避ける ■ ユーザーに思い出させる ■ ジェスチャーを覚えやすいものにする ■ タスクシーケンス操作を完了する ■ モードを避ける
6.9 ユーザーへのエラーの影響を最小限に抑える	■ エラーを防止する ■ 簡単なエラーの回復をサポートする ■ ユーザーが問題を容易に報告できるようにする

付録：デザインガイド　　**275**

認知に関するガイドラインのまとめ（続き）

6.10 用語を統一して使用し，あいまいな用語を避ける	■ 同じ単語＝同じもの；別の言葉＝別のもの ■ 同じラベル＝同じアクション，異なるラベル＝異なるアクション ■ リンクラベル＝目的地名
6.11 強い意味を持つ言葉を使ってページ要素にラベルを付ける	■ 動詞を使用する ■ ラベルを意味的に区別する
6.12 簡潔で分かりやすく直接的な文体を使う	■ 簡潔にする ■ 文章をシンプルに保つ ■ 要点をすぐに理解できるようにする ■ 言語を能動的，肯定的，そして直接的にする ■ 明示する
6.13 ユーザーを急がせないで，十分な時間を提供する	■ メッセージをタイムアウトさせない ■ ユーザーに時間をかけさせる ■ 再生速度を調整可能にする
6.14 ページや画面間でレイアウト，ナビゲーション，インタラクティブな要素を一致させる	■ 一貫したレイアウト ■ 一貫したコントロール ■ 一貫した順序とラベル付け ■ 関連するアプリ間の一貫性
6.15 学習と記憶をサポートするデザイン	■ ジェスチャーのやり方を見せる ■ 反復は善 ■ タスクに必要なものをユーザーに伝える ■ ユーザーが以前の操作手順や選択肢を再利用できるようにする
6.16 ユーザーの入力を助ける	■ 有効なものを表示する ■ プリフォーマット入力フィールド ■ 寛容であれ ■ 必要なものだけを表示する ■ リマインダーを提供する
6.17 画面にヘルプを表示する	■ 簡単にアクセスできるようにする ■ 状況に応じたオンラインヘルプを提供する ■ ヘルプデスクへのチャットを提供する
6.18 重要度の高い順に情報を整理する	■ 情報の優先順位付けをする ■ 必要に応じて表を使用する

知　識

知識に関するガイドラインのまとめ

7.1 ユーザーの知識と理解に合わせてコンテンツを整理する	■ ユーザーに意味のある方法でコンテンツをグループ化，順序付け，ラベル付けをする
7.2 利用者によく知られている語彙を使用する	■ 技術的専門用語を避ける ■ 単語で書き出す
7.3 ユーザーがデバイス，アプリ，またはウェブサイトの正しいメンタルモデルを持っていると仮定しない	■ シンプルで明確な概念モデルを設計する ■ ナビゲーションの際のユーザーのメンタルモデルに合わせる
7.4 ユーザーがボタンの動作やリンク先を予測できるようにする	■ リンクラベルを分かりやすいものにする
7.5 説明を分かりやすくする	■ 明確にする ■ 操作が特定の順序で実行される場合は，番号を付ける
7.6 新しいバージョンにしたときのユーザーへの悪影響を最小限に抑える	■ 不必要な変更を避ける ■ 徐々に変化させる ■ 新バージョンへのユーザガイド
7.7 インタラクティブ要素に明確なラベルを付ける	■ 可能であれば，テキストでラベルを付ける ■ 認識しやすいアイコンを使用する

検　索

検索に関するガイドラインのまとめ

8.1 ユーザーが検索ボックスを見つけられるようにする	■ 検索ボックスを右上に置く ■ 検索語を大きなフォントで表示する ■ 検索ボックスを長くする ■ 検索ボックスを「スマート」にする ■ 利用する検索語を予測する
8.2 検索結果をユーザーに配慮したデザインにする	■ スポンサーリンクであることを表示する ■ 検索語を表示する ■ 訪済みの結果を表示する

付録：デザインガイド **277**

態　度

態度に関するガイドラインの要約	
9.1 ユーザーがデータを入力，保存，表示する方法に柔軟性を持たせる	■ スマートなデータ入力を提供する ■ ユーザーがコントロールできる
9.2 ユーザーの信頼を得る	■ 必要なものだけを尋ねる ■ 広告だと分かるようにはっきりと印を付ける ■ ユーザーにログインを強要しない
9.3 高齢者を含むすべてのユーザーにデザインをアピールする	■ 高齢者の持つ価値観を理解する ■ 高齢者を見下さない ■ ユーザーが若年成人であると仮定しない ■ ユーザーを責めない ■ 脅さない ■ ユーザーを急がせない ■ 操作をスキップしない
9.4 ユーザーがすぐに問い合わせできるように準備する	■ 簡単に連絡できる方法を提供する ■ 電話による代替手段を提供する ■ 操作の要約を表示する ■ シニア割引を提供する場合は明確に

高齢者との共同調査

高齢者と協働するためのガイドラインのまとめ	
10.1 母集団に適した研究デザインまたはプロトコルを選択する	■ 高齢者を対象としたユーザー調査を行った他の人の事例とアドバイスを参考にする ■ 実験は個人でおこなうべきか，グループでおこなうべきか判断する ■ 研究の状況が参加者と関連していることを確認する ■ 思考発話法のタイミングはリアルタイムか回顧的かを選択する ■ ユーザーが作成した記録の利用を避ける ■ 高齢者の参加を容易にする ■ 被験者間の実験計画法を避ける

278　付録：デザインガイド

高齢者と協働するためのガイドラインのまとめ（続き）	
10.2 潜在的なデザインまたはユーザビリティ調査の参加者を特定する	■ 母集団を知る ■ グループ生活に注意を払ってアプローチする
10.3 参加者の募集とスケジュール調整	■ 参加者の募集とスケジュール調整 ■ 参加者との連絡に最も適した方法を選択する ■ 早期にリクルートし，抑えの人員も募集する ■ 多様性の範囲を事前に決定しておく ■ スクリーニングツールの調整を計画する ■ あなたのニーズではなく，参加者のニーズに基づいてスケジュール設定する ■ 約束を思い出してもらう ■ 参加者の出席を増やすために特別な措置を講じる
10.4 高齢者を中心に，詳細に注意を払って計画する	■ 辛抱強く，親切であれ ■ 交通アクセスの問題に注意する ■ 物品と安全を管理する ■ データ収集のプレッシャーを取り除く
10.5 高齢の参加者と一緒に活動するときに特に注意が必要なこと	■ 礼儀正しく，思いやりを持ち，相手に敬意を表する ■ できるだけ明確にする ■ 忍耐強くあれ ■ 期待しているものを確認する ■ 最初にウォーミングアップ
10.6 高齢の参加者のために倫理的な「出口」を持つ	■ まとめをする ■ 参加者に何か新しいことを教わる（教える） ■ 原状復帰する ■ 危害を与えない

参考文献

AARP, March 2014. You're old, I'm not: how Americans really feel about aging. AARP The Magazine 40–41. Retrieved from: pubs.aarp.org/aarptm/20140203_CA?pg=44#pg44.

Affonso de Lara, S.M., Massami Watanabe, W., Beletato dos Santos, E., Fortes, R.P.M., September 27–29, 2010. Improving WCAG for elderly web accessibility. In: Proceedings of SIGDOC '10, São Carlos, SP, Brazil.

Alexenko, T., Biondo, M., Banisakher, D., Skubic, M., March 19–22, 2013. Android-based speech processing for eldercare robotics. In: Proceedings of IUI '13 Companion, Santa Monica, CA, USA.

Almeida, N., Teixeira, A., Filipa Rosa, A., Braga, D., Freitas, J., Sales Dias, M., Silva, S., Avelar, J., Chesi, C., Saldanha, N., 2015. Giving voices to multimodal applications. In: Proceedings of the 17th International Conference on Human-Computer Interaction, HCI International 2015, Los Angeles, CA.

Anderson, M., October 29, 2015. Technology Device Ownership: 2015. The Pew Research Center. Retrieved from: www.pewinternet.org/files/2015/10/PI_2015-10-29_device-ownership_FINAL.pdf.

Arch, A., May 14, 2008. Web Accessibility for Older Users: A Literature Review. World Wide Web Consortium (W3C). Retrieved from: www.w3.org/TR/wai-age-literature/.

Arch, A., Abou-Zahra, S., September 2008. How web accessibility guidelines apply to design for the ageing population. In: Proceedings of the Accessible Design in a Digital World Conference, York, UK.

Arch, A., Abou-Zahra, S., Henry, S.L., 2009. Older Users Online: WAI Guidelines Address Older Users Web Experience. World Wide Web Consortium (W3C). Retrieved from: www.w3.org/WAI/posts/2009/older-users-online.

Bakaev, M., 2008. Fitts' law for older adults: considering a factor of age. In: Proceedings of the ACM Conference on Computer-Human Interaction, CHI '08, Porto Alegre, Brazil.

Bera, P., April 2016. How colors in business dashboards affect users' decision making. Communications of the ACM 59 (4), 50–57.

Besdine, R.W., n.d. Changes in the Body with Aging. Merck Manuals Consumer Version. Retrieved from: www.merckmanuals.com/home/older-people-s-health-issues/the-aging-body/changes-in-the-body-with-aging.

Blackwell, D.L., Lucas, J.W., Clarke, T.C., February 2014. Summary health statistics for U.S. Adults: National Health Interview Survey, 2012. Vital and Health Statistics 10 (260). Retrieved from: www.cdc.gov/nchs/data/series/sr_10/sr10_260.pdf.

Boechler, P., Watchorn, R., Dragon, K., Foth, D., May 2012. Older adults' vs. younger adults' web search: memory, performance and strategies. International Journal of Education and Ageing 2 (2), 125–128.

Bohan, M., Scarlett, D., February 11, 2003. Can expanding targets make object selection easier for older adults? Usability News (Software Usability Research Laboratory, Wichita State University) 5 (1), 5–7.

Bonilla-Warford, N., February 15, 2012. What to Do with 'New' Presbyopes. Review of Optometry. Retrieved from: www.reviewofoptometry.com/article/what-to-do-with-new-presbyopes.

Bowen, A., July 22, 2015. Why More Americans Would Choose to Stay at Age 50 than 20. Chicago Tribune. Retrieved from: www.chicagotribune.com/lifestyles/health/sc-hlth-afraid-aging-20150722-story.html.

Broady, T., Chan, A., Caputi, P., 2010. Comparison of older and younger adults' attitudes towards and abilities with computers: implications for training and learning. British Journal of Educational Technology 41 (3), 473–485.

Burns, P., Jones, S.C., Iverson, D., Caputi, P., 2013. Usability testing of AsthmaWise with older adults. Computers, Informatics, Nursing (CIN) 31 (5), 219–226.

Campbell, K.L., Shafto, M.A., Wright, P., Tsvetanov, K.A., Geerligs, L., Cusack, R., Tyler, L.K., November 2015. Idiosyncratic responding during movie-watching predicted by age differences in attentional control. Neurobiology of Aging. 36 (11), 3045–3055. dx.doi.org/10.1016/j.neurobiolaging.2015.07.028.

Campbell, O., February 5, 2015. Designing for the elderly: ways older people use digital technology differently. Smashing Magazine. Retrieved from: www.smashingmagazine.com/2015/02/designing-digital-technology-for-the-elderly/.

Carmien, S., Garzo, A., June 22–27, 2014. Elders using smartphones: a set of research based heuristic guidelines for designers. In: Proceedings of the 8th International Conference, UAHCI '14, Held as Part of the HCI International 2014, Heraklion, Crete, Greece.

Cattell, R.B., 1987. Intelligence: Its Structure, Growth, and Action. Advances in Psychology, vol. 35. Elsevier Science Publishing Company, New York, NY.

Centers for Disease Control, December 1, 2015. Incidence of Diagnosed Diabetes per 1,000 Population Aged 18–79 Years, by Age, United States, 1980–2014. Centers for Disease Control and Prevention. Retrieved from: www.cdc.gov/diabetes/statistics/incidence/fig3.htm.

Charness, N., Boot, W.R., 2009. Aging and information technology use. Current Directions in Psychological Science 18 (5), 253–258.

Charness, N., Dijkstra, K., 1999. Age, luminance, and print legibility in homes, offices, and public places. Human Factors: The Journal of the Human Factors and Ergonomics Society 41 (2), 173–193.

Chisnell, D., February 28, 2011. Involving Older Adults in Design of the User Experience: Inclusive Design. Usability Works. Retrieved from: usabilityworks.com/involving-older-adults-in-design-of-the-user-experience-inclusive-design/.

Chisnell, D., Redish, J., December 14, 2004. Designing Web Sites for Older Adults: A Review of Recent Research. AARP. Retrieved from: assets.aarp.org/www.aarp.org_/articles/research/oww/AARP-LitReview2004.pdf.

Chisnell, D., Redish, J., February 1, 2005. Designing Web Sites for Older Adults: Expert Review of Usability for Older Adults at 50 Web Sites. AARP. Retrieved from: assets.aarp.org/www.aarp.org_/articles/research/oww/AARP-50Sites.pdf.

Chisnell, D., Redish, J., Lee, A., 2006. New heuristics for understanding older adults as web users. Technical Communication 53 (1), 39–59.

Cohen, S., 1994. Most comfortable listening level as a function of age. Ergonomics 37 (7), 1269–1274.

Coleman, G., Gibson, L., Hanson, V., Bobrowicz, A., McKay, A., August 16–20, 2010. Engaging the disengaged: how do we design technology for digitally excluded older adults? In: Proceedings of DIS '10, Aarhus, Denmark.

Cooper, A., 2004. The Inmates Are Running the Asylum: Why High Tech Products Drive Us Crazy and How to Restore the Sanity. Sams Publishing, Indianapolis,

IN.

Cornish, K., Goodman-Deane, J., Ruggeri, K., Clarkson, P.J., September 2015. Visual accessibility in graphic design: a client-designer communication failure. Design Studies 40 (C), 176–195.

Correia de Barros, A., Leitão, R., September 2013. Young practitioners' challenges, experience and strategies in usability testing with older adults. In: Proceedings of the Assistive Technology Research Series, Vilamoura, Portugal.

Correia de Barros, A., Leitão, R., Ribeiro, J., 2014. Design and evaluation of a mobile user interface for older adults: navigation, interaction and visual design recommendations. In: Proceedings of the 5th International Conference on Software Development and Technologies for Enhancing Accessibility and Fighting Info-Exclusion, DSAI '13, Vigo, Spain.

Czaja, S.J., Lee, C.C., 2007. Information technology and older adults. In: Sears, A., Jacko, J.A. (Eds.), The Human-Computer Interaction Handbook: Fundamentals, Evolving Technologies and Emerging Applications, second ed. CRC Press, Boca Raton, FL, pp. 777–792.

Davidson, J., Jensen, C., October 21–23, 2013. What health topics older adults want to track: a participatory design study. In: Proceedings of ASSETS '13, Bellevue, WA.

Desjardins, J.L., Doherty, K.A., November-December 2014. Effect of hearing aid noise reduction on listening effort in hearing-impaired adults. Ear & Hearing 35 (6), 600–610.

Dickinson, A., Arnott, J., Prior, S., 2007. Methods for human-computer interaction research with older people. Behaviour & Information Technology 26 (4), 343–352.

Docampo Rama, M.H., de Ridder, H., Bouma, H., 2001. Technology generation and age in using layered user interfaces. Gerontechnology 1 (1), 25–40.

Dunn, T., February 1, 2006. Usability for Older Web Users. Webcredible. Retrieved from: www.webcredible.com/blog/usability-older-web-users/.

Durick, J., Robertson, T., Brereton, M., Vetere, F., Nansen, B., 2013. Dispelling ageing myths in technology design. In: Proceedings of the 25th Australian CHI Conference, OzCHI '13, Adelaide, Australia.

Eagleman, D., 2011. Incognito: The Secret Lives of the Brain. Pantheon Books, New York.

Fadeyev, D., September 24, 2009. 10 useful usability findings and guidelines. Smashing Magazine. Retrieved from: www.smashingmagazine.com/2009/09/10-useful-usability-findings-and-guidelines/.

Fairweather, P.G., October 12–15, 2008. How older and younger adults differ in their approach to problem solving on a complex website. In: Proceedings of the 10th ACM Conference on Computers and Accessibility, ASSETS '08, Halifax, Nova Scotia.

Family Caregiver Alliance, n.d. Caregiver Statistics. Family Caregiver Alliance. Retrieved from: www.caregiver.org/caregiver-statistics-demographics

Finn, K., October 7, 2013. Designing User Interfaces for Older Adults: Myth Busters. UX Matters. Retrieved from: www.uxmatters.com/mt/archives/2013/10/designing-user-interfaces-for-older-adults-myth-busters.php.

Finn, K., Johnson, J., July 21–26, 2013. A usability study of websites for older travelers. In: Proceedings of the 7th International Conference, UAHCI '13, held as Part of the HCI International 2013, Las Vegas, NV.

Fisk, A.D., Rogers, W.A., Charness, N., Czaja, S.J., Sharit, J., 2009. Designing for Older Adults: Principles and Creative Human Factors Approaches. CRC Press,

Boca, Raton, FL.

Franz, R., Mundane, C., Neves, B., Baecker, R., August 24–27, 2015. Time to retire old methodologies? Reflecting on conducting usability evaluations with older adults. In: Proceedings of MobileHCI '15, Copenhagen, Denmark.

Gao, Q., Sun, Q., August 2015. Examining the usability of touch screen gestures for older and younger adults. Human Factors: The Journal of the Human Factors and Ergonomics Society. 57 (5), 835–863. dx.doi.org/10.1177/0018720815581293.

Gilbertson, T., 2014. Industry Attitudes and Behaviour towards Web Accessibility in General and Age-Related Change in Particular and the Validation of a Virtual Third-age Simulator for Web Accessibility Training for Students and Professionals (Unpublished doctoral dissertation). Loughborough University, England.

Gilbertson, T., 2015. Attitudes and behaviours towards web accessibility and ageing: results of an industry survey. Gerontechnology 13 (3), 337–344.

Goddard, N., Nicolle, C.A., 2012. What is good design in the eyes of older users? In: Langdon, P., Clarkson, J., Robinson, P., Lazar, J., Heylighen, A. (Eds.), Designing Inclusive Systems. Springer, London, pp. 175–184.

Graham, J., April 19, 2012. 'Elderly' No More. The New York Times: The New Old Age. Retrieved from: newoldage.blogs.nytimes.com/2012/04/19/elderly-no-more/.

Grindrod, K.A., Li, M., Gates, A., January-March 2014. Evaluating user perceptions of mobile medication management applications with older adults: a usability study. JMIR Mhealth Uhealth 2 (1).

GSMA Intelligence, 2015. The Mobile Economy 2015. GSMA. Retrieved from: www.gsmamobileeconomy.com/GSMA_Global_Mobile_Economy_Report_2015.pdf.

Habeskot, T., Vogel, A., Rostrup, E., Bundesen, C., Kyllingsbaek, S., Garde, E., Ryberg, C., Waldemar, G., April 2013. Visual processing speed in old age. Scandinavian Journal of Psychology. 54 (2), 89–94. dx.doi.org/10.1111/sjop.12008..

Haddrill, M., Heiting, G., May 2014. Peripheral Vision Loss (Tunnel Vision). All about Vision. Retrieved from: www.allaboutvision.com/conditions/peripheral-vision.htm.

Hakobyan, L., Lumsden, J., O'Sullivan, D., 2015. Participatory Design: How to engage older adults in participatory design activities. International Journal of Mobile Human Computer Interaction (IJMHCI). Retrieved from: www.igi-global.com/article/participatory-design/128325.

Hanson, V., April 20–21, 2009. Age and web access: the next generation. In: Proceedings of the 2009 International Cross-Disciplinary Conference on Web Accessibililty, W4A '09, Madrid, Spain.

Hanson, V.L., Fairweather, P.G., Arditi, A., Brown, F., Crayne, S., Detweiler, S., 2001. Making the web accessible for seniors. In: Proceedings of International Conference on Aging (ICTA), Toronto, Canada.

Hanson, V.L., Gibson, L., Coleman, G.W., Bobrowicz, A., McKay, A., 2010. Engaging those who are disinterested: access for digitally excluded older adults. In: Presented at the Conference on Human Factors in Computing Systems, CHI '10, Atlanta, GA.

Hard, G., October 20, 2015. Car Reliability Is Hurt by Some New Technologies. Consumer Reports Retrieved from: www.consumerreports.org/cars/car-reliability-is-hurt-by-some-new-technologies/.

Hart, T., Chaparro, B.S., Halcomb, C.G., 2008. Evaluating websites for older adults: adherence to "senior-friendly" guidelines and end-user performance. Behaviour & Information Technology 27 (3).

Hawkins, K., 2011. 6 Tips for Creating a Senior-Friendly Website. Quickbooks Resource Center. Retrieved from: quickbooks.intuit.com/r/marketing/6-tips-for-creating-a-senior-friendly-website/.

Hawthorn, D., 2006. Designing Effective Interfaces for Older Users (Doctoral thesis) The University of Waikato, NZ. Retrieved from: researchcommons.waikato.ac.nz/handle/10289/2538.

Heingartner, D., October 2, 2003. Now Hear This, Quickly. The New York Times.

Hill, R., Betts, L.R., Gardner, S.E., July 2015. Older adults' experiences and perceptions of digital technology: (Dis)empowerment, wellbeing, and inclusion. Computers in Human Behavior 48, 415–423.

Howe, N., Strauss, W., June 2007. The next 20 years: how customer and workforce attitudes will evolve. Harvard Business Review 85 (7–8), 41–52. Retrieved from: hbr.org/2007/07/the-next-20-years-how-customer-and-workforce-attitudes-will-evolve.

Jahn, G., Krems, J.F., 2013. Skill acquisition with text-entry interfaces: particularly older users benefit from minimized information-processing demands. Journal of Applied Gerontology 32 (5), 605–626.

Jarrett, C., 2003. Making web forms easy to fill in. In: Proceedings of the Business Forms Management Symposium, Baltimore, MD.

Johnson, J., 2007. GUI Bloopers 2.0: Common User Interface Design Don'ts and Dos, second ed. Morgan Kaufmann Publishers, Burlington, MA.

Johnson, J., 2014. Designing with the Mind in Mind: Simple Guide to Understanding User Interface Design Guidelines, second ed. Morgan Kaufmann Publishers, Waltham, MA.

Johnson, J., Henderson, A., 2011. Conceptual Models: Core to Good Design. Morgan & Claypool Publishers, San Rafael, CA.

Kahneman, D., 2011. Thinking Fast and Slow. Farrar, Straus and Giroux, New York, NY.

Kascak, L.R., Lee, S., Liu, E.Y., Sanford, J.A., August 2–7, 2015. Universal Design (UD) guidelines for interactive mobile voting interfaces for older adults. In: Proceedings of the 9th International Conference, UAHCI '15, held as Part of the HCI International 2015, Los Angeles, CA.

Kerber, N., 2012. Web Usability for Seniors: A Literature Review (Unpublished class paper) University of Baltimore. Retrieved from: www.nicolekerber.com.

Ketcham, C.J., Stelmach, G.E., 2002. Motor control of older adults. In: Ekerdt, D.J., Applebaum, R.A., Holden, K.C., Post, S.G., Rockwood, K., Schulz, R., Sprott, R.L., Uhlenberg, P. (Eds.), Encyclopedia of Aging. Macmillan Reference USA, New York, NY.

Kobayashi, M., Hiyama, A., Miura, T., Asakawa, C., Hirose, M., Ifukube, T., September 5–9, 2011. Elderly user evaluation of mobile touchscreen interactions. In: Proceedings of the 13th IFIP TC 13 International Conference, Lisbon, Portugal.

Komninos, A., Nicol, E., Dunlop, M., 2014. Reflections on design workshops with older adults for touchscreen mobile text entry. Interaction Design and Architecture(s) Journal (IxD&A) 20, 70–85.

Koyani, S., Bailey, R.W., Ahmadi, M., Changkit, M., Harley, K., 2002. Older Users and the Web. National Cancer Institute Technical Report.

Kurniawan, S., Zaphiris, P., October 9–12, 2005. Research-derived web design guidelines for older people. In: Proceedings of the 7th International ACM SIGACCESS Conference on Computers and Accessibility, ASSETS '05, Baltimore, MD.

Legge, G.E., Cheung, S.H., Yu, D., Chung, T.L., Lee, H.W., Owens, D., 2007. The case for the visual span as a sensory bottleneck in reading. Journal of Vision 7 (2), 1–15.

Leitão, R.A., October 2012. Creating Mobile Gesture-based Interaction Design Patterns for Older Adults: A Study of Tap and Swipe Gestures with Portuguese Seniors (Thesis, Master in Multimedia). Universidade do Porto, Portugal.

Leitão, R., Silva, P., October 19–21, 2012. Target and spacing sizes for smartphone user interfaces for older adults: design patterns based on an evaluation with users. In: Proceedings of the 19th Conference on Pattern Languages of Programs, PLoP '12, Tucson, AZ.

Leung, R., April 4–9, 2009. Improving the learnability of mobile device applications for older adults. In: Proceedings of the 2009 ACM Conference on Computer-Human Interaction (CHI '09), Boston, MA.

Leung, R., Findlater, L., McGrenere, J., Graf, P., Yang, J., 2010. Multi-layered interfaces to improve older adults' initial learnability of mobile applications. ACM Transactions on Accessible Computing 3 (1), 1–30.

Leung, R., Tang, C., Haddad, S., McGrenere, J., Graf, P., Ingriany, V., December 2012. How older adults learn to use mobile devices: survey and field investigations. ACM Transactions on Accessible Computing 4 (3) Article 11.

Ligons, F.M., Romagnoli, K.M., Browell, S., Hochheiser, H.S., Handler, S.M., October 22–26, 2011. Assessing the usability of a telemedicine-based Medication Delivery Unit for older adults through inspection methods. In: Proceedings of the AMIA Annual Symposium 2011, Washington, DC.

Lim, C., 2010. Designing inclusive ICT products for older users: taking into account the technology generation effect. Journal of Engineering Design 21 (2–3), 189–206.

Lim, C.S.C., Frohlich, D.M., Ahmed, A., 2012. The challenge of designing for diversity in older users. Gerontechnology 11 (2), 297.

Lin, F.R., Niparko, J.K., Ferrucci, L., November 14, 2011. Hearing loss prevalence in the US. Archives of Internal Medicine 171 (20), 1851–1852. Retrieved from: www.ncbi.nlm.nih.gov/pmc/articles/PMC3564588/.

Lindsay, S., Jackson, D., Schofield, G., Olivier, P., May 5–10, 2012. Engaging older people using participatory design. In: Proceedings of the 2012 ACM Conference on Computer-Human Interaction (CHI '12), Austin, TX.

Massimi, M., Baecker, R., September 17–21, 2006. Participatory design process with older users. In: Proceedings of the 8th International Conference on Ubiquitous Computing, UbiComp '06, Workshop on Future Networked Interactive Media Systems and Services for the New-Senior Communities, Orange County, CA.

McCreery, R.W., Venediktov, R.A., Coleman, J.J., Leech, H.M., December 2012. An evidence-based systematic review of directional microphones and digital noise reduction hearing aids in school-age children with hearing loss. American Journal of Audiology 21, 295–312.

Miño, G.S., 2013. Recommendations for Designing Interfaces for Seniors. Universidad del Desarrollo, Santiago, Chile (Publisher: Author).

Mitzner, T.L., Smart, C., Rogers, W.A., Fisk, A.D., 2015. Considering older adults' perceptual capabilities in the design process. In: Hoffman, R., Hancock, P.A., Scerbo, M.W., Prasuraman, R., Szalma, J.L. (Eds.), The Cambridge Handbook of Applied Perception Research. Cambridge Handbooks in Psychology, vol. 2. Cambridge University Press, Cambridge, England, pp. 1051–1079.

NASA Ames Research Center. n.d. NASA Ames Research Center, Color Usage Research Lab. Retrieved from: colorusage.arc.nasa.gov/guidelines_ov_design.php.

National Eye Institute (NIH), September 2015. Facts about Age-Related Macular

Degeneration. National Eye Institute (NIH). Retrieved from: www.nei.nih.gov/health/maculardegen/armd_facts.

National Eye Institute (NIH). Age-related eye diseases. n.d. National Eye Institute (NIH). Retrieved from: nei.nih.gov/healthyeyes/aging_eye.

National Institute on Aging (NIH), March 2009. Making Your Website Senior Friendly: Tips from the National Institute on Aging and the National Library of Medicine. National Institute on Aging (NIA). Retrieved from: www.lgma.ca/assets/Programs-and-Events/Clerks-Forum/2013-Clerks-Forum/COMMUNICA TIONS-Making-Your-Website-Senior-Friendly-Tip-Sheet.pdf.

Neves, B., Franz, R., Munteanu, C., Baecker, R., Ngo, M., April 18–23, 2015. "My hand doesn't listen to me!": adoption and evaluation of a communication technology for the 'oldest old'. In: Proceedings of the 2015 ACM Conference on Computer-Human Interaction (CHI '15), Seoul, Republic of Korea.

Newell, A.F., 2011. Design and the digital divide: insights from 40 years in computer support for older and disabled people. In: Baecker, R.M. (Ed.), Synthesis Lectures on Assistive, Rehabilitative, and Health-Preserving Technologies, first ed. Morgan & Claypool, San Rafael, CA.

Newell, A., Arnott, J., Carmichael, A., Morgan, M., July 22–27, 2007. Methodologies for involving older adults in the design process. In: Proceedings of the 2007 Human-Computer Interaction International Conference (HCII '07), Beijing, China.

Nielsen, J., January 1, 1995. 10 Usability Heuristics for User Interface Design. Nielsen Norman Group. Retrieved from: www.nngroup.com/articles/ten-usability-heuristics/.

Nielsen, J., May 28, 2013. Seniors as Web Users. Nielsen Norman Group. Retrieved from: www.nngroup.com/articles/usability-for-senior-citizens/.

Nunes, F., July 31, 2010. Healthcare TV Based User Interfaces for Older Adults (Thesis, Master in Informatics and Computing Engineering). Universidade do Porto, Portugal.

Nunes, F., Kerwin, M., Silva, P.A., October 22–24, 2012. Design recommendations for TV user interfaces for older adults: findings from the eCAALYX Project. In: Proceedings of the 14th International ACM SIGACCESS Conference on Computers and Accessibility, ASSETS '12, Boulder, CO.

O'Hara, K., 2004. "Curb Cuts" on the information highway: older adults and the internet. Technical Communication Quarterly. 13 (4), 426–445. dx.doi.org/10.1207/s15427625tcq1304_4.

Olmsted-Hawala, E., Romano Bergstrom, J.C., Rogers, W.A., July 21–26, 2013. Age-related differences in search strategy and performance when using a data-rich web site. In: Proceedings of the 7th International Conference, UAHCI '13, Held as Part of the HCI International 2013, Las Vegas, NV.

Olmsted-Hawala, E., Romano Bergstrom, J., 2012. Think-aloud protocols: does age make a difference? STC Technical Communication Summit 12, 86–95.

Or, C., Tao, D., 2012. Usability study of a computer-based self-management system for older adults with chronic diseases. JMIR Research Protocols 1 (2). Retrieved from: www.researchprotocols.org/2012/2/e13/pdf.

Oregon State University, August 7, 2013. Cognitive Decline with Age Is Normal, Routine, but Not Inevitable. ScienceDaily. Retrieved from: www.sciencedaily.com/releases/2013/08/130807155352.htm.

Ostergren, M., Karras, B., November 10–14, 2007. ActiveOptions: leveraging existing knowledge and usability testing to develop a physical activity program website for older adults. In: Proceedings of the AMIA Annual Symposium 2007, Chicago, IL.

Owsley, C., Sakuler, R., Siemsen, D., 1983. Contrast sensitivity throughout adulthood. Vision Research 23 (7), 689–699.

OXO, n.d. Our roots. OXO. Retrieved from: www.oxo.com/our-roots.

Pak, R., October-December 2009. Age-sensitive design of online health information: comparative usability study. Journal of Medical Internet Research. 11 (4), e45. www.jmir.org/2009/4/e45/.

Pak, R., McLaughlin, A., 2011. Designing Displays for Older Adults, second ed. CRC Press, Boca Raton, FL.

Patsoule, E., Koutsabasis, P., 2014. Redesigning websites for older adults: a case study. Behaviour & Information Technology. 33 (6), 561–573. www.tandfonline.com/doi/abs/10.1080/0144929X.2013.810777.

Pernice, K., Estes, J., Nielsen, J., 2013. Senior Citizens (Ages 65 and Older) on the Web. Nielsen Norman Group. Purchased from: www.nngroup.com/reports/senior-citizens-on-the-web/.

Perrin, A., Duggan, M., June 26, 2015. Americans' Internet Access: 2000–2015. Pew Research Center. Retrieved from: www.pewinternet.org/2015/06/26/americans-internet-access-2000-2015/.

Phiriyapokanon, T., 2011. Is a Big Button Interface Enough for Elderly Users? Towards User Interface Guidelines for Elderly Users (Thesis, Master of Computer Engineer). Mälardalen University, Sweden.

Plaza, I., Martín, L., Martin, S., Medrano, C., 2011. Mobile applications in an aging society: status and trends. Journal of Systems and Software 84 (11), 1977–1988 Elsevier Inc., Amsterdam, Netherlands.

Poushter, J., February 22, 2016. Smartphone Ownership and Internet Usage Continues to Climb in Emerging Economies. Pew Research Center. Retrieved from: www.pewglobal.org/2016/02/22/smartphone-ownership-and-internet-usage-continues-to-climb-in-emerging-economies/.

Practicology, 2016. Mobile Usability Report 2015/16: identifying the conversion blockers on the mobile websites of 15 UK retailers. Practicology. Retrieved from: www.practicology.com/files/5114/4543/6039/Practicology_WhatUsersDo_Mobile_Usability_Report_2015_Download.pdf.

Prensky, M., October 2001. Digital Natives, Digital Immigrants. On the Horizon, vol. 9 (5)., MCB University Press, West Yorkshire, United Kingdom. Retrieved from: www.marcprensky.com/writing/Prensky%20-%20Digital%20Natives,%20Digital%20Immigrants%20-%20Part1.pdf.

Quigley, H.A., Broman, A.T., 2006. The number of people with glaucoma worldwide in 2010 and 2020. British Journal of Ophthalmology 90 (3), 262–267. Retrieved from: www.ncbi.nlm.nih.gov/pmc/articles/PMC1856963.

Rae, A., 1989. What's in a name? International Rehabilitation Review. Retrieved from: disability-studies.leeds.ac.uk/files/library/Rae-Whatsname.pdf.

Raymundo, T.M., da Silva Santana, C., 2014. Fear and the use of technological devices by older people. Gerontechnology 13 (2), 260.

Reddy, G.R., Blackler, A., Popovic, V., Mahar, D., 2014. Adaptable interface model for intuitively learnable interfaces: an approach to address diversity in older users' capabilities. In: Proceedings of Design Research Society Conference 2014, 16–19 June 2014, Umea, Sweden.

Roberts, S., December 2009. The Fictions, Facts, and Future of Older People and Technology. International Longevity Centre, UK. Retrieved from: www.ilcuk.org.

uk/images/uploads/publication-pdfs/pdf_pdf_118-2.pdf.

Romano Bergstrom, J.C., Olmsted-Hawala, E.L., Jans, M.E., 2013. Age-related differences in eye tracking and usability performance: website usability for older adults. International Journal of Human-Computer Interaction 29, 541–548.

Russell, S., 2009. The Impact of Current Trends and Practices in Website Design on the Older Adult User in the Context of Internet Banking (PhD dissertation) Department of Computer Science, University College of Cork, Ireland. Retrieved from: dl.dropboxusercontent.com/u/600126/Thesis/Thesis.pdf.

Sackmann, R., Winkler, O., 2013. Technology generations revisited: the internet generation. Gerontechnology. 11 (4), 493–503. dx.doi.org/10.4017/gt.2013.11.4.002.00.

Salthouse, T.A., Babcock, R.L., 1991. Decomposing adult age differences in working memory. Developmental Psychology 27 (5), 763–776.

Sanjay, J., Bailey, R.W., Nall, J.R., 2006. Research-Based Web Design and Usability Guidelines. U.S. Department of Health and Human Services. Retrieved from: www.usability.gov/sites/default/files/documents/guidelines_book.pdf.

Sapolsky, R., March 30, 1998. Open season. New Yorker 74 (6), 57–58 71–72.

Sayago, S., Blat, J., April 20–21, 2009. About the relevance of accessibility barriers in the everyday interactions of older people with the web. In: 2009 International Cross-Disciplinary Conference on Web Accessibility (W4A), W4A '09, Madrid, Spain.

Sayid, R., March 15, 2016. The REAL Age You Reach Old Age Is Revealed — and You Might Be Surprised. Mirror OnlineRetrieved from: www.mirror.co.uk/news/uk-news/real-age-you-reach-old-7557520.

Shneiderman, B., Plaisant, C., Cohen, M., Jacobs, S.M., Elmqvist, N., Diakopoulos, N., 2016. Designing the User Interface, sixth ed. Pearson Education Ltd.

Siira, E., Heinonen, S., July 2015. Enabling mobility for the elderly: design and implementation of assistant navigation service. In: Proceedings of Transed 2015, Lisbon, Portugal.

Silva, P.A., Holden, K., Jordan, P., January 5–8, 2015. Towards a list of heuristics to evaluate smartphone apps targeted at older adults: a study with apps that aim at promoting health and well-being. In: Proceedings of the 48th Hawaii International Conference on System Sciences, HICSS '15, Kauai, HI.

Silva, P., Nunes, F., November 8–10, 2010. 3 x 7 usability testing guidelines for older adults. In: Proceedings of the 3rd Workshop on Human-Computer Interaction, MexIHC '10, San Luis Potosí, SLP, Méx.

Singh, R., Saxena, R., Varshney, S., 2008. Early detection of noise induced hearing loss by using ultra high frequency audiometry. The Internet Journal of Otorhinolaryngology 10 (2). Retrieved from: ispub.com/IJORL/10/2/4039.

Spencer, B., March 14, 2016. Old age? It starts at 85, say dynamic sixtysomethings: two thirds of those aged 60 to 69 plan to take up new hobbies or go travelling. The Daily Mail. Retrieved from: www.dailymail.co.uk/news/article-3492483/Old-age-starts-85-say-dynamic-sixtysomethings-Two-thirds-aged-60-69-plan-new-hobbies-travelling.html.

Spool, J., January 14, 2009. The $300 million button. User Interface Engineering. Retrieved from: articles.uie.com/three_hund_million_button.

Stevens, G., Flaxman, S., Brunskill, E., Mascarenhas, M., Mathers, C.D., Finucane, M., December 24, 2011. Global and regional hearing impairment prevalence: an analysis of 42 studies in 29 countries. The European Journal of Public Health. 23 (1), 146–152. dx.doi.org/10.1093/eurpub/ckr176.

Stößel, C., July 3, 2012. Gestural Interfaces for Elderly Users: Help or Hindrance?

(PhD thesis). Prometei Graduate School, Berlin Institute of Technology, Germany.

Strengers, J., October 16, 2012. Smartphone Interface Design Requirements for Seniors (Master's thesis) University of Amsterdam, Netherlands. Retrieved from: dare.uva.nl/document/460020.

Subasi, Ö., Leitner, M., Hoeller, N., Geven, A., Tscheligi, M., 2011. Designing accessible experiences for older users: user requirement analysis for a railway ticketing portal. Universal Access in the Information Society 10 (4), 391–402.

Tsui, B., August 21, 2015. The aging advantage. Pacific Standard Magazine. Retrieved from: www.psmag.com/health-and-behavior/the-aging-advantage.

Tullis, T., July 20, 2004. Tips for conducting usability studies with older adults. In: Proceedings of the Seminar on Older Users and the Web. GSA, & AARP, Washington, DC. Retrieved from: assets.aarp.org/www.aarp.org_/articles/research/oww/university/Tullis-Techniques.ppt.

United Nations Department of Economic and Social Affairs, Population Division, 2015. World Population Prospects: The 2015 Revision, Key Findings and Advance Tables. Working Paper No. ESA/P/WP.241 United Nations, New York, NY. Retrieved from: esa.un.org/unpd/wpp/publications/files/key_findings_wpp_2015.pdf.

United Nations Department of Economic and Social Affairs, 2015. Population Division: World Population Prospects, the 2015 Revision. United Nations Department of Economic and Social Affairs. Retrieved from: esa.un.org/unpd/wpp/Data Query/.

United Nations Educational, Scientific and Cultural Organization (UNESCO), June 2013. Adult and Youth Literacy: National, Regional and Global Trends, 1985–2015. UNESCO Institute for Statistics, Montreal, Quebec, Canada. Retrieved from: www.uis.unesco.org/Education/Documents/literacy-statistics-trends-1985-2015.pdf.

Veiel, L.L., Storandt, M., Abrams, R.A., 2006. Visual search for change in older adults. Psychology and Aging 21 (4), 754–762.

Vines, J., Dunphy, P., Blythe, M., Lindsay, S., Monk, A., Oliver, P., February 11–15, 2012. The joy of cheques: trust, paper, and eighty somethings. In: Proceedings of the "Ethnography in the Very Wild Session", ACM Conference on Computer-Supported Collaborative Work, CSCW '12, Seattle, Washington.

Vipperla, R., 2011. Automatic Speech Recognition for Ageing Voices (PhD dissertation, Doctoral of Philosophy) Institute for Language, Cognition and Computation, School of Informatics, University of Edinburgh, Scotland. Retrieved from: homepages.inf.ed.ac.uk/srenals/pdf/ravi-thesis.pdf.

W3C-WAI-AGE Project (IST 035015), October 31, 2012. Web Accessibility Initiative: Ageing Education and Harmonisation (WAI-AGE). Retrieved from: www.w3.org/WAI/WAI-AGE/.

W3C-WAI-older-users, December 18, 2010. Web Accessibility and Older People: Meeting the Needs of Ageing Web Users. Retrieved from: www.w3.org/WAI/older-users/.

W3C-WCAG2.0, December 11, 2008. Web Content Accessibility Guidelines (WCAG) 2.0. Retrieved from www.w3.org/TR/WCAG20/.

Wahlman, A., April 20, 2015. Subaru Forester Lags with Terrible Infotainment System. TheStreet. Retrieved from: www.thestreet.com/story/13116864/1/subaru-forester-lags-with-terrible-infotainment-system.html.

Waycott, J., Vetere, F., Pedell, S., Kulik, L., Ozanne, E., Gruner, A, Downs, J., April

27-May 2, 2013. Older adults as digital content producers. In: Proceedings of the 2013 ACM Conference on Computer-Human Interaction (CHI '13), Paris, France.

Waycott, J., Morgans, A., Pedell, S., Ozanne, E., Vetere, F., Kulik, L., Davis, H., 2015. Ethics in evaluating a sociotechnical intervention with socially isolated older adults. Qualitative Health Research I-II. 25 (11), 1518–1528. journals.sagepub.com/doi/full/10.1177/1049732315570136.

Weinschenk, S., 2011. 100 Things Every Designer Needs to Know about People. New Riders Publishing, San Francisco, CA.

Werner, C.A., U.S. Census Bureau, November 2011. The Older Population: 2010. Retrieved from: www.census.gov/prod/cen2010/briefs/c2010br-09.pdf.

Whiting, S., September 5, 2015. Eph Engleman, Violinist and Rheumatologist, Dies at Desk at 104. San Francisco Chronicle Retrieved from: www.sfgate.com/art/article/Dr-Eph-Engleman-violinist-and-renowned-6485895.php.

Wilkinson, C., 2011. Evaluating the Role of Prior Experience in Inclusive Design (Thesis submitted for the Degree of Doctor of Philosophy). Cambridge University Engineering Department, Cambridge, UK.

Wilkinson, C., De Angeli, A., 2014. Applying user centered and participatory design approaches to commercial product development. Design Studies 35 (6), 614–631.

Wilkinson, C., Gandhi, D., February 2015. Future Proofing Tomorrow's Technology: UX for an Aging Population. User Experience: The Magazine of the User Experience Professionals Association. Retrieved from: uxpamagazine.org/future-proofing-tomorrows-technology/.

Williams, D., Alam, M.A.U., Ahamed, S.I., Chu, W., July 29–30, 2013. Considerations in designing human-computer interfaces for elderly people. In: Proceedings of the 13th International Conference on Quality Software (QSIC), Nanjing, China.

Wirtz, S., Jakobs, E., Ziefle, M., 2009. Age-specific usability issues of software interfaces. In: Proceedings of the 9th International Conference on Work with Computer Systems (WWCS), Beijing.

Worden, A., Walker, N., Bharat, K., Hudson, S., March 1997. Making computers easier for older adults to use: area cursors and sticky icons. In: CHI '97 Conference Proceedings. Proceedings of Human Factors in Computing Systems, Atlanta, Georgia. ACM, New York, NY, pp. 266–271.

World Health Organization, 2016. Global Health Observatory (GHO) data: Life Expectancy. World Health Organization. Retrieved from: www.who.int/gho/mortality_burden_disease/life_tables/situation_trends_text/en/.

Wroblewski, L., May 4, 2010. Touch Target Sizes [Web Log Post]. LukeW Ideation + Design. Retrieved from: www.lukew.com/ff/entry.asp?1085.

Youmans, R.J., Bellows, B., Gonzalez, C.A., Sarbonne, B., Figueroa, I.J., July 21–26, 2013. Designing for the wisdom of elders: age related differences in online search strategies. In: Proceedings of the 7th International Conference, UAHCI '13, held as Part of the HCI International 2013, Las Vegas, NV.

Zajicek, M., May 22–25, 2001. Interface design for older adults. In: Proceedings of the EC/NSF Workshop on Universal Accessibility of Ubiquitous Computing: Providing for the Elderly, WUAUC '01, Alcecer do Sal, Portugal, pp. 60–65.

Zeitchik, S., July 18, 2015. Ian McKellen's Not Slowing Down, Taking 'Mr. Holmes' on a Thoughtful Journey. Los Angeles Times. Retrieved from: www.latimes.com/entertainment/movies/la-et-mn-ian-mckellen-mr-holmes-20150718-story.html#page=1.

Zickuhr, K., 2013. Who's Not Online and Why. Pew Research Center. Retrieved from: www.pewinternet.org/files/old-media//Files/Reports/2013/PIP_Offline%

20adults_092513_PDF.pdf.

Ziefle, M., Bay, S., 2005. How older adults meet complexity: aging effects on the usability of different mobile phones. Behaviour & Information Technology 24 (5), 375–389.

参考文献（日本語書籍）

内閣府：『高齢社会白書』https://www8.cao.go.jp/kourei/whitepaper/index-w.html

日本工業規格　JIS X 8341 シリーズ「高齢者・障害者等配慮設計指針—情報通信における機器，ソフトウェア及びサービス」

　　※一般社団法人日本規格協会のウェブサイトから購入できるほか，日本産業標準調査会 (JISC) のウェブサイト (https://www.jisc.go.jp/) から規格書本文の閲覧が可能.

広瀬洋子，関根千佳：『改訂版 情報社会のユニバーサルデザイン』，放送大学出版会 (2019)

東京大学高齢社会総合研究機構：『東大がつくった高齢社会の教科書：長寿時代の人生設計と社会創造』，東京大学出版会 (2017)

檜山 敦：『超高齢社会 2.0』，平凡社新書 (2017)

JST 社会技術研究開発センター，秋山 弘子：『高齢社会のアクションリサーチ：新たなコミュニティ創りをめざして』，東京大学出版会 (2015)

トライベック・ストラテジー社ほか監修，グラフィック社編集：『シニアが使いやすいウェブサイトの基本ルール』，グラフィック社 (2014)

アーサー・D・フィスクほか著，福田亮子監修・訳，伊藤納奈ほか訳：『高齢者のためのデザイン：人にやさしいモノづくりと環境設計へのガイドライン』，慶應義塾大学出版会 (2013)

　　※ Fisk, A.D., Rogers, W.A., Charness, N., Czaja, S.J., Sharit, J., *Designing for Older Adults: Principles and Creative Human Factors Approaches*, CRC Press (2009) の日本語訳.

東京大学高齢社会総合研究機構：『2030 年　超高齢未来—「ジェロントロジー」が，日本を世界の中心にする』，東洋経済新報社 (2010)

山田肇編著，榊原直樹ほか著：『スマートエイジング入門』，NTT 出版 (2010)

国際社会経済研究所監修　山田肇編著　榊原直樹ほか著：『シニアよ，IT をもって地域にもどろう』，NTT 出版 (2009)

情報福祉の基礎研究会：『情報福祉の基礎知識—障害者・高齢者が使いやすいインタフェース—』，ジアース教育新社 (2008)

小川晃子：『高齢者への ICT 支援学』，川島書店 (2006)

C&C 振興財団監修，山田肇編著，榊原直樹ほか著：『情報アクセシビリティ　やさしい情報社会へ向けて』，NTT 出版 (2005)

三樹 弘之，細野 直恒著：『IT のユニバーサルデザイン—ISO 13407、JIS X 8341 などへの対応』丸善 (2005)

デニス・C. パークほか編，口ノ町康夫ほか訳：『認知のエイジング 入門編』，北大路書房

(2004)

ユーディット監修，榊原直樹ほか著：『ここから始める Web アクセシビリティ　誰もが使いやすいホームページの作り方』，ぎょうせい (2004)

C&C 振興財団編，関根千佳・榊原直樹ほかアクセシビリティ研究会著：『情報アクセシビリティとユニバーサルデザイン』，アスキー (2003)

関根千佳：『「誰でも社会」へ　〜デジタル時代のユニバーサルデザイン〜』，岩波書店 (2002)

訳者あとがき

　総人口のうち，65 歳以上の人が 7%を占める社会が高齢化社会，そして 14%を占める社会が高齢社会です．日本が高齢化社会になったのは 1970 年です．そして高齢社会に突入したのが 1994 年のことでした．短い期間に高齢化が進んだ日本では，社会制度やインフラの整備が高齢化の速度に追いつかず，介護や年金が大きな問題として，私たちの前に大きく立ちはだかっています．

　訳者の私は 2000 年代の前半から，情報のユニバーサルデザインの研究をはじめ，高齢者や障害のある人に使いやすいデザインについて，企業や行政に対してコンサルティングを行ってきました．最初の仕事は，高齢者に使いやすいメール端末についてのデザインガイドライン作成のアシスタントでした．当時は第 3 世代の携帯電話サービスが始まり，利用者が急増しましたが，高齢の利用者はまだまだ少ない時代でした．当然，インタビューやユーザビリティテストを引き受けてくれる人もなかなか見つからないので，まったくメールを使ったことがない高齢者を集め，彼らに端末を渡し，長期間に渡って使用してもらう中で知見を得ることになりました．キーボードを触るのも初めてという人たちが，ローマ字入力を一生懸命覚えて送ってくれたメールを受け取り，とても感動したのをいまでも鮮明に覚えています．

　2007 年には，日本の高齢者人口は 21%を超え，ついに超高齢社会を迎えることになります．私は幾度となく高齢者から，IT が使えて嬉しかったことと，それ以上に使えなくて困ったことについての話を聞くことになるのですが，本書の中には，私が聞いた話とまったく同じようなエピソードが書かれており，少しの懐かしさを感じながらの翻訳作業となりました．

　高齢者を対象にしたデザインのガイドラインには，私も委員として策定に関わった JIS X 8341 シリーズ「高齢者・障害者等配慮設計指針‐情報通信における機器，ソフトウェア及びサービス」などがありますが，本書はそうしたガイドラインや，多くの研究論文を集大成したメタ・ガイドラインだということが，大きな特徴になっています．幅広い知見を集めた本書を通じて，読者は高齢者を身体的・認知的，そして文化や社会的な面などさまざまな方向から多面的に捉えることができるようになるでしょう．一般のガイドライ

294 訳者あとがき

ンでは省略されてしまうような背景の知識や，いくつものガイドラインを並べて見比べなければ，見落としてしまいがちなことにも気がつかせてくれます．これから高齢者を意識したデザインに取り組む人にとって，最良の案内人になってくれることでしょう．本書をきっかけに，高齢者に使いやすいIT機器・サービスの開発がますます広がることを期待しています．ITが高齢者の自立した生活を支え，年をとっても健康で社交的に過ごすことが，介護や年金の問題解決にもつながるのではないでしょうか．

　最後に，本書の原著者であるKate FinnとJeff Johnsonに深い感謝と敬意を捧げたいと思います．原著を手に取った瞬間に，こんな本を自分で書きたかったという羨望を感じて，すぐに翻訳に向けて動き出しました．本当に素晴らしい本をありがとうございました．

　翻訳中に急性白血病で亡くなった父と，闘病を支えた母にも感謝とねぎらいの言葉を贈りたいと思います．この本に書かれていたテクノロジーを父にも使ってほしかった．離れて暮らす母には，まだまだ長生きしてもらって本書を実践してもらいたいと思います．

　訳した文章を読んで批評してくれたゼミ生の小林さん，竹内さん，松林さん，呉さん，アドバイスありがとう．

　そして，遅れがちな翻訳を粘り強く待ち続けてくださった近代科学社の皆様，本当にありがとうございました．

榊原直樹

索 引

A
AAL, 219
ADA, 33
alt 属性, 64
Ambient Assisted Living, 219
AMD, 39
ARMD, 39
ASSISTANT, 234

C
CAPTCHA, 148
Care-Box, 227
COLABORAR, 229
CTA, 201

D
DDA, 33
Design for Failure, 234

F
Fitts の法則, 69
Fraunhofer AICOS, 219
Fraunhofer ポルトガル研究センター, 219

G
Gen-X, 146
Gen-Xers, 146

I
ISO, 33

P
PND, 234
presbycusis, 90

R
RTA, 201

S
STB, 225
Steering の法則, 69

W
WCAG 1.0, 34
WCAG 2.0, 34
Wizard of Oz 法, 223
World Wide Web Consortium, 33

X
XBMC2, 225

あ
アイスブレイク, 212
アルツハイマー病, 109
一般化能力, 110
イテレーション, 231
インフォテインメントシステム, 241
ウェブコンテンツアクセシビリティガイドライン, 34
エピソード（出来事）記憶, 108
エルダースピーク, 213
遠視, 35
黄斑, 39
黄斑変性症, 39
オズの魔法使いテスト, 223
音源の定位, 95
音声出力, 89
音声入力, 89
音声読み上げ, 99
オンラインヘルプ, 138

か
回顧的な思考発話, 201
カクテルパーティー効果, 96
カードソートタスク, 223
加齢性黄斑変性, 39
共同発見法, 200
筋萎縮性側索硬化症, 67
近視, 35
筋ジストロフィー, 67
クリックターゲット, 78
グレア, 44
警報音, 98
結晶性知能, 120, 155, 168
検索クエリ, 167

296　索　引

検索ボックス, 169
構音障害, 98
光覚, 40
高周波音, 92, 98
構造化されたデータ入力, 86
構造化入力フィールド, 181
交通アクセス, 209
行動喚起, 48
国際標準化機構, 33
コールドコール, 203
コンカレントな思考発話, 201
コンテキストヘルプ, 138
コンテンツ広告, 56
コントラスト感度, 41
コントラストチェッカー, 62

さ

最小可聴値, 93
サイトマップ, 127
サッカード眼球運動, 38
参加型デザイン, 191
サンセリフフォント, 53
ジェスチャー, 150
ジェスチャー操作, 68
視覚処理速度, 48
視覚的な走査, 49
色盲, 42
思考発話法, 194, 197
事前の宿題, 208
実験計画法, 202
社交的なイベント, 208
周辺視野, 36
順応, 46
障害者差別禁止法, 33
障害のあるアメリカ人法, 33
情報アーキテクチャ, 163
視力の低下, 34
振戦, 73
水晶体, 35
水平スクロール, 64
スキルの転移, 110
スクリーニングツール, 204
スクロールバー, 83
ステレオタイプ, 91
スワイプターゲット, 78
セットトップボックス, 225
セマンティック, 108
セリフフォント, 53

た

タイムアウト, 87
タップターゲット, 78
多発性硬化症, 67
短期記憶, 104, 167
チート（カンニング）シート, 156
チャンク, 54, 104
忠実度, 195, 244
中心窩, 36
長期記憶, 104
デジタルインプラント, 146
データ入力フィールド, 137
手と目の協調運動, 68
デブリーフィング, 214
デモンストレーション, 87
天井効果, 196
糖尿病, 207
ドラッグ, 83
トレーニング, 87

な

ナビゲーション, 58
認知症, 109
認知的相互作用, 119
脳性麻痺, 67

は

ハイコントラスト, 61
パイロットセッション, 207
パーキンソン病, 73
白内障, 40
パーソナルナビゲーションデバイス, 234
バックグラウンドノイズ, 95
パンくずリスト, 127
反復作業, 87
非注意性盲目, 116
表, 140
ファインモーター制御, 68
ファシリテーター, 211
フィードバック, 86
フォーマット済み入力フィールド, 137
プレーンなフォント, 52
プロシージャル（手続き）記憶, 108
プロスペクティブ（予測）記憶, 108
ペーパープロトタイプ, 223, 228, 244
ベビーブーマー, 146
変化の見落とし, 116
変性神経疾患, 73

報知音, 95, 98
訪問済みのリンク, 58
補聴器, 92, 96
ホットスポット, 69
ホバー, 58

ま
マルチタスク, 105
マルチフィンガージェスチャー, 85
マルチモーダル, 99
マルチレベルメニュー, 84
耳鳴り, 91
ミレニアル世代, 146
メンタルマップ, 108
メンタルモデル, 108, 113, 152
毛様筋, 35
モスキート音, 94
モデレーター, 211
モード, 106

や
ユーザビリティ調査, 191

ら
ラベル, 59
リクルート, 197
リスク回避, 175
リッカート尺度, 195
リフレーミング, 212
リマインダー, 138
流動性知能, 119, 155
緑内障, 38
老眼, 35
老視, 35
老人性難聴, 90

わ
ワーキングメモリ, 104
ワークスペース, 210

訳者略歴

榊原直樹（さかきばら　なおき）

東京電機大学卒．NTT アドバンステクノロジ株式会社，株式会社ユーディットを経て，2016 年より清泉女学院大学専任講師．デジタルハリウッド大学客員教授，情報通信アクセス協議会電気通信アクセシビリティ標準化専門委員会 WG 主査．ISO/TC159 国内対策委員会委員．ユーディット在職時より，IT 分野におけるユニバーサルデザインをテーマに様々な調査・研究をおこなう．また JIS 等の標準化活動において，X 8341 シリーズなど高齢者・障害者配慮設計指針の策定委員などを務める．著書に『スマートエイジング入門—地域の役に立ちながらボケずに年を重ねよう』（共著，NTT 出版，2010），『改訂版 情報社会のユニバーサルデザイン』（共著，放送大学教材，2019）など．

高齢者のためのユーザインタフェースデザイン
—ユニバーサルデザインを目指して

ⓒ 2019 Naoki Sakakibara
Printed in Japan

2019 年 11 月 30 日　　初版第 1 刷発行

原著者	Jeff Johnson
	Kate Finn
訳　者	榊　原　直　樹
発行者	井　芹　昌　信
発行所	株式会社 近代科学社

〒 162-0843　東京都新宿区市谷田町 2-7-15
電　話 03-3260-6161　振　替　00160-5-7625
https://www.kindaikagaku.co.jp

藤原印刷　　　　　　　　　　ISBN978-4-7649-0556-6
定価はカバーに表示してあります．